Régression avec R

Springer

*Paris
Berlin
Heidelberg
New York
Hong Kong
Londres
Milan
Tokyo*

Pierre-André Cornillon
Eric Matzner-Løber

Régression avec R

Springer

Pierre-André Cornillon

Département MASS
Université Rennes-2-Haute-Bretagne
Place du Recteur H. Le Moal
CS 24307
35043 Rennes Cedex

Éric Matzner-Løber

Département MASS
Université Rennes-2-Haute-Bretagne
Place du Recteur H. Le Moal
CS 24307
35043 Rennes Cedex

ISBN : 978-2-8178-0183-4 Springer Paris Berlin Heidelberg New York

© Springer-Verlag France, 2011

Imprimé en France

Springer-Verlag est membre du groupe Springer Science + Business Media

Maquette de couverture: Jean-François Montmarché

Collection Pratique R

dirigée par Pierre-André Cornillon
et Eric Matzner-Løber
Département MASS
Université Rennes-2-Haute-Bretagne
France

Comité éditorial :

Eva Cantoni
Département d'économétrie
Université de Genève
Suisse

Vincent Goulet
École d'actuariat
Université Laval
Canada

Philippe Grosjean
Département d'écologie
numérique des milieux aquatiques
Université de Mons
Belgique

Nicolas Hengartner
Los Alamos National Laboratory
USA

François Husson
Département Sciences de l'ingénieur
Agrocampus Ouest
France

Sophie Lambert-Lacroix
Département IUT STID
Université Pierre Mendès France
France

À paraître dans la même collection :

Introduction aux méthodes de Monte-Carlo avec R
Christian P. Robert, George Casella, 2011

REMERCIEMENTS

Trois années se sont écoulées depuis la sortie du livre *Régression : Théorie et applications*. Les retours des lecteurs ayant été positifs, nous avons décidé de reconduire la formule du livre associant théorie et applications avec le langage R.

Cet ouvrage s'appuie sur des exemples, et il n'existerait pas sans ceux-ci. A l'heure actuelle, s'il est facile de se procurer des données pour les analyser, il est beaucoup plus difficile de les proposer comme exemple pour une diffusion. Les données sont devenues confidentielles et les variables mesurées, jusqu'à leur intitulé même, représentent une avancée stratégique vis-à-vis des concurrents. Il est ainsi presque impensable de traiter des données issues du monde industriel ou du marketing, bien que les exemples y soient nombreux. Cependant, trois organismes, *via* leur directeur, ont autorisé la diffusion de leurs données. Nous avons donc un très grand plaisir à remercier M. Coron (Association Air Breizh), B. Mallet (CIRAD forêt) et J-N. Marien (UR2PI). Nous souhaitons bien sûr associer tous les membres de l'unité de recherche pour la productivité des plantations industrielles (UR2PI) passés ou présents. Les membres de cet organisme de recherche congolais gèrent de nombreux essais tant génétiques que sylvicoles et nous renvoyons toutes les personnes intéressées auprès de cet organisme ou auprès du CIRAD, département forêt (`www.cirad.fr`), qui est un des membres fondateurs et un participant actif au sein de l'UR2PI.

Les versions antérieures de cet ouvrage résultent de l'action à des degrés divers de nombreuses personnes. Nous souhaitons remercier ici les étudiants de la filière MASS de Rennes 2 et ceux de l'ENSAI, qui ont permis l'élaboration de ce livre à partir de notes de cours. Les commentaires pertinents, minutieux et avisés de C. Abraham, N. Chèze, A. Guyader, N. Jégou, J. Josse, V. Lefieux et F. Rimek nous avaient déjà permis d'améliorer le document initial alors même que l'on croyait arriver au but.

Depuis la publication de *Régression : Théorie et applications*, nous avons remanié certains chapitres, rajouté des exercices et corrigé les erreurs qui nous avaient été signalées. Nous souhaitons remercier les enseignants qui ont utilisé ce livre comme support de cours et qui nous ont fait profiter de leurs nombreux commentaires : C. Abraham, N. Chèze, A. Guyader, P. Lafaye de Micheaux et V. Lefieux.

Les remaniements et l'ajout de nouveaux chapitres comme celui consacré à l'introduction à la régression spline et la régression non paramétrique nous ont incités à faire relire ces passages et à en rediscuter d'autres. Un grand merci à tous ces contributeurs pour leur avis éclairés : A. Guyader, N. Jégou, H. Khuc, J. Ledoux, V. Lefieux et N. Verzelen.

Nos remerciements vont enfin à N. Huilleret et C. Ruelle de Springer-Verlag (Paris), pour le soutien qu'ils nous accordent pour cet ouvrage.

AVANT-PROPOS

Cet ouvrage est une évolution du livre *Régression : théorie et applications* paru chez Springer-Verlag (Paris). Dès le départ, nous avions le souci d'aborder simultanément les fondements théoriques et l'application à des exemples concrets. Nous avons rajouté de nouvelles méthodes ainsi que des exercices. Nous proposons dorénavant sur la page consacrée à cet ouvrage sur le site de l'éditeur : `www.springer.com`, tous les fichiers de codes R ainsi que la correction des exercices. Le lecteur pourra donc, chapitre par chapitre, effectuer les commandes et retrouver les résultats fournis dans le livre.

L'objectif de cet ouvrage est de rendre accessible au plus grand nombre une des méthodes les plus utilisées de la statistique. Nous souhaitons aborder simultanément les fondements théoriques et les questions inévitables que l'on se pose lorsque l'on modélise des phénomènes réels. En effet, comme pour toute méthode statistique, il est nécessaire de comprendre précisément la méthode et de savoir la mettre en œuvre. Si ces deux objectifs sont atteints, il sera alors aisé de transposer ces acquis à d'autres méthodes, moyennant un investissement modéré, tant théorique que pratique. Les grandes étapes – modélisation, estimation, choix de variables, examen de la validité du modèle choisi – restent les mêmes d'une méthode à l'autre. Cet ouvrage s'adresse aux étudiants des filières scientifiques, élèves ingénieurs, chercheurs dans les domaines appliqués et plus généralement à tous les chercheurs souhaitant modéliser des relations de causalité. Il utilise aussi les notions d'intervalle de confiance, de test... Pour les lecteurs n'ayant aucune notion de ces concepts, le livre de Lejeune (2004) pourra constituer une aide précieuse pour certains paragraphes. Cet ouvrage nécessite la connaissance des bases du calcul matriciel : définition d'une matrice, somme, produit, inverse, ainsi que valeurs propres et vecteurs propres. Des résultats classiques sont toutefois rappelés en annexes afin d'éviter de consulter trop souvent d'autres ouvrages.

Cet ouvrage souhaite concilier les fondements théoriques nécessaires à la compréhension et à la pratique de la méthode. Nous avons donc souhaité un livre avec toute la rigueur scientifique possible mais dont le contenu et les idées ne soient pas noyés dans les démonstrations et les lignes de calculs. Pour cela, seules quelques démonstrations, que nous pensons importantes, sont conservées dans le corps du texte. Les autres résultats sont démontrés à titre d'exercice. Des exercices, de difficulté variable, sont proposés en fin de chapitre. La présence de † indique des exercices plus difficiles. Des questions de cours sous la forme de QCM sont aussi proposées afin d'aider aux révisions du chapitre. Les corrections sont fournies sur le site de l'éditeur. En fin de chapitre, une partie « note » présente des discussions qui pourront être ignorées lors d'une première lecture.

Afin que les connaissances acquises ne restent pas théoriques, nous avons intégré des exemples traités avec le logiciel libre R. Grâce aux commandes rapportées dans le livre, le lecteur pourra ainsi se familiariser avec le logiciel et retrouver les mêmes résultats que ceux donnés dans le livre. Nous encourageons donc les lecteurs à utiliser les données et les codes afin de s'approprier la théorie mais aussi la pratique.

Au niveau de l'étude des chapitres, le premier de ceux-ci, consacré à la régression simple, présente de nombreux concepts et idées. Il est donc important de le lire afin de se familiariser avec les problèmes et les solutions envisagés ainsi qu'avec l'utilité des hypothèses de la régression.

Le second chapitre présente l'estimation et la géométrie de la méthode des moindres carrés. Il est donc fondamental.

Le troisième chapitre aborde la partie inférentielle. Il représente la partie la plus technique et la plus calculatoire de cet ouvrage. En première lecture, il pourra apparaître comme fastidieux, mais la compréhension de la géométrie des tests entre modèles emboîtés est importante. Le calcul des lois peut être omis pour le praticien.

Le quatrième chapitre présente très peu de calculs. Il permet de vérifier que le modèle, et donc les conclusions que l'on peut en tirer, sont justes. Ce chapitre est primordial pour le praticien. De plus, les idées sous-jacentes sont utilisées dans de très nombreuses méthodes statistiques. La lecture de ce chapitre est indispensable.

Le cinquième chapitre présente l'introduction de variables explicatives qualitatives dans le modèle de régression, soit en interaction avec une variable quantitative (analyse de la covariance), soit seules (analyse de la variance). La présentation oublie volontairement les formules classiques des estimateurs à base de somme et de moyenne par cellule. Nous nous focalisons sur les problèmes de paramètres et de contraintes, problèmes qui amènent souvent une question naturelle à la vue des listings d'un logiciel : « Tiens, il manque une estimation d'un paramètre ». Nous avons donc souhaité répondre simplement à cette question inhérente à la prise en compte de variables qualitatives.

Le sixième chapitre présente le choix de variables (ou de modèles). Nous présentons le problème *via* l'analyse d'un exemple à 3 variables. A partir des conclusions tirées de cet exemple, nous choisissons un critère de sélection (erreur quadratique moyenne) et nous proposons des estimateurs cohérents. Ensuite, nous axons la présentation sur l'utilisation des critères classiques et des algorithmes de choix de modèles présents dans tous les logiciels et nous comparons ces critères. Enfin, nous discutons des problèmes engendrés par cette utilisation classique. Ce chapitre est primordial pour comprendre la sélection de modèle et ses problèmes.

Le septième chapitre propose les premières extensions de la régression. Il s'agit principalement d'une présentation succincte de certaines méthodes utilisées en moindres carrés généralisés.

Les huitième et neuvième chapitres présentent des extensions classiques de régression biaisée (ridge, lasso, Lars) et deux techniques de régression sur composantes (régression sur composantes principales et régression PLS). D'un point de vue théorique, ils permettent d'approfondir les problèmes de contraintes sur le vecteur de coefficients. Chaque méthode est présentée d'un point de vue pratique de manière à permettre une prise en main rapide. Elles sont illustrées sur le même exemple de spectroscopie, domaine d'application désormais très classique.

Le livre se termine par un chapitre dédié à une introduction à la régression spline et aux méthodes de régression non paramétrique à noyau.

Table des matières

Chapitre 1

La régression linéaire simple

1.1   Introduction

L'origine du mot régression vient de Sir Francis Galton. En 1885, travaillant sur l'hérédité, il chercha à expliquer la taille des fils en fonction de celle des pères. Il constata que lorsque le père était plus grand que la moyenne, *taller than mediocrity*, son fils avait tendance à être plus petit que lui et, *a contrario*, que lorsque le père était plus petit que la moyenne, *shorter than mediocrity*, son fils avait tendance à être plus grand que lui. Ces résultats l'ont conduit à considérer sa théorie de *regression toward mediocrity*. Cependant, l'analyse de causalité entre plusieurs variables est plus ancienne et remonte au milieu du XVIIIe siècle. En 1757, R. Boscovich, né à Ragusa, l'actuelle Dubrovnik, proposa une méthode minimisant la somme des valeurs absolues entre un modèle de causalité et les observations. Ensuite Legendre, dans son célèbre article de 1805, « Nouvelles méthodes pour la détermination des orbites des comètes », introduisit la méthode d'estimation par moindres carrés des coefficients d'un modèle de causalité et donna le nom à la méthode. Parallèlement, Gauss publia en 1809 un travail sur le mouvement des corps célestes qui contenait un développement de la méthode des moindres carrés, qu'il affirmait utiliser depuis 1795 (Birkes & Dodge, 1993).

Dans ce chapitre, nous allons analyser la régression linéaire simple : nous pouvons la voir comme une technique statistique permettant de modéliser la relation linéaire entre une variable explicative (notée X) et une variable à expliquer (notée Y). Cette présentation va nous permettre d'exposer la régression linéaire dans un cas simple afin de bien comprendre les enjeux de cette méthode, les problèmes posés et les réponses apportées.

1.1.1   Un exemple : la pollution de l'air

La pollution de l'air constitue actuellement une des préoccupations majeures de santé publique. De nombreuses études épidémiologiques ont permis de mettre en évidence l'influence sur la santé de certains composés chimiques comme le dioxyde de souffre (SO_2), le dioxyde d'azote (NO_2), l'ozone (O_3) ou des particules sous forme de poussières contenues dans l'air. L'influence de cette pollution est notable sur les personnes sensibles (nouveau-nés, asthmatiques, personnes âgées). La prévision des pics de concentration de ces composés est donc importante. Nous nous intéressons plus particulièrement à la concentration en ozone. Nous possédons quelques connaissances *a priori* sur la manière dont se forme l'ozone, grâce aux lois régissant les équilibres chimiques. La concentration de l'ozone est fonction de la température ; plus la température est élevée, plus la concentration en ozone est importante. Cette relation très vague doit être améliorée afin de pouvoir prédire les pics d'ozone.

Afin de mieux comprendre ce phénomène, l'association Air Breizh (surveillance de la qualité de l'air en Bretagne) mesure depuis 1994 la concentration en O_3 (en μg/ml) toutes les 10 minutes et obtient donc le maximum journalier de la concentration en O_3, noté dorénavant O3. Air Breizh collecte également à certaines heures de la journée des données météorologiques comme la température, la nébulosité, le vent... Les données sont disponibles en ligne (voir Avant-propos). Le tableau suivant donne les 5 premières mesures effectuées.

Individu	O3	T12
1	63.6	13.4
2	89.6	15
3	79	7.9
4	81.2	13.1
5	88	14.1

Tableau 1.1 – 5 données de température à 12 h et teneur maximale en ozone.

Nous allons donc chercher à expliquer le maximum de O3 de la journée par la température à 12 h. Le but de cette régression est double :

- ajuster un modèle pour expliquer la concentration en O3 en fonction de T12 ;
- prédire les valeurs de concentration en O3 pour de nouvelles valeurs de T12.

Avant toute analyse, il est intéressant de représenter les données.

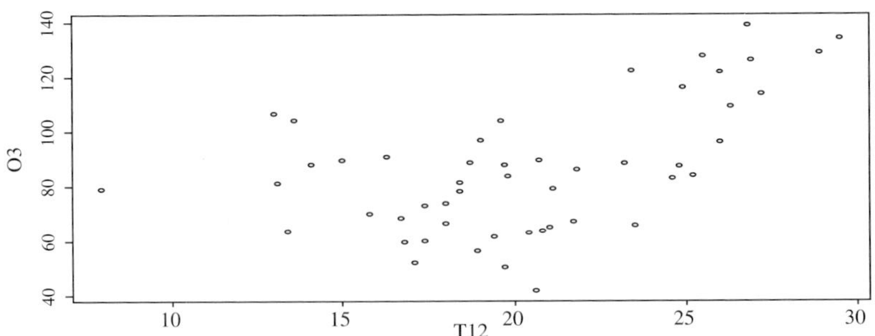

Fig. 1.1 – 50 données journalières de température et O3.

Chaque point du graphique (fig.1.1) représente, pour un jour donné, une mesure de la température à 12 h et le pic d'ozone de la journée.

Pour analyser la relation entre les x_i (température) et les y_i (ozone), nous allons chercher une fonction f telle que

$$y_i \approx f(x_i).$$

Pour définir $\approx$, il faut donner un critère quantifiant la qualité de l'ajustement de la fonction f aux données et une classe de fonctions $\mathcal{G}$ dans laquelle est supposée se trouver la vraie fonction inconnue. Le problème mathématique peut s'écrire de la façon suivante :

$$\operatorname*{argmin}_{f \in \mathcal{G}} \sum_{i=1}^{n} l(y_i - f(x_i)), \tag{1.1}$$

où n représente le nombre de données à analyser et $l(.)$ est appelée *fonction de coût* ou encore *fonction de perte*.

1.1.2   Un deuxième exemple : la hauteur des arbres

Cet exemple utilise des données fournies par l'UR2PI et le CIRAD forêt (voir Remerciements). Lorsque le forestier évalue la vigueur d'une forêt, il considère souvent la hauteur des arbres qui la compose. Plus les arbres sont hauts, plus la forêt ou la plantation produit. Si l'on cherche à quantifier la production par le volume de bois, il est nécessaire d'avoir la hauteur de l'arbre pour calculer le volume de bois grâce à une formule du type « tronc de cône ». Cependant, mesurer la hauteur d'un arbre d'une vingtaine de mètres n'est pas aisé et demande un dendromètre. Ce type d'appareil mesure un angle entre le sol et le sommet de l'arbre. Il nécessite donc une vision claire de la cime de l'arbre et un recul assez grand afin d'avoir une mesure précise de l'angle et donc de la hauteur.

Dans certains cas, il est impossible de mesurer la hauteur, car ces deux conditions ne sont pas réunies, ou la mesure demande quelquefois trop de temps ou encore le forestier n'a pas de dendromètre. Il est alors nécessaire d'estimer la hauteur grâce à une mesure simple, la mesure de la circonférence à 1 mètre 30 du sol.

Nous possédons des mesures sur des eucalyptus dans une parcelle plantée et nous souhaitons à partir de ces mesures élaborer un modèle de prévision de la hauteur. Les eucalyptus étant plantés pour servir de matière première dans la pâte à papier, ils sont vendus au volume de bois. Il est donc important de connaître le volume et par là même la hauteur, afin d'évaluer la réserve en matière première dans la plantation (ou volume sur pied total). Les surfaces plantées sont énormes, il n'est pas question de prendre trop de temps pour la mesure et prévoir la hauteur par la circonférence est une méthode permettant la prévision du volume sur pied. La parcelle d'intérêt est constituée d'eucalyptus de 6 ans, âge de « maturité » des eucalyptus, c'est-à-dire l'âge en fin de rotation avant la coupe. Dans cette parcelle, nous avons alors mesuré $n = 1429$ couples circonférence-hauteur. Le tableau suivant donne les 5 premières mesures effectuées.

Individu	ht	circ
1	18.25	36
2	19.75	42
3	16.50	33
4	18.25	39
5	19.50	43

Tableau 1.2 – Hauteur et circonférence (`ht` et `circ`) des 5 premiers eucalyptus.

Nous souhaitons donc expliquer la hauteur par la circonférence. Avant toute modélisation, nous représentons les données. Chaque point du graphique 1.2 représente une mesure du couple circonférence/hauteur sur un eucalyptus.

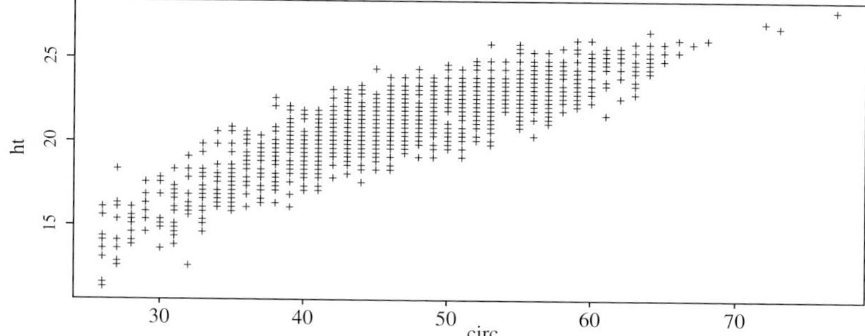

Fig. 1.2 – Représentation des mesures pour les $n = 1429$ eucalyptus mesurés.

Pour prévoir la hauteur en fonction de la circonférence, nous allons donc chercher une fonction f telle que

$$y_i \approx f(x_i)$$

pour chaque mesure $i \in \{1, \ldots, 1429\}$.

A nouveau, afin de quantifier le symbole $\approx$, nous allons choisir une classe de fonctions $\mathcal{G}$. Cette classe représente tous les fonctions d'ajustement possible pour modéliser la hauteur en fonction de la circonférence. Puis nous cherchons la fonction de $\mathcal{G}$ qui soit la plus proche possible des données selon une fonction de coût. Cela s'écrit

$$\underset{f \in \mathcal{G}}{\operatorname{argmin}} \sum_{i=1}^{n} l(y_i - f(x_i)),$$

où n représente le nombre de données à analyser et $l(.)$ est appelée *fonction de coût* ou encore *fonction de perte*.

Remarque

Le calcul du volume proposé ici est donc fait en deux étapes : dans la première on estime la hauteur et dans la seconde on utilise une formule de type « tronc de cône » pour calculer le volume avec la hauteur estimée et la circonférence. Une autre méthode de calcul de volume consiste à ne pas utiliser de formule incluant la hauteur et prévoir directement le volume en une seule étape. Pour cela il faut calibrer le volume en fonction de la circonférence et il faut donc la mesure de nombreux volumes en fonction de circonférences, ce qui est très coûteux et difficile à réactualiser.

1.2   Modélisation mathématique

Nous venons de voir que le problème mathématique peut s'écrire de la façon suivante (voir équation 1.1) :

$$\operatorname*{argmin}_{f \in \mathcal{G}} \sum_{i=1}^{n} l(y_i - f(x_i)),$$

où $l(.)$ est appelée *fonction de coût* et $\mathcal{G}$ un ensemble de fonctions données. Dans la suite de cette section, nous allons discuter du choix de la fonction de coût et de l'ensemble $\mathcal{G}$. Nous présenterons des graphiques illustratifs bâtis à partir de 10 données fictives de température et de concentration en ozone.

1.2.1   Choix du critère de qualité et distance à la droite

De nombreuses fonctions de coût $l(.)$ existent, mais les deux principales utilisées sont les suivantes :
- $l(u) = u^2$ coût quadratique ;
- $l(u) = |u|$ coût absolu.

Ces deux fonctions sont représentées sur le graphique 1.3 :

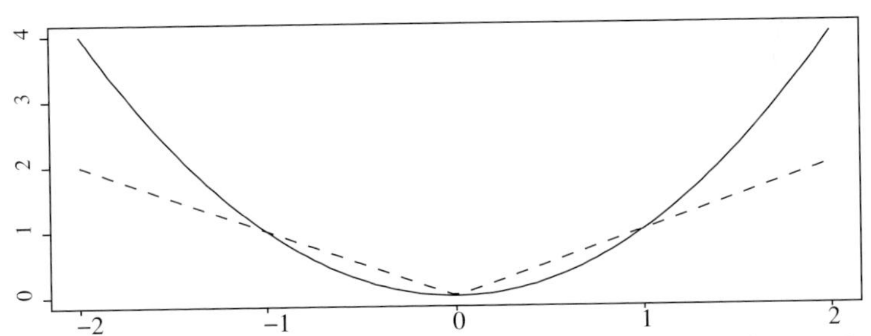

Fig. 1.3 – Coût absolu (pointillés) et coût quadratique (trait plein).

Ces fonctions sont positives, symétriques, elles donnent donc la même valeur lorsque l'erreur est positive ou négative et s'annulent lorsque u vaut zéro.

La fonction l peut aussi être vue comme la distance entre une observation (x_i, y_i) et son point correspondant sur la droite $(x_i, f(x_i))$ (voir fig. 1.4).

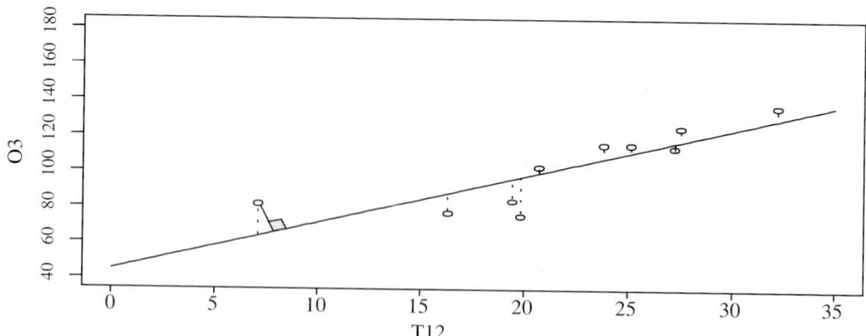

Fig. 1.4 – Distances à la droite : coût absolu (pointillés) et distance d'un point à une droite.

Par point correspondant, nous entendons « évalué » à la même valeur x_i. Nous aurions pu prendre comme critère à minimiser la somme des distances des points (x_i, y_i) à la droite [1] (voir fig. 1.4), mais ce type de distance n'entre pas dans le cadre des fonctions de coût puisqu'au point (x_i, y_i) correspond sur la droite un point $(x_i', f(x_i'))$ d'abscisse et d'ordonnée différentes.

Il est évident que, par rapport au coût absolu, le coût quadratique accorde une importance plus grande aux points qui restent éloignés de la droite ajustée, la distance étant élevée au carré (voir fig. 1.3). Sur l'exemple fictif, dans la classe $\mathcal{G}$ des fonctions linéaires, nous allons minimiser $\sum_{i=1}^{n}(y_i - f(x_i))^2$ (coût quadratique) et $\sum_{i=1}^{n} |y_i - f(x_i)|$ (coût absolu). Les droites ajustées sont représentées sur le graphique ci-dessous :

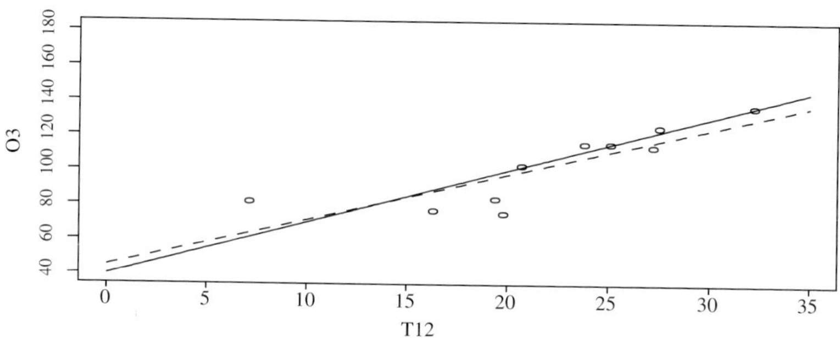

Fig. 1.5 – 10 données fictives de température et O3, régressions avec un coût absolu (trait plein) et quadratique (pointillé).

La droite ajustée avec un coût quadratique propose un compromis où aucun point n'est très éloigné de la droite : le coût quadratique est sensible aux points aberrants qui sont éloignés de la droite. Ainsi (fig. 1.5) le premier point d'abscisse approximative 7°C est assez éloigné des autres. La droite ajustée avec un coût quadratique lui accorde une plus grosse importance que l'autre droite et passe relativement donc plus près de lui. En enlevant ce point (de manière imaginaire),

---

[1]La distance d'un point à une droite est la longueur de la perpendiculaire à cette droite passant par ce point.

la droite ajustée risque d'être très différente : le point est dit influent et le coût quadratique peu robuste. Le coût absolu est plus robuste et la modification d'une observation modifie moins la droite ajustée. Les notions de points influents, points aberrants, seront approfondies au chapitre 4.

Malgré cette non-robustesse, le coût quadratique est le coût le plus souvent utilisé, cela pour plusieurs raisons : historique, calculabilité, propriétés mathématiques. En 1800, il n'existait pas d'ordinateur et l'utilisation du coût quadratique permettait de calculer explicitement les estimateurs à partir des données. A propos de l'utilisation d'autres fonctions de coût, voici ce que disait Gauss (1809) : « Mais de tous ces principes, celui des moindres carrés est le plus simple : avec les autres, nous serions conduits aux calculs les plus complexes ». En conclusion, *seul le coût quadratique sera automatiquement utilisé dans la suite de ce livre, sauf mention contraire.* Les lecteurs intéressés par le coût absolu peuvent consulter le livre de Dodge & Rousson (2004).

1.2.2   Choix des fonctions à utiliser

Si la classe $\mathcal{G}$ est trop large, par exemple la classe des fonctions continues $(\mathcal{C}_0)$, un grand nombre de fonctions de cette classe minimisent le critère (1.1). Ainsi toutes les fonctions de la classe qui passent par tous les points (interpolation), quand c'est possible, annulent la quantité $\sum_{i=1}^{n} l(y_i - f(x_i))$.

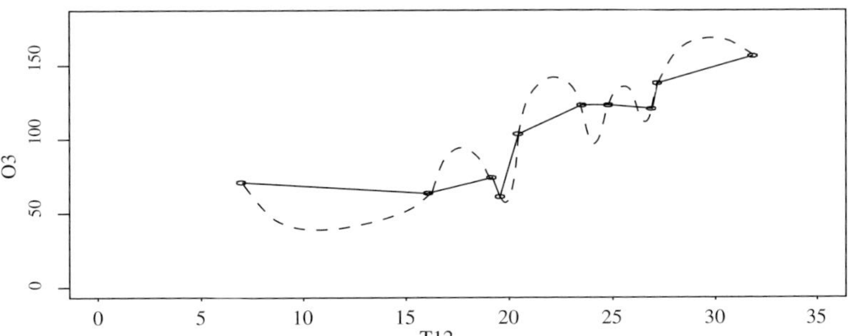

Fig. **1.6** – Deux fonctions continues annulant le critère (1.1).

La fonction continue tracée en pointillés sur la figure (fig. 1.6) semble inappropriée bien qu'elle annule le critère (1.1). La fonction continue tracée en traits pleins annule aussi le critère (1.1). D'autres fonctions continues annulent ce critère, la classe des fonctions continues est trop vaste. Ces fonctions passent par tous les points et c'est là leur principal défaut. Nous souhaitons plutôt une courbe, ne passant pas par tous les points, mais possédant un trajet harmonieux, sans trop de détours. Bien sûr le trajet sans aucun détour est la ligne droite et la classe $\mathcal{G}$ la plus simple sera l'ensemble des fonctions affines. Par abus de langage, on emploie le terme de fonctions linéaires. D'autres classes de fonctions peuvent être choisies et ce choix est en général dicté par une connaissance *a priori* du phénomène et (ou) par l'observation des données.

Ainsi une étude de régression linéaire simple débute toujours par un tracé des observations (x, y). Cette première représentation permet de savoir si le modèle linéaire est pertinent. Le graphique suivant représente trois nuages de points différents.

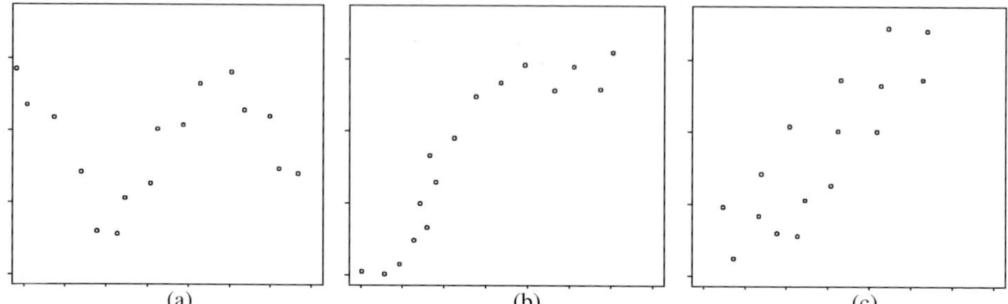

(a)   (b)   (c)

Fig. 1.7 – Exemples fictifs de tracés : (a) fonction sinusoïdale, (b) fonction croissante sigmoïdale et (c) droite.

Au vu du graphique, il semble inadéquat de proposer une régression linéaire pour les deux premiers graphiques, le tracé présentant une forme sinusoïdale ou sigmoïdale. Par contre, la modélisation par une droite de la relation entre X et Y pour le dernier graphique semble correspondre à la réalité de la liaison. Dans la suite de ce chapitre, nous prendrons $\mathcal{G} = \left\{ f : f(x) = ax + b, \quad (a, b) \in \mathbb{R}^2 \right\}$.

1.3   Modélisation statistique

Lorsque nous ajustons par une droite les données, nous supposons implicitement qu'elles étaient de la forme

$$Y = \beta_1 + \beta_2 X.$$

Dans l'exemple de l'ozone, nous supposons donc un modèle où la concentration d'ozone dépend linéairement de la température. Nous savons pertinemment que toutes les observations mesurées ne sont pas sur la droite. D'une part, il est irréaliste de croire que la concentration de l'ozone dépend linéairement de la température et de la température seulement. D'autre part, les mesures effectuées dépendent de la précision de l'appareil de mesure, de l'opérateur et il peut arriver que pour des valeurs identiques de la variable X, nous observons des valeurs différentes pour Y.

Nous supposons alors que la concentration d'ozone dépend linéairement de la température mais cette liaison est perturbée par un « bruit ». Nous supposons en fait que les données suivent le modèle suivant :

$$Y = \beta_1 + \beta_2 X + \varepsilon. \tag{1.2}$$

L'équation (1.2) est appelée **modèle de régression linéaire** et dans ce cas précis **modèle de régression linéaire simple**. Les β_j, appelés les paramètres du modèle (constante de régression et coefficient de régression), sont fixes mais inconnus, et nous voulons les estimer. La quantité notée ε est appelée bruit, ou erreur, et est aléatoire et inconnue.

Afin d'estimer les paramètres inconnus du modèle, nous mesurons dans le cadre de la régression simple une seule variable explicative ou variable exogène X et une variable à expliquer ou variable endogène Y. La variable X est souvent considérée comme non aléatoire au contraire de Y. Nous mesurons alors n observations de la variable X, notées x_i, où i varie de 1 à n, et n valeurs de la variable à expliquer Y notées y_i.

Nous supposons que nous avons collecté n couples de données (x_i, y_i) où y_i est la réalisation de la variable aléatoire Y_i. Par abus de notation, nous confondrons la variable aléatoire Y_i et sa réalisation, l'observation y_i. Avec la notation ε_i, nous confondrons la variable aléatoire avec sa réalisation. Suivant le modèle (1.2), nous pouvons écrire

$$y_i = \beta_1 + \beta_2 x_i + \varepsilon_i, \qquad i = 1, \cdots, n$$

où
- les x_i sont des valeurs connues non aléatoires ;
- les paramètres β_j, $j = 1, 2$ du modèle sont inconnus ;
- les ε_i sont les réalisations inconnues d'une variable aléatoire ;
- les y_i sont les observations d'une variable aléatoire.

1.4 Estimateurs des moindres carrés

Définition 1.1 (estimateurs des MC)
On appelle estimateurs des moindres carrés (MC) de β_1 et β_2, les estimateurs $\hat{\beta}_1$ et $\hat{\beta}_2$ obtenus par minimisation de la quantité

$$S(\beta_1, \beta_2) = \sum_{i=1}^{n}(y_i - \beta_1 - \beta_2 x_i)^2 = \|Y - \beta_1 \mathbb{1} - \beta_2 X\|^2,$$

où $\mathbb{1}$ est le vecteur de $\mathbb{R}^n$ dont tous les coefficients valent 1. Les estimateurs peuvent également s'écrire sous la forme suivante :

$$(\hat{\beta}_1, \hat{\beta}_2) = \operatorname*{argmin}_{(\beta_1, \beta_2) \in \mathbb{R} \times \mathbb{R}} S(\beta_1, \beta_2).$$

1.4.1 Calcul des estimateurs de β_j, quelques propriétés

La fonction $S(\beta_1, \beta_2)$ est strictement convexe. Si elle admet un point singulier, celui-ci correspond à l'unique minimum. Annulons les dérivées partielles, nous obtenons un système d'équations appelées équations normales :

$$\begin{cases} \dfrac{\partial S(\hat{\beta}_1, \hat{\beta}_2)}{\partial \beta_1} &= -2\displaystyle\sum_{i=1}^{n}(y_i - \hat{\beta}_1 - \hat{\beta}_2 x_i) = 0, \\[2ex] \dfrac{\partial S(\hat{\beta}_1, \hat{\beta}_2)}{\partial \beta_2} &= -2\displaystyle\sum_{i=1}^{n} x_i(y_i - \hat{\beta}_1 - \hat{\beta}_2 x_i) = 0. \end{cases}$$

La première équation donne

$$\hat{\beta}_1 n + \hat{\beta}_2 \sum_{i=1}^{n} x_i = \sum_{i=1}^{n} y_i$$

et nous avons un estimateur de l'ordonnée à l'origine

$$\hat{\beta}_1 = \bar{y} - \hat{\beta}_2 \bar{x}, \tag{1.3}$$

où $\bar{x} = \sum_{i=1}^{n} x_i/n$. La seconde équation donne

$$\hat{\beta}_1 \sum_{i=1}^{n} x_i + \hat{\beta}_2 \sum_{i=1}^{n} x_i^2 = \sum_{i=1}^{n} x_i y_i.$$

En remplaçant $\hat{\beta}_1$ par son expression (1.3) nous avons une première écriture de

$$\hat{\beta}_2 = \frac{\sum x_i y_i - \sum x_i \bar{y}}{\sum x_i^2 - \sum x_i \bar{x}},$$

et en utilisant astucieusement la nullité de la somme $\sum(x_i - \bar{x})$, nous avons d'autres écritures pour l'estimateur de la pente de la droite

$$\hat{\beta}_2 = \frac{\sum x_i(y_i - \bar{y})}{\sum x_i(x_i - \bar{x})} = \frac{\sum(x_i - \bar{x})(y_i - \bar{y})}{\sum(x_i - \bar{x})(x_i - \bar{x})} = \frac{\sum(x_i - \bar{x})y_i}{\sum(x_i - \bar{x})^2}. \tag{1.4}$$

Pour obtenir ce résultat, nous supposons qu'il existe au moins deux points d'abscisses différentes. Cette hypothèse notée $\mathcal{H}_1$ s'écrit $x_i \neq x_j$ pour au moins deux individus. Elle permet d'obtenir l'unicité des coefficients estimés $\hat{\beta}_1, \hat{\beta}_2$.
Une fois déterminés les estimateurs $\hat{\beta}_1$ et $\hat{\beta}_2$, nous pouvons estimer la droite de régression par la formule

$$\hat{Y} = \hat{\beta}_1 + \hat{\beta}_2 X.$$

Si nous évaluons la droite aux points x_i ayant servi à estimer les paramètres, nous obtenons des $\hat{y}_i$ et ces valeurs sont appelées les valeurs ajustées. Si nous évaluons la droite en d'autres points, les valeurs obtenues seront appelées les valeurs prévues ou prévisions. Représentons les points initiaux et la droite de régression estimée. La droite de régression passe par le centre de gravité du nuage de points $(\bar{x}, \bar{y})$ comme l'indique l'équation (1.3).

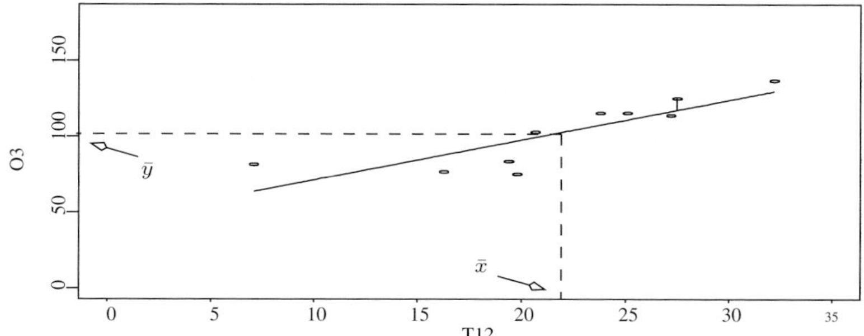

Fig. 1.8 – Nuage de points, droite de régression et centre de gravité.

Nous avons réalisé une expérience et avons mesuré n valeurs (x_i, y_i). A partir de ces n valeurs, nous avons obtenu un estimateur de β_1 et de β_2. Si nous refaisions une expérience, nous mesurerions n nouveaux couples de données (x_i, y_i). A partir de ces données, nous aurions un nouvel estimateur de β_1 et de β_2. Les estimateurs sont fonction des données mesurées et changent donc avec les observations collectées (fig. 1.9). Les vraies valeurs de β_1 et β_2 sont inconnues et ne changent pas.

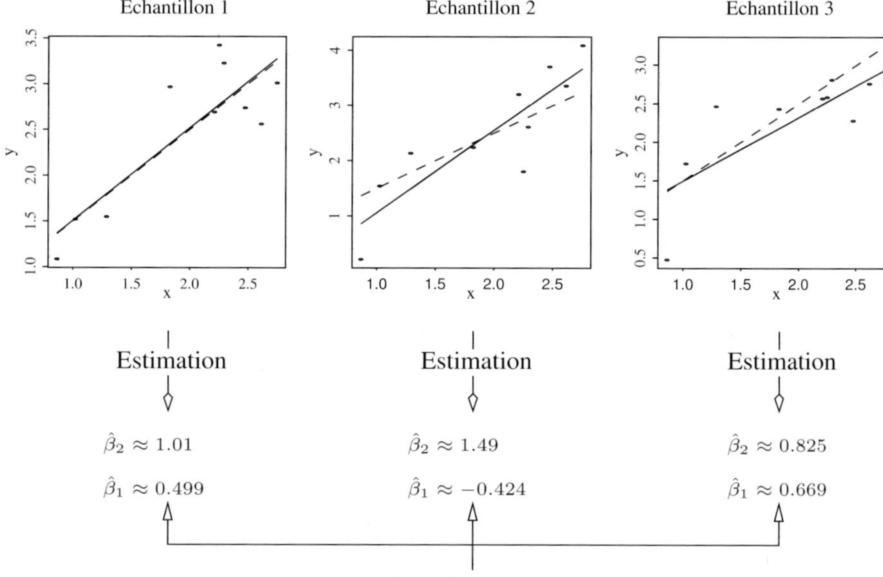

Fig. 1.9 – Exemple de la variabilité des estimations. Le vrai modèle est $Y = X + 0.5 + \varepsilon$, où ε est choisi comme suivant une loi $\mathcal{N}(0, 0.25)$. Nous avons ici 3 répétitions de la mesure de 10 points (x_i, y_i), ou 3 échantillons de taille 10. Le trait en pointillé représente la vraie droite de régression et le trait plein son estimation.

Le statisticien cherche en général à vérifier que les estimateurs utilisés admettent certaines propriétés comme :

– un estimateur $\hat{\beta}$ est-il sans biais ? Par définition $\hat{\beta}$ est sans biais si $\mathbb{E}(\hat{\beta}) = \beta$. En moyenne sur toutes les expériences possibles de taille n, l'estimateur $\hat{\beta}$ moyen sera égal à la valeur inconnue du paramètre. En français, cela signifie qu'en moyenne $\hat{\beta}$ « tombe » sur β ;

– un estimateur $\hat{\beta}$ est-il de variance minimale parmi les estimateurs d'une classe définie ? En d'autres termes, parmi tous les estimateurs de la classe, l'estimateur utilisé admet-il parmi toutes les expériences la plus petite variabilité ?

Pour cela, nous supposons une seconde hypothèse notée $\mathcal{H}_2$ qui s'énonce aussi comme suit : les erreurs sont centrées, de même variance (homoscédasticité) et non corrélées entre elles. Elle permet de calculer les propriétés statistiques des estimateurs. $\mathcal{H}_2 : \mathbb{E}(\varepsilon_i) = 0$, pour $i = 1, \cdots, n$ et $\mathrm{Cov}(\varepsilon_i, \varepsilon_j) = \delta_{ij}\sigma^2$, où $\mathbb{E}(\varepsilon)$ est l'espérance de ε, $\mathrm{Cov}(\varepsilon_i, \varepsilon_j)$ est la covariance entre ε_i et ε_j et $\delta_{ij} = 1$ lorsque $i = j$ et $\delta_{ij} = 0$ lorsque $i \neq j$. Nous avons la première propriété de ces estimateurs (voir exercice 1.2)

Proposition 1.1 (Biais des estimateurs)
$\hat{\beta}_1$ et $\hat{\beta}_2$ estiment sans biais β_1 et β_2, c'est-à-dire que $\mathbb{E}(\hat{\beta}_1) = \beta_1$ et $\mathbb{E}(\hat{\beta}_2) = \beta_2$.

Les estimateurs $\hat{\beta}_1$ et $\hat{\beta}_2$ sont sans biais, nous allons nous intéresser à leur variance. Afin de montrer que ces estimateurs sont de variances minimales dans leur classe, nous allons d'abord calculer leur variance (voir exercices 1.3, 1.4). C'est l'objet de la prochaine proposition.

Proposition 1.2 (Variances de $\hat{\beta}_1$ et $\hat{\beta}_2$)
Les variances et covariance des estimateurs des paramètres valent :

$$\mathrm{V}(\hat{\beta}_2) = \frac{\sigma^2}{\sum(x_i - \bar{x})^2}$$

$$\mathrm{V}(\hat{\beta}_1) = \frac{\sigma^2 \sum x_i^2}{n \sum(x_i - \bar{x})^2}$$

$$\mathrm{Cov}(\hat{\beta}_1, \hat{\beta}_2) = -\frac{\sigma^2 \bar{x}}{\sum(x_i - \bar{x})^2}.$$

Cette proposition nous permet d'envisager la précision de l'estimation en utilisant la variance. Plus la variance est faible, plus l'estimateur sera précis. Pour avoir des variances petites, il faut avoir un numérateur petit et (ou) un dénominateur grand. Les estimateurs seront donc de faibles variances lorsque :

– la variance σ^2 est faible. Cela signifie que la variance de Y est faible et donc les mesures sont proches de la droite à estimer ;

– la quantité $\sum(x_i - \bar{x})^2$ est grande, les mesures x_i doivent être dispersées autour de leur moyenne ;

– la quantité $\sum x_i^2$ ne doit pas être trop grande, les points doivent avoir une faible moyenne en valeur absolue. En effet, nous avons

$$\frac{\sum x_i^2}{\sum(x_i - \bar{x})^2} = \frac{\sum x_i^2 - n\bar{x}^2 + n\bar{x}^2}{\sum(x_i - \bar{x})^2} = 1 + \frac{n\bar{x}^2}{\sum(x_i - \bar{x})^2}.$$

L'équation (1.3) indique que la droite des MC passe par le centre de gravité du nuage $(\bar{x}, \bar{y})$. Supposons $\bar{x}$ positif, alors si nous augmentons la pente, l'ordonnée à l'origine va diminuer et vice versa. Nous retrouvons donc le signe négatif pour la covariance entre $\hat{\beta}_1$ et $\hat{\beta}_2$.

Nous terminons cette partie concernant les propriétés par le théorème de Gauss-Markov qui indique que, parmi tous les estimateurs linéaires sans biais, les estimateurs des MC possèdent la plus petite variance (voir exercice 1.5).

Théorème 1.1 (Gauss-Markov)
Parmi les estimateurs sans biais linéaires en Y, les estimateurs $\hat{\beta}_j$ sont de variance minimale.

1.4.2   Résidus et variance résiduelle

Nous avons estimé β_1 et β_2. La variance σ^2 des ε_i est le dernier paramètre inconnu à estimer. Pour cela, nous allons utiliser les résidus : ce sont des estimateurs des erreurs inconnues ε_i.

Définition 1.2 (Résidus)
Les résidus sont définis par

$$\hat{\varepsilon}_i = y_i - \hat{y}_i$$

où $\hat{y}_i$ est la valeur ajustée de y_i par le modèle, c'est-à-dire $\hat{y}_i = \hat{\beta}_1 + \hat{\beta}_2 x_i$.

Nous avons la propriété suivante (voir exercice 1.6).

Proposition 1.3
Dans un modèle de régression linéaire simple, la somme des résidus est nulle.

Intéressons-nous maintenant à l'estimation de σ^2 et construisons un estimateur sans biais $\hat{\sigma}^2$ (voir exercice 1.7) :

Proposition 1.4 (Estimateur de la variance du bruit)
La statistique $\hat{\sigma}^2 = \sum_{i=1}^{n} \hat{\varepsilon}_i^2 / (n-2)$ est un estimateur sans biais de σ^2.

1.4.3   Prévision

Un des buts de la régression est de proposer des prévisions pour la variable à expliquer Y. Soit x_{n+1} une nouvelle valeur de la variable X, nous voulons prédire y_{n+1}. Le modèle indique que

$$y_{n+1} = \beta_1 + \beta_2 x_{n+1} + \varepsilon_{n+1}$$

avec $\mathbb{E}(\varepsilon_{n+1}) = 0$, $\mathrm{V}(\varepsilon_{n+1}) = \sigma^2$ et $\mathrm{Cov}(\varepsilon_{n+1}, \varepsilon_i) = 0$ pour $i = 1, \cdots, n$. Nous pouvons prédire la valeur correspondante grâce au modèle estimé

$$\hat{y}_{n+1}^p = \hat{\beta}_1 + \hat{\beta}_2 x_{n+1}.$$

En utilisant la notation $\hat{y}^p_{n+1}$ nous souhaitons insister sur la notion de prévision : la valeur pour laquelle nous effectuons la prévision, ici la $(n+1)^e$, n'a pas servi dans le calcul des estimateurs. Remarquons que cette quantité sera différente de la valeur ajustée, notée $\hat{y}_i$, qui elle fait intervenir la i^e observation.

Deux types d'erreurs vont entacher notre prévision, l'une due à la non-connaissance de ε_{n+1} et l'autre due à l'estimation des paramètres.

Proposition 1.5 (Variance de la prévision $\hat{y}^p_{n+1}$)

La variance de la valeur prévue de $\hat{y}^p_{n+1}$ vaut

$$V\left(\hat{y}^p_{n+1}\right) = \sigma^2 \left(\frac{1}{n} + \frac{(x_{n+1} - \bar{x})^2}{\sum (x_i - \bar{x})^2} \right).$$

La variance de $\hat{y}^p_{n+1}$ (voir exercice 1.8) nous donne une idée de la stabilité de l'estimation. En prévision, on s'intéresse généralement à l'erreur que l'on commet entre la vraie valeur à prévoir y_{n+1} et celle que l'on prévoit $\hat{y}^p_{n+1}$. L'erreur peut être simplement résumée par la différence entre ces deux valeurs, c'est ce que nous appellerons l'erreur de prévision. Cette erreur de prévision permet de quantifier la capacité du modèle à prévoir. Nous avons sur ce thème la proposition suivante (voir exercice 1.8).

Proposition 1.6 (Erreur de prévision)

L'erreur de prévision, définie par $\hat{\varepsilon}^p_{n+1} = y_{n+1} - \hat{y}^p_{n+1}$ satisfait les propriétés suivantes :

$$\begin{aligned} \mathbb{E}(\hat{\varepsilon}^p_{n+1}) &= 0 \\ V(\hat{\varepsilon}^p_{n+1}) &= \sigma^2 \left(1 + \frac{1}{n} + \frac{(x_{n+1} - \bar{x})^2}{\sum (x_i - \bar{x})^2} \right). \end{aligned}$$

Remarque

La variance augmente lorsque x_{n+1} s'éloigne du centre de gravité du nuage. Effectuer une prévision lorsque x_{n+1} est « loin » de $\bar{x}$ est donc périlleux, la variance de l'erreur de prévision peut alors être très grande !

1.5 Interprétations géométriques

1.5.1 Représentation des individus

Pour chaque individu, ou observation, nous mesurons une valeur x_i et une valeur y_i. Une observation peut donc être représentée dans le plan, nous dirons alors que $\mathbb{R}^2$ est l'espace des observations. $\hat{\beta}_1$ correspond à l'ordonnée à l'origine alors que $\hat{\beta}_2$ représente la pente de la droite ajustée. Cette droite minimise la somme des carrés des distances verticales des points du nuage à la droite ajustée.

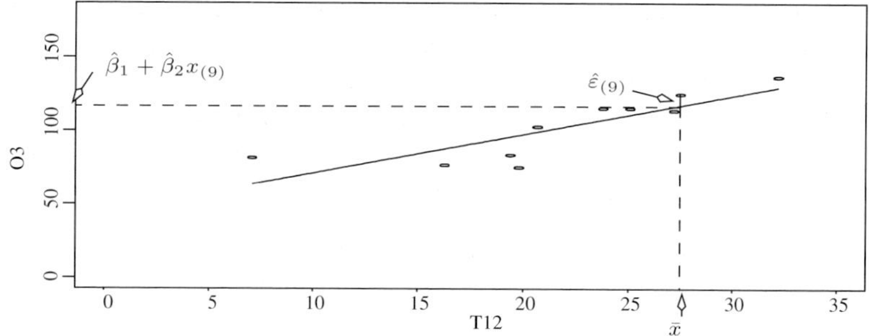

Fig. 1.10 – Représentation des individus.

Les couples d'observations (x_i, y_i) avec $i = 1, \ldots, n$ ordonnées suivant les valeurs croissantes de x sont notés $(x_{(i)}, y_{(i)})$. Nous avons représenté la neuvième valeur de x et sa valeur ajustée $\hat{y}_{(9)} = \hat{\beta}_1 + \hat{\beta}_2 x_{(9)}$ sur le graphique, ainsi que le résidu correspondant $\hat{\varepsilon}_{(9)}$.

1.5.2 Représentation des variables

Nous pouvons voir le problème d'une autre façon. Nous mesurons n couples de points (x_i, y_i). La variable X et la variable Y peuvent être considérées comme deux vecteurs possédant n coordonnées. Le vecteur X (respectivement Y) admet pour coordonnées les observations $x_1, x_2, \ldots, x_n$ (respectivement $y_1, y_2, \ldots, y_n$). Ces deux vecteurs d'observations appartiennent au même espace $\mathbb{R}^n$: l'espace des variables. Nous pouvons donc représenter les données dans l'espace des variables. Le vecteur $\mathbb{1}$ est également un vecteur de $\mathbb{R}^n$ dont toutes les composantes valent 1. Les 2 vecteurs $\mathbb{1}$ et X engendrent un sous-espace de $\mathbb{R}^n$ de dimension 2. Nous avons supposé que $\mathbb{1}$ et X ne sont pas colinéaires grâce à $\mathcal{H}_1$ mais ces vecteurs ne sont pas obligatoirement orthogonaux. Ces vecteurs sont orthogonaux lorsque $\bar{x}$, la moyenne des observations $x_1, x_2, \ldots, x_n$ vaut zéro.

La régression linéaire peut être vue comme la projection orthogonale du vecteur Y dans le sous-espace de $\mathbb{R}^n$ engendré par $\mathbb{1}$ et X, noté $\Im(X)$ (voir fig. 1.11).

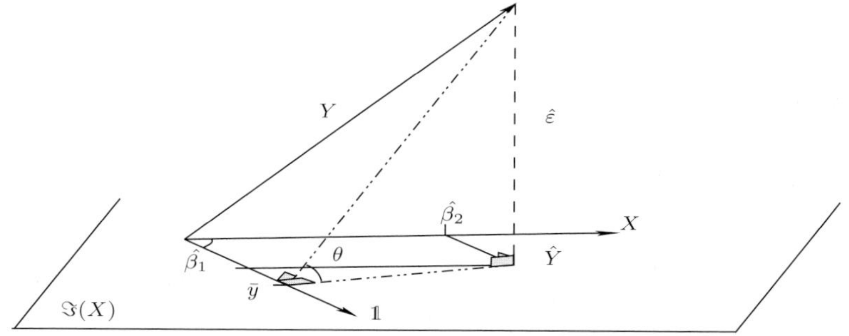

Fig. 1.11 – Représentation de la projection dans l'espace des variables.

Les coefficients $\hat{\beta}_1$ et $\hat{\beta}_2$ s'interprètent comme les composantes de la projection orthogonale notée $\hat{Y}$ de Y sur ce sous-espace.

Remarque
Les vecteurs $\mathbb{1}$ et X de normes respectives $\sqrt{n}$ et $\sqrt{\sum_{i=1}^{n} x_i^2}$ ne forment pas une base orthogonale. Afin de savoir si ces vecteurs sont orthogonaux, calculons leur produit scalaire. Le produit scalaire est la somme du produit terme à terme des composantes des deux vecteurs et vaut ici $\sum_{i=1}^{n} x_i \times 1 = n\bar{x}$. Les vecteurs forment une base orthogonale lorsque la moyenne de X est nulle. En effet $\bar{x}$ vaut alors zéro et le produit scalaire est nul. Les vecteurs n'étant en général pas orthogonaux, cela veut dire que $\hat{\beta}_1\mathbb{1}$ n'est pas la projection de Y sur la droite engendrée par $\mathbb{1}$ et que $\hat{\beta}_2 X$ n'est pas la projection de Y sur la droite engendrée par X. Nous reviendrons sur cette différence au chapitre suivant.

Un modèle, que l'on qualifiera de bon, possédera des estimations $\hat{y}_i$ proches des vraies valeurs y_i. Sur la représentation dans l'espace des variables (fig. 1.11) la qualité peut être évaluée par l'angle θ. Cet angle est compris entre -90 degrés et 90 degrés. Un angle proche de -90 degrés ou de 90 degrés indique un modèle de mauvaise qualité. Le cosinus carré de θ est donc une mesure possible de la qualité du modèle et cette mesure varie entre 0 et 1.
Le théorème de Pythagore nous donne directement que

$$
\begin{aligned}
\|Y - \bar{y}\mathbb{1}\|^2 &= \|\hat{Y} - \bar{y}\mathbb{1}\|^2 + \|\hat{\varepsilon}\|^2 \\
\sum_{i=1}^{n}(y_i - \bar{y})^2 &= \sum_{i=1}^{n}(\hat{y}_i - \bar{y})^2 + \sum_{i=1}^{n}\hat{\varepsilon}_i^2 \\
\text{SCT} &= \text{SCE} + \text{SCR},
\end{aligned}
$$

où SCT (respectivement SCE et SCR) représente la somme des carrés totale (respectivement expliquée par le modèle et résiduelle).

Le coefficient de détermination R^2 est défini par

$$
R^2 = \frac{\text{SCE}}{\text{SCT}} = \frac{\|\hat{Y} - \bar{y}\mathbb{1}\|^2}{\|Y - \bar{y}\mathbb{1}\|^2},
$$

c'est-à-dire la part de la variabilité expliquée par le modèle sur la variabilité totale. De nombreux logiciels multiplient cette valeur par 100 afin de donner un pourcentage.

Remarques
Dans ce cas précis, R^2 est le carré du coefficient de corrélation empirique entre les x_i et les y_i et
– le R^2 correspond au cosinus carré de l'angle θ ;
– si $R^2 = 1$, le modèle explique tout, l'angle θ vaut donc zéro, Y est dans $\Im(X)$ c'est-à-dire que $y_i = \beta_1 + \beta_2 x_i$;

- si $R^2 = 0$, cela veut dire que $\sum(\hat{y}_i - \bar{y})^2 = 0$ et donc que $\hat{y}_i = \bar{y}$. Le modèle de régression linéaire est inadapté ;
- si R^2 est proche de zéro, cela veut dire que Y est quasiment dans l'orthogonal de $\Im(X)$, le modèle de régression linéaire est inadapté, la variable X utilisée n'explique pas la variable Y.

1.6 Inférence statistique

Jusqu'à présent, nous avons pu, en choisissant une fonction de coût quadratique, ajuster un modèle de régression, à savoir calculer $\widehat{\beta}_1$ et $\widehat{\beta}_2$. Grâce aux coefficients estimés, nous pouvons donc prédire, pour chaque nouvelle valeur x_{n+1} une valeur de la variable à expliquer $\widehat{y}^p_{n+1}$ qui est tout simplement le point sur la droite ajustée correspondant à l'abscisse x_{n+1}. En ajoutant l'hypothèse $\mathcal{H}_2$, nous avons pu calculer l'espérance et la variance des estimateurs. Ces propriétés permettent d'appréhender de manière grossière la qualité des estimateurs proposés. Le théorème de Gauss-Markov permet de juger de la qualité des estimateurs parmi une classe d'estimateurs : les estimateurs linéaires sans biais. Enfin ces deux hypothèses nous ont aussi permis de calculer l'espérance et la variance de la valeur prédite $\widehat{y}^p_{n+1}$.

Cependant, nous souhaitons en général connaître la loi des estimateurs afin de calculer des intervalles ou des régions de confiance ou effectuer des tests. Il faut donc introduire une hypothèse supplémentaire concernant la loi des ε_i. L'hypothèse $\mathcal{H}_2$ devient

$$\mathcal{H}_3 \left\{ \begin{array}{ll} \varepsilon_i & \sim \mathcal{N}(0, \sigma^2) \\ \varepsilon_i & \text{sont indépendants} \end{array} \right.$$

où $\mathcal{N}(0, \sigma^2)$ est une loi normale d'espérance nulle et de variance σ^2. Le modèle de régression devient le modèle paramétrique $\left\{ \mathbb{R}^n, \mathcal{B}_{\mathbb{R}^n}, \mathcal{N}(\beta_1 + \beta_2 x, \sigma^2) \right\}$, où β_1, β_2, σ^2 sont à valeurs dans $\mathbb{R}$, $\mathbb{R}$ et $\mathbb{R}^+$ respectivement. La loi des ε_i étant connue, nous en déduisons la loi des y_i. Toutes les preuves de cette section seront détaillées au chapitre 3.

Nous allons envisager dans cette section les propriétés supplémentaires des estimateurs qui découlent de l'hypothèse $\mathcal{H}_3$ (normalité et indépendance des erreurs) :
- lois des estimateurs $\hat{\beta}_1$, $\hat{\beta}_2$ et $\hat{\sigma}^2$;
- intervalles de confiance univariés et bivariés ;
- loi des valeurs prévues $\hat{y}^p_{n+1}$ et intervalle de confiance.

Cette partie est plus technique que les parties précédentes. Afin de faciliter la lecture, considérons les notations suivantes :

$$\sigma^2_{\hat{\beta}_1} = \sigma^2 \left(\frac{\sum x_i^2}{n \sum (x_i - \bar{x})^2} \right), \qquad \hat{\sigma}^2_{\hat{\beta}_1} = \hat{\sigma}^2 \left(\frac{\sum x_i^2}{n \sum (x_i - \bar{x})^2} \right),$$

$$\sigma^2_{\hat{\beta}_2} = \frac{\sigma^2}{\sum (x_i - \bar{x})^2}, \qquad \hat{\sigma}^2_{\hat{\beta}_2} = \frac{\hat{\sigma}^2}{\sum (x_i - \bar{x})^2},$$

où $\hat{\sigma}^2 = \sum \hat{\varepsilon}_i^2/(n-2)$. Cet estimateur est donné au théorème 1.4. Notons que les estimateurs de la colonne de gauche ne sont pas réellement des estimateurs. En effet puisque σ^2 est inconnu, ces estimateurs ne sont pas calculables avec les données. Cependant, ce sont eux qui interviennent dans les lois des estimateurs $\hat{\beta}_1$ et $\hat{\beta}_2$ (voir proposition 1.7). Les estimateurs donnés dans la colonne de droite sont ceux qui sont utilisés (et utilisables) et ils consistent simplement à remplacer σ^2 par $\hat{\sigma}^2$. Les lois des estimateurs sont données dans la proposition suivante.

Proposition 1.7 (Lois des estimateurs : variance connue)
Les lois des estimateurs des MC sont :

(i) $\hat{\beta}_j \sim \mathcal{N}\left(\beta_j, \sigma_{\hat{\beta}_j}^2\right)$ *pour* $j = 1, 2$.

(iii) $\hat{\beta} = \begin{bmatrix} \hat{\beta}_1 \\ \hat{\beta}_2 \end{bmatrix} \sim \mathcal{N}\left(\beta, \sigma^2 V\right)$, $\beta = \begin{bmatrix} \beta_1 \\ \beta_2 \end{bmatrix}$ *et* $V = \dfrac{1}{\sum(x_i - \bar{x})^2} \begin{bmatrix} \sum x_i^2/n & -\bar{x} \\ -\bar{x} & 1 \end{bmatrix}$.

(iv) $\dfrac{(n-2)}{\sigma^2}\hat{\sigma}^2$ *suit une loi du* χ^2 *à* $(n-2)$ *degrés de liberté (ddl)* (χ_{n-2}^2).

(v) $(\hat{\beta}_1, \hat{\beta}_2)$ *et* $\hat{\sigma}^2$ *sont indépendants.*

La variance σ^2 n'est pas connue en général, nous l'estimons par $\hat{\sigma}^2$. Les estimateurs des MC ont alors les propriétés suivantes :

Proposition 1.8 (Lois des estimateurs : variance estimée)
Lorsque σ^2 *est estimée par* $\hat{\sigma}^2$, *nous avons*

(i) pour $j = 1, 2$ $\dfrac{\hat{\beta}_j - \beta_j}{\hat{\sigma}_{\hat{\beta}_j}} \sim \mathcal{T}_{n-2}$ *où* $\mathcal{T}_{n-2}$ *est une loi de Student à* $(n-2)$ *ddl.*

(ii) $\dfrac{1}{2\,\hat{\sigma}^2}(\hat{\beta} - \beta)' V^{-1}(\hat{\beta} - \beta) \sim \mathcal{F}_{2,n-2}$, *où* $\mathcal{F}_{2,n-2}$ *est une loi de Fisher à 2 ddl au numérateur et* $(n-2)$ *ddl au dénominateur.*

Ces dernières propriétés nous permettent de donner des intervalles de confiance (IC) ou des régions de confiance (RC) des paramètres inconnus. En effet, la valeur ponctuelle d'un estimateur est en général insuffisante et il est nécessaire de lui adjoindre un intervalle de confiance. Nous parlerons d'IC quand un paramètre est univarié et de RC quand le paramètre est multivarié.

Proposition 1.9 (IC et RC de niveau $1 - \alpha$ pour les paramètres)
(i) Un IC *bilatéral de* β_j $(j \in \{1, 2\})$ *est donné par :*

$$\left[\hat{\beta}_j - t_{n-2}(1 - \alpha/2)\hat{\sigma}_{\hat{\beta}_j},\ \hat{\beta}_j + t_{n-2}(1 - \alpha/2)\hat{\sigma}_{\hat{\beta}_j}\right] \tag{1.5}$$

où $t_{n-2}(1 - \alpha/2)$ *représente le fractile de niveau* $(1 - \alpha/2)$ *d'une loi* $\mathcal{T}_{n-2}$.
(ii) Une RC *des deux paramètres inconnus* β *est donnée par l'équation suivante :*

$$\frac{1}{2\hat{\sigma}^2}\left[n(\hat{\beta}_1 - \beta_1)^2 + 2n\bar{x}(\hat{\beta}_1 - \beta_1)(\hat{\beta}_2 - \beta_2) + \sum x_i^2(\hat{\beta}_2 - \beta_2)^2\right] \leq f_{(2,n-2)}(1 - \alpha),$$

où $f_{(2,n-2)}(1 - \alpha)$ *représente le fractile de niveau* $(1 - \alpha)$ *d'une loi de Fisher à* $(2, n-2)$ *ddl.*

(iii) Un IC *de σ^2 est donné par :*

$$\left[\frac{(n-2)\hat{\sigma}^2}{c_{n-2}(1-\alpha/2)}, \frac{(n-2)\hat{\sigma}^2}{c_{n-2}(\alpha/2)} \right],$$

où $c_{n-2}(1-\alpha/2)$ représente le fractile de niveau $(1-\alpha/2)$ d'une loi du χ^2 à $(n-2)$ degrés de liberté.

Remarque

La propriété (ii) donne la RC simultanée des paramètres de la régression $\beta = (\beta_1, \beta_2)'$, appelée ellipse de confiance grâce à la loi du couple. Au contraire (i) donne l'IC d'un paramètre sans tenir compte de la corrélation entre $\hat{\beta}_1$ et $\hat{\beta}_2$. Il est donc délicat de donner une RC du vecteur (β_1, β_2) en juxtaposant les deux IC.

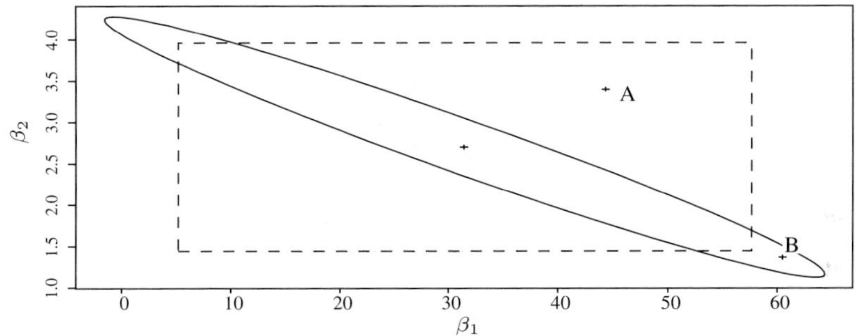

Fig. 1.12 – Comparaison entre ellipse et rectangle de confiance.

Un point peut avoir chaque coordonnée dans son IC respectif mais ne pas appartenir à l'ellipse de confiance. Le point A est un exemple de ce type de point. *A contrario*, un point peut appartenir à la RC sans qu'aucune de ses coordonnées n'appartienne à son IC respectif (le point B). L'ellipse de confiance n'est pas toujours calculée par les logiciels de statistique. Le rectangle de confiance obtenu en juxtaposant les deux intervalles de confiance peut être une bonne approximation de l'ellipse si la corrélation entre $\hat{\beta}_1$ et $\hat{\beta}_2$ est faible.

Nous pouvons donner un intervalle de confiance de la droite de régression.

Proposition 1.10 (IC pour $\mathbb{E}(y_i)$)

Un IC *de $\mathbb{E}(y_i) = \beta_1 + \beta_2 x_i$ est donné par :*

$$\left[\hat{y}_i \pm t_{n-2}(1-\alpha/2)\hat{\sigma}\sqrt{\frac{1}{n} + \frac{(x_i - \bar{x})^2}{\sum(x_l - \bar{x})^2}} \right]. \tag{1.6}$$

En calculant les IC pour tous les points de la droite, nous obtenons une hyperbole de confiance. En effet, lorsque x_i est proche de $\bar{x}$, le terme dominant de la variance est $1/n$, mais dès que x_i s'éloigne de $\bar{x}$, le terme dominant est le terme au carré. Nous avons les mêmes résultats que ceux obtenus à la section (1.4.3). Enonçons le résultat permettant de calculer un intervalle de confiance pour une valeur prévue :

Proposition 1.11 (IC pour y_{n+1})

Un IC de y_{n+1} est donné par :

$$\left[\hat{y}^{p}_{n+1} \pm t_{n-2}(1-\alpha/2)\hat{\sigma}\sqrt{1 + \frac{1}{n} + \frac{(x_{n+1}-\bar{x})^2}{\sum(x_i-\bar{x})^2}} \right]. \tag{1.7}$$

Cette formule exprime que plus le point à prévoir est éloigné de $\bar{x}$, plus la variance de la prévision et donc l'IC seront grands. Une approche intuitive consiste à remarquer que plus une observation est éloignée du centre de gravité, moins nous avons d'information sur elle. Lorsque x_{n+1} est à l'intérieur de l'étendue des x_i, le terme dominant de la variance est la valeur 1 et donc la variance est relativement constante. Lorsque x_{n+1} est en dehors de l'étendue des x_i, le terme dominant peut être le terme au carré, et la forme de l'intervalle sera à nouveau une hyperbole.

1.7   Exemples

La concentration en ozone

Nous allons traiter les 50 données journalières de concentration en ozone. La variable à expliquer est la concentration en ozone notée O3 et la variable explicative est la température notée T12.

- Nous commençons par représenter les données.

```
> ozone <- read.table("ozone_simple.txt",header=T,sep=";")
> plot(O3~T12,data=ozone,xlab="T12",ylab="O3")
```

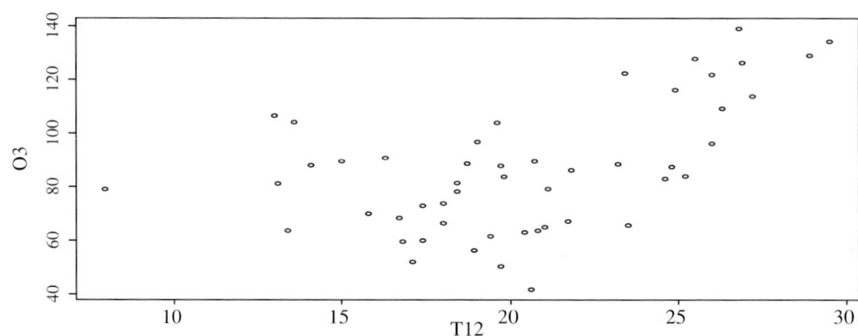

Fig. 1.13 – 50 données journalières de T12 et O3.

Ce graphique permet de vérifier visuellement si une régression linéaire est pertinente. Autrement dit, il suffit de regarder si le nuage de point s'étire le long d'une droite. Bien qu'ici il semble que le nuage s'étire sur une première droite jusqu'à 22 ou 23 degrés C puis selon une autre droite pour les hautes valeurs de températures, nous pouvons tenter une régression linéaire simple.

- Nous effectuons ensuite la régression linéaire, c'est-à-dire la phase d'estimation.

```
> reg <- lm(O3~T12,data=ozone)
```

Afin de consulter les résultats, nous effectuons

```
> summary(reg)
Call:
lm(formula = O3 ~ T12)
Residuals:
    Min      1Q  Median      3Q     Max
-45.256 -15.326  -3.461  17.634  40.072

Coefficients
             Estimate   Std. Error   t value    Pr(>|t|)
(Intercept)   31.4150      13.0584     2.406      0.0200      *
T12            2.7010       0.6266     4.311    8.04e-05    ***
---
Signif. codes:  0 '***' 0.001 '**' 0.01 '*' 0.05 '.' 0.1 ' ' 1
Residual standard error: 20.5 on 48 degrees of freedom
Multiple R-Squared: 0.2791,    Adjusted R-squared: 0.2641
F-statistic: 18.58 on 1 and 48 DF,  p-value: 8.041e-05
```

Les sorties du logiciel donnent une matrice (sous le mot Coefficients) qui comporte pour chaque paramètre (chaque ligne) 5 colonnes. La première colonne contient les estimations des paramètres (colonne Estimate), la seconde les écarts-types estimés des paramètres (Std. Error). Dans la troisième colonne (t value) figure la valeur observée de la statistique de test d'hypothèse $H_0 : \beta_i = 0$ contre $H_1 : \beta_i \neq 0$. La quatrième colonne (Pr(>|t|)) contient la probabilité critique (ou « p-value ») qui est la probabilité, pour la statistique de test sous H_0, de dépasser la valeur estimée. Enfin la dernière colonne est une version graphique du test : *** signifie que le test rejette H_0 pour des erreurs de première espèce supérieures ou égales à 0.001, ** signifie que le test rejette H_0 pour des erreurs de première espèce supérieures ou égales à 0.01, * signifie que le test rejette H_0 pour des erreurs de première espèce supérieures ou égales à 0.05, . signifie que le test rejette H_0 pour des erreurs de première espèce supérieures ou égales à 0.1.

Nous rejetons l'hypothèse H_0 pour les deux paramètres estimés au niveau $\alpha = 5$ %. Dans le cadre de la régression simple, cela permet d'effectuer de manière rapide un choix de variable pertinente. En toute rigueur, si pour les deux paramètres l'hypothèse H_0 est acceptée, il est nécessaire de reprendre un modèle en supprimant le paramètre dont la probabilité critique est la plus proche de 1. Dans ce cas-là, dès la phase de représentation des données, de gros doutes doivent apparaître sur l'intérêt de la régression linéaire simple.

Le résumé de l'étape d'estimation fait figurer l'estimation de σ qui vaut ici 20.5 ainsi que le nombre $n - 2 = 48$ qui est le nombre de degrés de liberté associés, par exemple, aux tests d'hypothèse $H_0 : \beta_i = 0$ contre $H_1 : \beta_i \neq 0$.

La valeur du R^2 est également donnée, ainsi que le R^2 ajusté noté R_a^2 (voir définition 2.4 p. 39). La valeur du R^2 est faible ($R^2 = 0.28$) et nous retrouvons la remarque effectuée à propos de la figure (fig. 1.13) : une régression linéaire simple n'est peut-être pas adaptée ici.

La dernière ligne, surtout utile en régression multiple, indique le test entre le modèle utilisé et le modèle n'utilisant que la constante comme variable explicative. Nous reviendrons sur ce test au chapitre 3.

• Afin d'examiner la qualité du modèle et des observations, nous traçons la droite ajustée et les observations. Comme il existe une incertitude dans les estimations, nous traçons aussi un intervalle de confiance de la droite (à 95 %).

```
> plot(O3~T12,data=ozone)
> T12 <- seq(min(ozone[,"T12"]),max(ozone[,"T12"]),length=100)
> grille <- data.frame(T12)
> ICdte <- predict(reg,new=grille,interval="confidence",level=0.95)
> matlines(grille$T12,cbind(ICdte),lty=c(1,2,2),col=1)
```

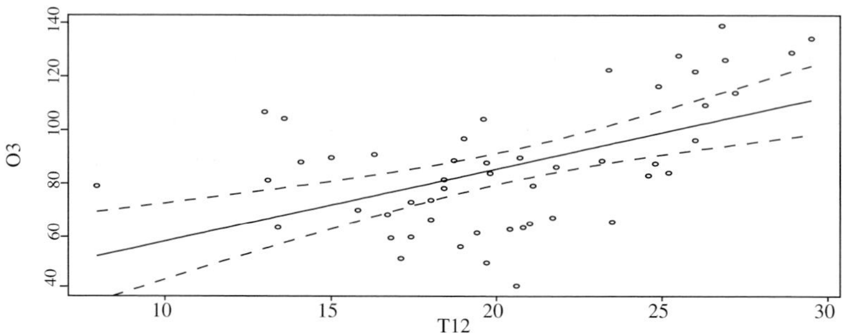

Fig. 1.14 – 50 données journalières de T12 et O3 et l'ajustement linéaire obtenu.

Ce graphique permet de vérifier visuellement si une régression est correcte, c'est-à-dire d'analyser la qualité d'ajustement du modèle. Nous constatons que les observations qui possèdent de faibles valeurs ou de fortes valeurs de température sont au-dessus de la droite ajustée (fig. 1.14) alors que les observations qui possèdent des valeurs moyennes sont en dessous. Les erreurs ne semblent donc pas identiquement distribuées. Pour s'en assurer il est aussi possible de tracer les résidus.

Enfin l'intervalle de confiance à 95 % est éloigné de la droite. Cet intervalle peut être vu comme « le modèle peut être n'importe quelle droite dans cette bande ». Il en découle que la qualité de l'estimation ne semble pas être très bonne.

• Dans une optique de prévision, il est nécessaire de s'intéresser à la qualité de prévision. Cette qualité peut être envisagée de manière succincte grâce à l'intervalle de confiance des prévisions. Afin de bien le distinguer de celui de la droite, nous figurons les deux sur le même graphique.

```
> plot(O3~T12,data=ozone,ylim=c(0,150))
> T12 <- seq(min(ozone[,"T12"]),max(ozone[,"T12"]),length=100)
> grille <- data.frame(T12)
```

```
> ICdte <- predict(reg,new=grille,interval="conf",level=0.95)
> ICprev <- predict(reg,new=grille,interval="pred",level=0.95)
> matlines(T12,cbind(ICdte,ICprev[,-1]),lty=c(1,2,2,3,3),col=1)
> legend("topleft",lty=2:3,c("Y","E(Y)"))
```

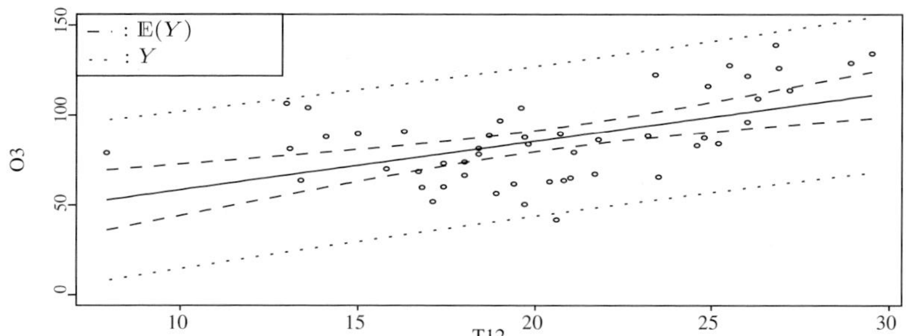

Fig. 1.15 – Droite de régression et intervalles de confiance pour Y et pour $\mathbb{E}(Y)$.

Afin d'illustrer les équations des intervalles de confiance pour les prévisions et la droite ajustée (équations (1.6) et (1.7), p. 20), nous remarquons bien évidemment que l'intervalle de confiance des prévisions est plus grand que l'intervalle de confiance de la droite de régression. L'intervalle de confiance de la droite de régression admet une forme hyperbolique.

• Si nous nous intéressons au rôle des variables, nous pouvons calculer les intervalles de confiance des paramètres *via* la fonction `confint`. Par défaut, le niveau est fixé à 95 %.

```
> IC <- confint(reg,level=0.95)
> IC
              2.5 %    97.5 %
(Intercept) 5.159232 57.67071
T12         1.441180  3.96089
```

L'IC à 95 % sur l'ordonnée à l'origine est étendu (52.5). Cela provient des erreurs (l'estimateur de σ vaut 20.5), mais surtout du fait que les températures sont en moyenne très loin de 0. Cependant, ce coefficient ne fait pas très souvent l'objet d'interprétation.

L'autre IC à 95 % est moins étendu (2.5). Nous constatons qu'il semble exister un effet de la température sur les pics d'ozone, bien que l'on se pose la question de la validité de l'hypothèse linéaire, et donc de la conclusion énoncée ci-dessus.

• Il est conseillé de tracer la région de confiance simultanée des deux paramètres et de comparer cette région aux intervalles de confiance obtenus avec le même degré de confiance. Cette comparaison illustre uniquement la différence entre intervalle simple et région de confiance. En général, l'utilisateur de la méthode choisit l'une ou l'autre forme. Pour cette comparaison, nous utilisons les commandes suivantes :

```
> library(ellipse)
> plot(ellipse(reg,level=0.95),type="l",xlab="",ylab="")
> points(coef(reg)[1], coef(reg)[2],pch=3)
> lines(IC[1,c(1,1,2,2,1)],IC[2,c(1,2,2,1,1)],lty=2)
```

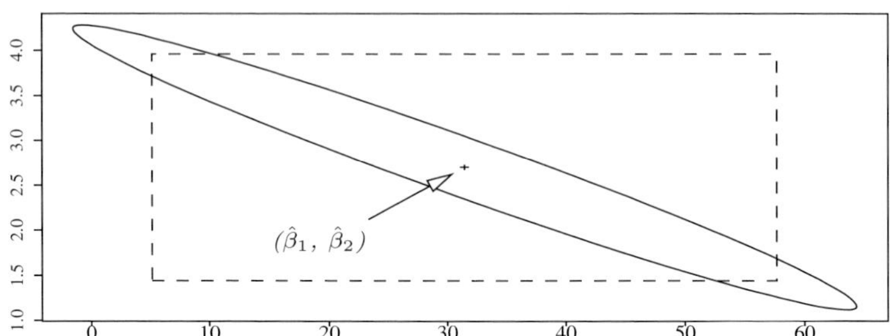

Fig. 1.16 – Région de confiance simultanée des deux paramètres.

Les axes de l'ellipse ne sont pas parallèles aux axes du graphique, les deux estimateurs sont corrélés. Nous retrouvons que la corrélation entre les deux estimateurs est toujours négative (ou nulle), le grand axe de l'ellipse ayant une pente négative. Nous observons bien sûr une différence entre le rectangle de confiance, juxtaposition des deux intervalles de confiance et l'ellipse.

La hauteur des eucalyptus

Nous allons modéliser la hauteur des arbres en fonction de leur circonférence.

- Nous commençons par représenter les données.

```
> eucalypt <- read.table("eucalyptus.txt",header=T,sep=";")
> plot(ht~circ,data=eucalypt,xlab="circ",ylab="ht")
```

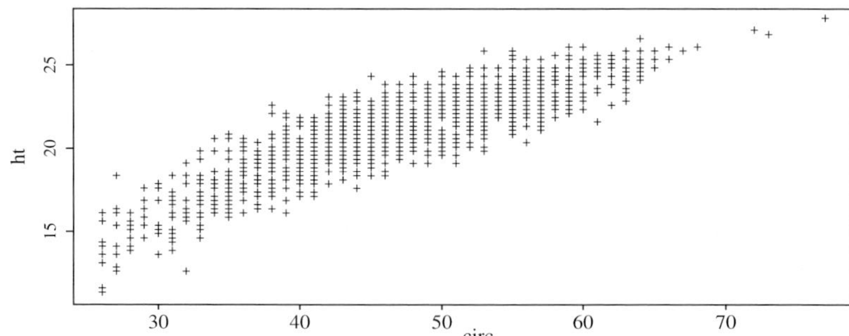

Fig. 1.17 – Représentation des mesures pour les $n = 1429$ eucalyptus mesurés.

Une régression simple semble indiquée, les points étant disposés grossièrement le long d'une droite. Trois arbres ont des circonférences élevées supérieures à 70 cm.

- Nous effectuons ensuite la régression linéaire, c'est-à-dire la phase d'estimation.

```
> reg <- lm(ht~circ,data=eucalypt)
> summary(reg)
Call:
lm(formula = ht ~ circ, data = eucalypt)

Residuals:
     Min       1Q   Median       3Q      Max
-4.76589 -0.78016  0.05567  0.82708  3.69129

Coefficients:
            Estimate  Std. Error  t value  Pr(>|t|)
(Intercept) 9.037476    0.179802    50.26    <2e-16 ***
circ        0.257138    0.003738    68.79    <2e-16 ***
---
Signif. codes:  0 '***' 0.001 '**' 0.01 '*' 0.05 '.' 0.1 ' ' 1

Residual standard error: 1.199 on 1427 degrees of freedom
Multiple R-Squared: 0.7683,      Adjusted R-squared: 0.7682
F-statistic:   4732 on 1 and 1427 DF,  p-value: < 2.2e-16
```

Nous retrouvons comme sortie la matrice des informations sur les coefficients, matrice qui comporte 4 colonnes et autant de lignes que de coefficients (voir 1.7, p. 21). Les tests de nullité des deux coefficients indiquent qu'ils semblent tous deux significativement non nuls (quand l'autre coefficient est fixé à la valeur estimée). Le résumé de l'étape d'estimation fait figurer l'estimation de σ qui vaut ici 1.199 ainsi que le nombre $n - 2 = 1427$ qui est le nombre de degrés de liberté associés, par exemple, aux tests d'hypothèse $H_0 : \beta_i = 0$ contre $H_1 : \beta_i \neq 0$.
La valeur du R^2 est également donnée, ainsi que le R_a^2. La valeur du R^2 est élevée ($R^2 = 0.7683$) et nous retrouvons la remarque déjà faite (fig. 1.17) : une régression linéaire simple semble adaptée.
Le test F entre le modèle utilisé et le modèle n'utilisant que la constante comme variable explicative indique que la circonférence est explicative et que l'on repousse le modèle n'utilisant que la constante comme variable explicative au profit du modèle de régression simple. Ce test n'est pas très utile ici car il équivaut au test de nullité $H_0 : \beta_2 = 0$ contre $H_1 : \beta_2 \neq 0$. De plus, dès la première étape, nous avions remarqué que les points s'étiraient le long d'une droite dont le coefficient directeur était loin d'être nul.

- Afin d'examiner la qualité du modèle et des observations, nous traçons la droite ajustée et les observations. Comme il existe une incertitude dans les estimations, nous traçons aussi un intervalle de confiance de la droite (à 95 %).

```
> plot(ht~circ,data=eucalypt,pch="+",col="grey60")
> grille <- data.frame(circ=seq(min(eucalypt[,"circ"]),
```

```
+                              max(eucalypt[,"circ"]),length=100))
> ICdte <- predict(reg,new=grille,interval="confi",level=0.95)
> matlines(grille$circ,ICdte, lty=c(1,2,2),col=1)
```

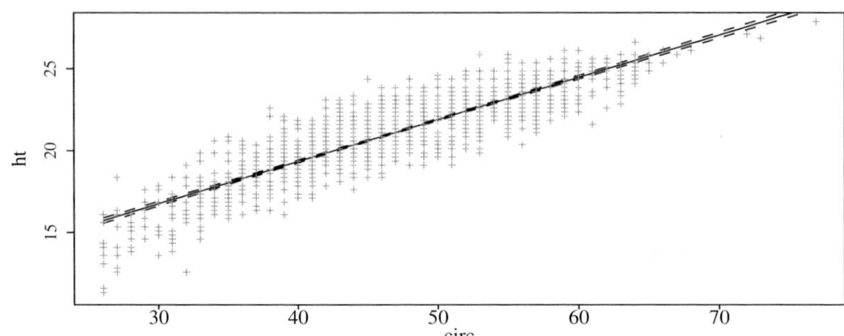

Fig. 1.18 – Données de circonférence/hauteur et ajustement linéaire obtenu.

Ce graphique permet de vérifier visuellement si une régression est correcte, c'est-à-dire de constater la qualité d'ajustement de notre modèle. Nous constatons que les observations sont globalement bien ajustées par le modèle, mais les faibles valeurs de circonférences semblent en majorité situées en dessous de la courbe. Ceci indique qu'un remplacement de cette droite par une courbe serait une amélioration possible. Peut-être qu'un modèle de régression simple du type

$$\texttt{ht} \;=\; \beta_0 + \beta_1\sqrt{\texttt{circ}} + \varepsilon,$$

serait plus adapté. Remarquons aussi que les 3 circonférences les plus fortes (supérieures à 70 cm) sont bien ajustées par le modèle. Ces 3 individus sont donc différents en terme de circonférence mais bien ajustés par le modèle.

Enfin, l'intervalle de confiance à 95 % est proche de la droite. Cet intervalle peut être vu comme « le modèle peut être n'importe quelle droite dans cette bande ». Il en découle que la qualité de l'estimation semble être très bonne, ce qui est normal car le nombre d'individus (i.e. le nombre d'arbres) est très élevé et les données sont bien réparties le long d'une droite.

• Dans une optique de prévision, il est nécessaire de s'intéresser à la qualité de prévision. Cette qualité peut être envisagée de manière succincte grâce aux intervalles de confiance, de la droite ajustée et des prévisions.

```
> plot(ht~circ,data=eucalypt,pch="+",col="grey60")
> circ <- seq(min(eucalypt[,"circ"]),max(eucalypt[,"circ"]),len=100)
> grille <- data.frame(circ)
> ICdte <- predict(reg,new=grille,interval="conf",level=0.95)
> ICprev <- predict(reg,new=grille,interval="pred",level=0.95)
> matlines(circ,cbind(ICdte,ICprev[,-1]),lty=c(1,2,2,3,3),col=1)
```

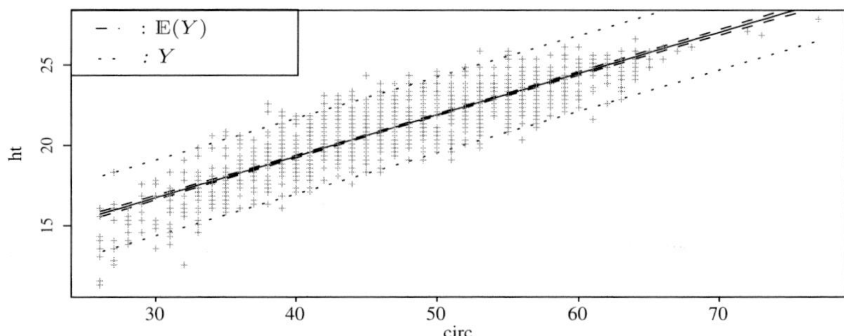

Fig. 1.19 – Droite de régression et intervalles de confiance pour Y et pour $\mathbb{E}(Y)$.

Rien de notable sur l'intervalle de prévision, mis à part le fait qu'il est nécessaire de bien distinguer l'intervalle de confiance de la droite et de la prévision.

1.8   Exercices

Exercice 1.1 (Questions de cours)
  1. Lors d'une régression simple, si le R^2 vaut 1, les points sont alignés :
     A. non,
     B. oui,
     C. pas obligatoirement.

  2. La droite des MC d'une régression simple passe par le point $(\bar{x}, \bar{y})$:
     A. toujours,
     B. jamais,
     C. parfois.

  3. Nous avons effectué une régression simple, nous recevons une nouvelle observation x_N et nous calculons la prévision correspondante $\hat{y}_N$. La variance de la valeur prévue est minimale lorsque
     A. $x_N = 0$,
     B. $x_N = \bar{x}$,
     C. aucun rapport.

  4. Le vecteur $\hat{Y}$ est orthogonal au vecteur des résidus estimés $\hat{\varepsilon}$:
     A. toujours,
     B. jamais,
     C. Parfois.

Exercice 1.2 (Biais des estimateurs)
Calculer le biais de $\hat{\beta}_2$ et $\hat{\beta}_1$.

Exercice 1.3 (Variance des estimateurs)
Calculer la variance de $\hat{\beta}_2$ puis la variance de $\hat{\beta}_1$ (indice : calculer $\mathrm{Cov}(\bar{y}, \hat{\beta}_2)$).

Exercice 1.4 (Covariance de $\hat{\beta}_1$ et $\hat{\beta}_2$)
Calculer la covariance entre $\hat{\beta}_1$ et $\hat{\beta}_2$.

Exercice 1.5 (†Théorème de Gauss-Markov)
Démontrer le théorème de Gauss-Markov en posant $\tilde{\beta}_2 = \sum_{i=1}^{n} \lambda_i y_i$, un estimateur linéaire quelconque (indice : trouver deux conditions sur la somme des λ_i pour que $\tilde{\beta}_2$ ne soit pas biaisé, puis calculer la variance en introduisant $\hat{\beta}_2$).

Exercice 1.6 (Somme des résidus)
Montrer que, dans un modèle de régression linéaire simple, la somme des résidus est nulle.

Exercice 1.7 (Estimateur de la variance du bruit)
Montrer que, dans un modèle de régression linéaire simple, la statistique $\hat{\sigma}^2 = \sum_{i=1}^{n} \hat{\varepsilon}_i^2/(n-2)$ est un estimateur sans biais de σ^2.

Exercice 1.8 (Prévision)
Calculer la variance de $\hat{y}_{n+1}^p$ puis celle de l'erreur de prévision $\hat{\varepsilon}_{n+1}^p$.

Exercice 1.9 ($\mathbf{R^2}$ et coefficient de corrélation)
Démontrer que le R^2 est égal au carré du coefficient de corrélation empirique entre les x_i et les y_i.

Exercice 1.10 (Les arbres)
Nous souhaitons exprimer la hauteur y d'un arbre d'une essence donnée en fonction de son diamètre x à 1 m 30 du sol. Pour ce faire, nous avons mesuré 20 couples « diamètre-hauteur ». Nous avons effectué les calculs suivants :

$$\bar{x} = 34.9 \qquad \frac{1}{20}\sum_{i=1}^{20}(x_i - \bar{x})^2 = 28.29 \qquad \bar{y} = 18.34$$

$$\frac{1}{20}\sum_{i=1}^{20}(y_i - \bar{y})^2 = 2.85 \qquad \frac{1}{20}\sum_{i=1}^{20}(x_i - \bar{x})(y_i - \bar{y}) = 6.26.$$

1. On note $\hat{y} = \hat{\beta}_1 + \hat{\beta}_2 x$, la droite de régression. Donner l'expression de $\hat{\beta}_2$ en fonction des statistiques élémentaires ci-dessus. Calculer $\hat{\beta}_1$ et $\hat{\beta}_2$.

2. Donner et commenter une mesure de la qualité de l'ajustement des données au modèle. Exprimer cette mesure en fonction des statistiques élémentaires.

3. Cette question traite des tests qui seront vus au chapitre 3. Cependant, cette question peut être résolue grâce à la section exemple. Les estimations des écarts-types de $\hat{\beta}_1$ et de $\hat{\beta}_2$ donnent $\hat{\sigma}_{\hat{\beta}_1} = 1.89$ et $\hat{\sigma}_{\hat{\beta}_2} = 0.05$. Testez $H_0 : \beta_j = 0$ contre $H_1 : \beta_j \neq 0$ pour $j = 0, 1$. Pourquoi ce test est-il intéressant dans notre contexte ? Que pensez-vous du résultat ?

Exercice 1.11 (Modèle quadratique)
Au vu du graphique 1.13, nous souhaitons modéliser l'ozone par la température au carré.

1. Ecrire le modèle et estimer les paramètres.

2. Comparer ce modèle au modèle linéaire classique.

Chapitre 2

La régression linéaire multiple

2.1 Introduction

La modélisation de la concentration d'ozone dans l'atmosphère évoquée au chapitre 1 est relativement simpliste. En effet, des variables météorologiques autres que la température peuvent expliquer cette concentration, comme par exemple le rayonnement, la précipitation ou encore le vent qui déplace les masses d'air. L'association Air Breizh mesure ainsi en même temps que la concentration d'ozone les variables météorologiques susceptibles d'avoir une influence sur celle-ci. Voici quelques-unes de ces données :

Individu	O3	T12	Vx	Ne12
1	63.6	13.4	9.35	7
2	89.6	15	5.4	4
3	79	7.9	19.3	8
4	81.2	13.1	12.6	7
5	88	14.1	-20.3	6

Tableau 2.1 – 5 données journalières.

La variable Vx est une variable synthétique représentant le vent. Le vent est normalement mesuré en degré (direction) et mètre par seconde (vitesse). La variable créée est la projection du vent sur l'axe est-ouest, elle tient compte de la direction et de la vitesse. La variable Ne12 représente la nébulosité mesurée à 12 heures. Pour analyser la relation entre la température (T12), le vent (Vx), la nébulosité à midi (Ne12) et l'ozone (O3), nous allons chercher une fonction f telle que

$$O3_i \approx f(T12_i, Vx_i, Ne12_i).$$

Afin de préciser le sens de $\approx$, il faut définir un critère positif quantifiant la qualité de l'ajustement de la fonction f aux données. Cette notion de coût permet d'appréhender de manière aisée les problèmes d'ajustement économique dans certains modèles. Minimiser un coût nécessite la connaissance de l'espace sur lequel on minimise, donc la classe de fonctions $\mathcal{G}$ dans laquelle nous supposerons que se trouve la vraie fonction inconnue.

Le problème mathématique peut s'écrire de la façon suivante :

$$\underset{f \in \mathcal{G}}{\operatorname{argmin}} \sum_{i=1}^{n} l(y_i - f(x_{i1}, \cdots, x_{ip})),$$

où n représente le nombre de données à analyser et $l(.)$ est appelée fonction de coût. La fonction de coût sera la même que celle utilisée précédemment, c'est-à-dire le coût quadratique. En ce qui concerne le choix de la classe $\mathcal{G}$, nous utiliserons pour commencer la classe des fonctions linéaires :

$$\mathcal{G}\left\{ f : f(x_1, \cdots, x_p) = \sum_{j=1}^{p} \beta_j x_j \quad \text{avec} \quad \beta_j \in \mathbb{R}, j \in \{1, \ldots, p\}\right\}.$$

2.2   Modélisation

Le modèle de régression multiple est une généralisation du modèle de régression simple lorsque les variables explicatives sont en nombre fini. Nous supposons donc que les données collectées suivent le modèle suivant :

$$y_i = \beta_1 x_{i1} + \beta_2 x_{i2} + \cdots + \beta_p x_{ip} + \varepsilon_i, \qquad i = 1, \cdots, n \tag{2.1}$$

où

- les x_{ij} sont des nombres connus, non aléatoires. La variable x_{i1} peut valoir 1 pour tout i variant de 1 à n. Dans ce cas, β_1 représente la constante (`intercept` dans les logiciels anglo-saxons). En statistiques, cette colonne de 1 est presque toujours présente ;
- les paramètres à estimer β_j du modèle sont inconnus ;
- les ε_i sont des variables aléatoires inconnues.

En utilisant l'écriture matricielle de (2.1), nous obtenons la définition suivante :

Définition 2.1 (Modèle de régression multiple)
Un modèle de régression linéaire est défini par une équation de la forme

$$Y_{n \times 1} = X_{n \times p}\, \beta_{p \times 1} + \varepsilon_{n \times 1}. \tag{2.2}$$

où :
- *Y est un vecteur aléatoire de dimension n ;*
- *X est une matrice de taille $n \times p$ connue, appelée matrice du plan d'expérience, X est la concaténation des p variables X_j : $X = (X_1|X_2|\ldots|X_p)$. Nous noterons la i^e ligne du tableau X par le vecteur ligne $x_i' = (x_{i1}, \ldots, x_{ip})$;*
- *β est le vecteur de dimension p des paramètres inconnus du modèle ;*
- *ε est le vecteur centré, de dimension n, des erreurs.*

Nous supposons que la matrice X est de plein rang. Cette hypothèse sera notée $\mathcal{H}_1$. Comme, en général, le nombre d'individus n est plus grand que le nombre de variables explicatives p, le rang de la matrice X vaut p.

La présentation précédente revient à supposer que la fonction liant Y aux variables explicatives X est un hyperplan représenté ci-dessous (fig. 2.1).

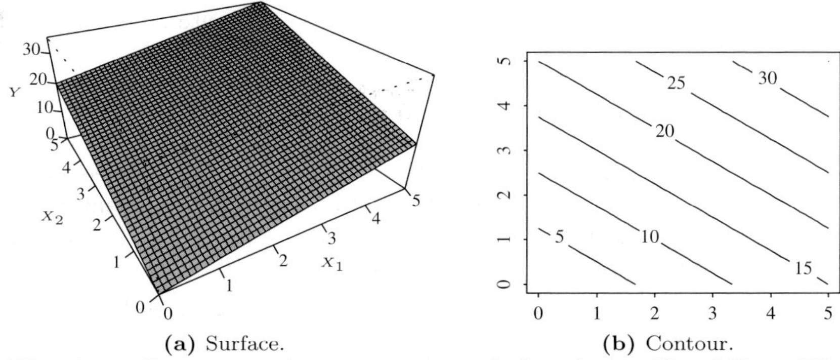

(a) Surface.   (b) Contour.

Fig. 2.1 – Représentation géométrique de la relation $Y = 3X_1 + 4X_2$.

Il est naturel dans nombre de problèmes de penser que des interactions existent entre les variables explicatives. Dans l'exemple de l'ozone, nous pouvons penser que la température et le vent interagissent. Pour modéliser cette interaction, nous écrivons en général un modèle avec un produit entre les variables explicatives qui interagissent. Ainsi, pour deux variables, nous avons la modélisation suivante :

$$y_i = \beta_1 x_{i1} + \beta_2 x_{i2} + \beta_3 x_{i1} x_{i2} + \varepsilon_i, \qquad i = 1, \cdots, n.$$

Les produits peuvent s'effectuer entre deux variables définissant des interactions d'ordre 2, entre trois variables définissant des interactions d'ordre 3, etc. D'un point de vue géométrique, cela donne (fig. 2.2) :

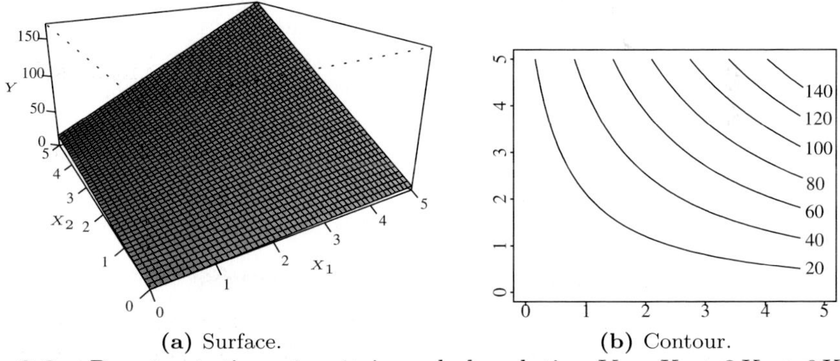

(a) Surface.   (b) Contour.

Fig. 2.2 – Représentation géométrique de la relation $Y = X_1 + 3X_2 + 6X_1X_2$.

Cependant, ce type de modélisation rentre parfaitement dans le cadre de la régression multiple. Les variables d'interaction sont des produits de variables connues et sont donc connues. Dans l'exemple précédent, la troisième variable explicative X_3 sera tout simplement le produit X_1X_2 et nous retrouvons la modélisation proposée à la section précédente.

De même, d'autres extensions peuvent être utilisées comme le modèle de régression polynomial. En reprenant notre exemple à deux variables explicatives X_1 et X_2, nous pouvons proposer le modèle polynomial de degré 2 suivant :

$$y_i = \beta_1 x_{i1} + \beta_2 x_{i2} + \beta_3 x_{i1} x_{i2} + \beta_4 x_{i1}^2 + \beta_5 x_{i2}^2 + \varepsilon_i, \qquad i = 1, \cdots, n.$$

Ce modèle peut être remis dans la formulation de la section précédente en posant $X_3 = X_1 X_2$, $X_4 = X_1^2$ et $X_5 = X_2^2$. L'hypersurface ressemble alors à (fig. 2.3) :

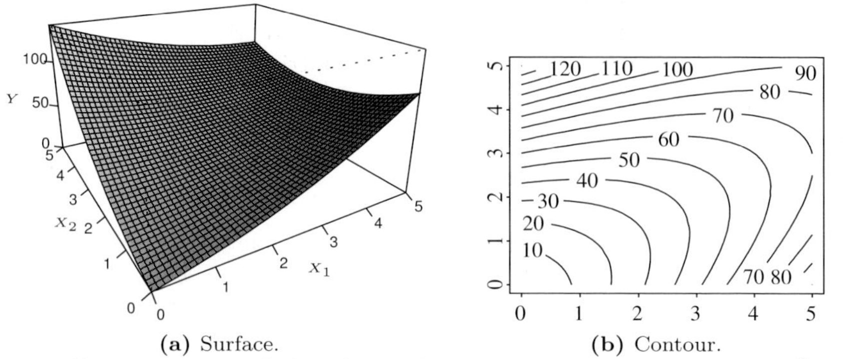

(a) Surface.   (b) Contour.

Fig. 2.3 – Représentation de la relation $Y = 10X_1 + 8X_2 - 6X_1X_2 + 2X_1^2 + 4X_2^2$.

En conclusion nous pouvons considérer que n'importe quelle transformation connue et fixée des variables explicatives (logarithme, exponentielle, produit, etc.) rentre dans le modèle de régression multiple. Ainsi la transformée d'une variable explicative X_1 par la fonction log par exemple devient $\tilde{X}_1 = \log(X_1)$ et le modèle reste donc un modèle de régression multiple. Par contre une transformation comme $\exp\{-r(X_1 - k)\}$ qui est une fonction non linéaire de deux paramètres inconnus r et k ne rentre pas dans ce cadre. En effet, ne connaissant pas r et k, il est impossible de calculer $\exp\{-r(X_1 - k)\}$ et donc de la noter $\tilde{X}_1$. Ce type de relation est traité dans Antoniadis *et al.* (1992). Ainsi un modèle linéaire ne veut pas forcément dire que le lien entre variables explicatives et la variable à expliquer est linéaire mais que le *modèle est linéaire en les paramètres β_j*.

2.3   Estimateurs des moindres carrés

Définition 2.2 (Estimateur des MC)

On appelle estimateur des moindres carrés (noté MC) $\hat{\beta}$ de β la valeur suivante :

$$\hat{\beta} = \underset{\beta_1, \cdots, \beta_p}{\operatorname{argmin}} \sum_{i=1}^{n} \left(y_i - \sum_{j=1}^{p} \beta_j x_{ij} \right)^2 = \underset{\beta \in \mathbb{R}^p}{\operatorname{argmin}} \| Y - X\beta \|^2.$$

Théorème 2.1 (Expression de l'estimateur des MC)
Si l'hypothèse $\mathcal{H}_1$ est vérifiée, l'estimateur des MC $\hat{\beta}$ de β vaut

$$\hat{\beta} = (X'X)^{-1}X'Y.$$

La section suivante est entièrement consacrée à ce résultat.

2.3.1   Calcul de $\hat{\beta}$ et interprétation

Il est intéressant de considérer les vecteurs dans l'espace des variables ($\mathbb{R}^n$). Ainsi, Y, vecteur colonne, définit dans $\mathbb{R}^n$ un vecteur $\overrightarrow{OY}$ d'origine O et d'extrémité Y. Ce vecteur a pour coordonnées $(y_1, \cdots, y_n)$. La matrice X du plan d'expérience est formée de p vecteurs colonnes. Chaque vecteur X_j définit dans $\mathbb{R}^n$ un vecteur $\overrightarrow{OX_j}$ d'origine O et d'extrémité X_j. Ce vecteur a pour coordonnées $(x_{1j}, \cdots, x_{nj})$. Ces p vecteurs linéairement indépendants (hypothèse $\mathcal{H}_1$) engendrent un sous-espace vectoriel de $\mathbb{R}^n$, noté dorénavant $\Im(X)$, de dimension p.

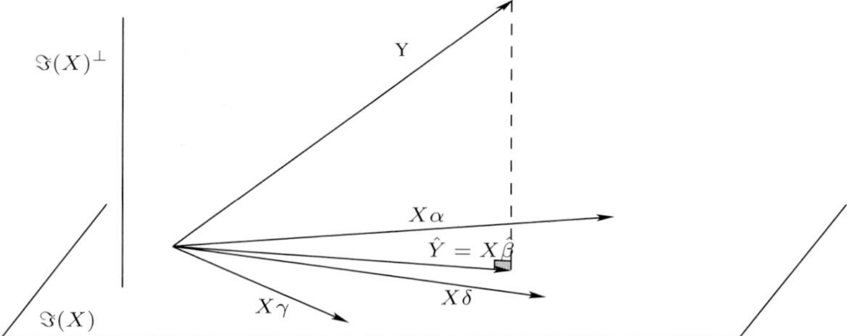

Fig. 2.4 – Représentation dans l'espace des variables.

Cet espace $\Im(X)$, appelé image de X (voir annexe A), est engendré par les colonnes de X. Il est parfois appelé espace des solutions. Tout vecteur $\overrightarrow{v}$ de $\Im(X)$ s'écrit de façon unique sous la forme suivante :

$$\overrightarrow{v} = \alpha_1\overrightarrow{X_1} + \cdots + \alpha_p\overrightarrow{X_p} = X\alpha,$$

où $\alpha = [\alpha_1, \cdots, \alpha_p]'$. Selon le modèle (2.2), le vecteur Y est la somme d'un élément de $\Im(X)$ et d'un bruit, élément de $\mathbb{R}^n$, qui n'a aucune raison d'appartenir à $\Im(X)$. Minimiser $S(\beta)$ revient à chercher un élément de $\Im(X)$ qui soit le plus proche de Y, au sens de la norme euclidienne classique. Par définition, cet unique élément est appelé projection orthogonale de Y sur $\Im(X)$. Il sera noté $\hat{Y} = P_X Y$, où P_X est la matrice de projection orthogonale sur $\Im(X)$. Dans la littérature anglo-saxonne, cette matrice est souvent notée H et est appelée « hat matrix » car elle met des « hat » sur Y. Par souci de cohérence de l'écriture, nous noterons h_{ij} l'élément courant (i, j) de P_X. L'élément $\hat{Y}$ de $\Im(X)$ est donné par $X\hat{\beta}$, où $\hat{\beta}$ est l'estimateur des MC de β. L'espace orthogonal à $\Im(X)$, noté $\Im(X)^\perp$, est souvent appelé espace des résidus. Le vecteur $\hat{Y} = P_X Y$ contient les valeurs ajustées de Y par le modèle.

- Calcul de $\hat{\beta}$ par projection :

  Trois possibilités de calcul de $\hat{\beta}$ sont proposées.

  – La première consiste à connaître la forme analytique de P_X. La matrice de projection orthogonale sur $\Im(X)$ est donnée par :

  $$P_X = X(X'X)^{-1}X'$$

  et, comme $P_X Y = X\hat{\beta}$, nous obtenons $\hat{\beta} = (X'X)^{-1}X'Y$.

  – La deuxième méthode utilise le fait que le vecteur Y de $\mathbb{R}^n$ se décompose de façon unique en une partie sur $\Im(X)$ et une partie sur $\Im(X)^\perp$, cela s'écrit :

  $$Y = P_X Y + (I - P_X)Y.$$

  La quantité $(I-P_X)Y$ étant un élément de $\Im(X)^\perp$ est orthogonale à tout élément v de $\Im(X)$. Rappelons que $\Im(X)$ est l'espace engendré par les colonnes de X, c'est-à-dire que toutes les combinaisons linéaires de variables $X_1, \cdots, X_p$ sont éléments de $\Im(X)$ ou encore que, pour tout $\alpha \in \mathbb{R}^p$, nous avons $X\alpha \in \Im(X)$. Les deux vecteurs v et $(I - P_X)Y$ étant orthogonaux, le produit scalaire entre ces deux quantités est nul, soit :

  $$
  \begin{aligned}
  \langle v, (I - P_X)Y \rangle &= 0 \quad \forall v \in \Im(X) \\
  \langle X\alpha, (I - P_X)Y \rangle &= 0 \quad \forall \alpha \in \mathbb{R}^p \\
  \alpha'X'(I - P_X)Y &= 0 \\
  X'Y &= X'P_X Y \quad \text{avec} \quad P_X Y = X\hat{\beta} \\
  X'Y &= X'X\hat{\beta} \qquad X \text{ de rang plein} \\
  \hat{\beta} &= (X'X)^{-1}X'Y.
  \end{aligned}
  $$

  Nous retrouvons $P_X = X(X'X)^{-1}X'$, matrice de projection orthogonale sur l'espace engendré par les colonnes de X. Les propriétés caractéristiques d'un projecteur orthogonal ($P_X' = P_X$ et $P_X^2 = P_X$) sont vérifiées.

  – La dernière façon de procéder consiste à écrire que le vecteur $(I - P_X)Y$ est orthogonal à chacune des colonnes de X :

  $$
  \left\{
  \begin{aligned}
  \langle X_1, Y - X\hat{\beta} \rangle &= 0 \\
  &\vdots \\
  \langle X_p, Y - X\hat{\beta} \rangle &= 0
  \end{aligned}
  \right.
  \quad \Leftrightarrow \quad X'Y = X'X\hat{\beta}.
  $$

  Soit $P_X = X(X'X)^{-1}X'$ la matrice de projection orthogonale sur $\Im(X)$, la matrice de projection orthogonale sur $\Im(X)^\perp$ est $P_{X^\perp} = (I - P_X)$.

- Calcul matriciel

Nous pouvons aussi retrouver le résultat précédent de manière analytique en écrivant la fonction à minimiser $S(\beta)$:

$$
\begin{aligned}
S(\beta) &= \|Y - X\beta\|^2 \\
&= Y'Y + \beta'X'X\beta - Y'X\beta - \beta'X'Y \\
&= Y'Y + \beta'X'X\beta - 2Y'X\beta.
\end{aligned}
$$

Une condition nécessaire d'optimum est que la dérivée première par rapport à β s'annule. Or la dérivée s'écrit comme suit (voir annexe A) :

$$
\frac{\partial S(\beta)}{\partial \beta} = -2X'Y + 2X'X\beta,
$$

d'où, s'il existe, l'optimum, noté $\hat{\beta}$, vérifie

$$
-2X'Y + 2X'X\hat{\beta} = 0
$$

c'est-à-dire $\hat{\beta} = (X'X)^{-1}X'Y$.

Pour s'assurer que ce point $\hat{\beta}$ est bien un minimum strict, il faut que la dérivée seconde soit une matrice définie positive. Or la dérivée seconde s'écrit

$$
\frac{\partial^2 S(\beta)}{\partial \beta^2} = 2X'X,
$$

et X est de plein rang donc $X'X$ est inversible et n'a pas de valeur propre nulle. La matrice $X'X$ est donc définie. De plus $\forall z \in \mathbb{R}^p$, nous avons

$$
z'2X'Xz = 2\langle Xz, Xz \rangle = 2\|Xz\|^2 \geq 0
$$

$(X'X)$ est donc bien définie positive et $\hat{\beta}$ est bien un minimum strict.

Nous venons de voir que $\hat{Y}$ est la projection de Y sur le sous-espace engendré par les colonnes de X. Cette projection existe et est unique même si l'hypothèse $\mathcal{H}_1$ n'est pas vérifiée. L'hypothèse $\mathcal{H}_1$ nous permet en fait d'obtenir un $\hat{\beta}$ unique. Dans ce cas, s'intéresser aux coordonnées de $\hat{\beta}$ a un sens, et ces coordonnées sont les coordonnées de $\hat{Y}$ dans le repère $X_1, \cdots, X_p$. Ce repère n'a aucune raison d'être orthogonal et donc $\hat{\beta}_j$ n'est pas la coordonnée de la projection de Y sur X_j. Nous avons

$$
P_X Y = \hat{\beta}_1 X_1 + \cdots + \hat{\beta}_p X_p.
$$

Calculons la projection de Y sur X_j.

$$
\begin{aligned}
P_{X_j} Y &= P_{X_j} P_X Y \\
&= \hat{\beta}_1 P_{X_j} X_1 + \cdots + \hat{\beta}_p P_{X_j} X_p \\
&= \hat{\beta}_j X_j + \sum_{i \neq j} \hat{\beta}_i P_{X_j} X_i.
\end{aligned}
$$

Cette dernière quantité est différente de $\hat{\beta}_j X_j$ sauf si X_j est orthogonal à toutes les autres variables.

Lorsque toutes les variables sont orthogonales deux à deux, il est clair que $(X'X)$ est une matrice diagonale

$$(X'X) = \operatorname{diag}(\|X_1\|^2, \cdots, \|X_p\|^2). \tag{2.3}$$

2.3.2 Quelques propriétés statistiques

Le statisticien cherche à vérifier que les estimateurs des MC que nous avons construits admettent de bonnes propriétés au sens statistique. Dans notre cadre de travail, cela peut se résumer en deux parties : l'estimateur des MC est-il sans biais et est-il de variance minimale dans sa classe d'estimateurs ?

Pour cela, nous supposons une seconde hypothèse, notée $\mathcal{H}_2$, indiquant que les erreurs sont centrées, de même variance (homoscédasticité) et non corrélées entre elles. L'écriture de cette hypothèse est $\mathcal{H}_2 : \mathbb{E}(\varepsilon) = 0, \quad \Sigma_\varepsilon = \sigma^2 I_n$, avec I_n la matrice identité d'ordre n. Cette hypothèse nous permet de calculer

$$\mathbb{E}(\hat{\beta}) \;\; = \;\; \mathbb{E}((X'X)^{-1}X'Y) = (X'X)^{-1}X'\mathbb{E}(Y) = (X'X)^{-1}X'X\beta = \beta.$$

L'estimateur des MC est donc sans biais. Calculons sa variance

$$\mathrm{V}(\hat{\beta}) \;\; = \;\; \mathrm{V}((X'X)^{-1}X'Y) = (X'X)^{-1}X'\,\mathrm{V}(Y)X(X'X)^{-1} = \sigma^2(X'X)^{-1}.$$

Proposition 2.1 ($\hat{\beta}$ sans biais)
L'estimateur $\hat{\beta}$ des MC est un estimateur sans biais de β et sa variance vaut $\mathrm{V}(\hat{\beta}) = \sigma^2(X'X)^{-1}$.

Remarque
Lorsque les variables sont orthogonales deux à deux, les composantes de $\hat{\beta}$ ne sont pas corrélées entre elles puisque la matrice $(X'X)$ est diagonale (2.3).

Le théorème de Gauss-Markov (voir exercice 2.3), nous indique que parmi tous les estimateurs linéaires sans biais de β, l'estimateur obtenu par MC admet la plus petite variance :

Théorème 2.2 (Gauss-Markov)
L'estimateur des MC est optimal parmi les estimateurs linéaires sans biais de β.

2.3.3 Résidus et variance résiduelle

Les résidus sont définis par la relation suivante :

$$\hat{\varepsilon} = Y - \hat{Y}.$$

En nous servant du modèle, $Y = X\beta + \varepsilon$ et du fait que $X\beta \in \Im(X)$, nous avons une autre écriture des résidus :

$$\hat{\varepsilon} \;\; = \;\; Y - X\hat{\beta} = Y - X(X'X)^{-1}X'Y = (I - P_X)Y = P_{X^\perp}Y = P_{X^\perp}\varepsilon.$$

Les résidus appartiennent donc à $\Im(X)^{\perp}$ et cet espace est aussi appelé espace des résidus. Les résidus sont donc toujours orthogonaux à $\hat{Y}$.

Nous avons les propriétés suivantes (voir exercice 2.2).

Proposition 2.2 (Propriétés de $\hat{\varepsilon}$ et $\hat{Y}$)
Sous les hypothèses $\mathcal{H}_1$ et $\mathcal{H}_2$, nous avons

$$\begin{aligned}
\mathbb{E}(\hat{\varepsilon}) &= P_{X^{\perp}}\mathbb{E}(\varepsilon) = 0 \\
\mathrm{V}(\hat{\varepsilon}) &= \sigma^2 P_{X^{\perp}} I P'_{X^{\perp}} = \sigma^2 P_{X^{\perp}} \\
\mathbb{E}(\hat{Y}) &= X\mathbb{E}(\hat{\beta}) = X\beta \\
\mathrm{V}(\hat{Y}) &= \sigma^2 P_X \\
\mathrm{Cov}(\hat{\varepsilon}, \hat{Y}) &= 0.
\end{aligned}$$

Les résidus estimés $\hat{\varepsilon}$ de ε possèdent la même espérance que ε. Nous étudierons les résidus plus en détail au chapitre 4.

Nous avons mentionné un estimateur de σ^2 noté $\hat{\sigma}^2$. Un estimateur « naturel » de la variance résiduelle est donné par

$$\frac{1}{n}\sum_{i=1}^{n}\hat{\varepsilon}_i^2 = \frac{1}{n}\|\hat{\varepsilon}\|^2.$$

Or comme $\|\hat{\varepsilon}\|^2$ est un scalaire, nous écrivons que ce scalaire est égal à sa trace puis, en nous servant de la propriété de la trace (voir annexe A), nous obtenons

$$\mathbb{E}(\|\hat{\varepsilon}\|^2) = \mathbb{E}[\mathrm{tr}(\hat{\varepsilon}'\hat{\varepsilon})] = \mathbb{E}[\mathrm{tr}(\hat{\varepsilon}\hat{\varepsilon}')] = \mathrm{tr}(\mathbb{E}[\hat{\varepsilon}\hat{\varepsilon}']) = \mathrm{tr}(\sigma^2 P_{X^{\perp}}) = \sigma^2(n-p).$$

La dernière égalité provient du fait que la trace d'un projecteur est égale à la dimension du sous-espace sur lequel on projette. Cet estimateur « naturel » est biaisé. Afin d'obtenir un estimateur sans biais, nous définissons donc

$$\hat{\sigma}^2 = \frac{\|\hat{\varepsilon}\|^2}{n-p} = \frac{\mathrm{SCR}}{n-p},$$

où SCR est la somme des carrés résiduelle.

Proposition 2.3 ($\hat{\sigma}^2$ sans biais)
La statistique $\hat{\sigma}^2$ est un estimateur sans biais de σ^2.

A partir de cet estimateur de la variance résiduelle, nous obtenons immédiatement un estimateur de la variance de $\hat{\beta}$ en remplaçant σ^2 par son estimateur :

$$\hat{\sigma}_{\hat{\beta}}^2 = \hat{\sigma}^2(X'X)^{-1} = \frac{\mathrm{SCR}}{n-p}(X'X)^{-1}.$$

Nous avons donc un estimateur de l'écart-type de l'estimateur $\hat{\beta}_j$ de chaque coefficient de la régression β_j

$$\hat{\sigma}_{\hat{\beta}_j} = \sqrt{\hat{\sigma}^2[(X'X)^{-1}]_{jj}}.$$

2.3.4   Prévision

Un des buts de la régression est de proposer des prévisions pour la variable à expliquer y lorsque nous avons de nouvelles valeurs de x. Soit une nouvelle valeur $x'_{n+1} = (x_{n+1,1}, \cdots, x_{n+1,p})$, nous voulons prédire y_{n+1}. Or

$$y_{n+1} = x'_{n+1}\beta + \varepsilon_{n+1},$$

avec $\mathbb{E}(\varepsilon_{n+1}) = 0$, $\mathrm{V}(\varepsilon_{n+1}) = \sigma^2$ et $\mathrm{Cov}(\varepsilon_{n+1}, \varepsilon_i) = 0$ pour $i = 1, \cdots, n$. Nous pouvons prédire la valeur correspondante grâce au modèle ajusté

$$\hat{y}^p_{n+1} = x'_{n+1}\hat{\beta}.$$

Deux types d'erreurs vont entacher la prévision, la première due à l'incertitude sur ε_{n+1} et l'autre à l'incertitude due à l'estimation. Calculons la variance de l'erreur de prévision

$$
\begin{aligned}
\mathrm{V}\left(y_{n+1} - \hat{y}^p_{n+1}\right) &= \mathrm{V}(x'_{n+1}\beta + \varepsilon_{n+1} - x'_{n+1}\hat{\beta}) = \sigma^2 + x'_{n+1}V(\hat{\beta})x_{n+1} \\
&= \sigma^2(1 + x'_{n+1}(X'X)^{-1}x_{n+1}).
\end{aligned}
$$

Nous retrouvons bien l'incertitude due aux erreurs σ^2 à laquelle vient s'ajouter l'incertitude d'estimation.

Remarque

Puisque l'estimateur $\hat{\beta}$ est un estimateur non biaisé de β et l'espérance de ε vaut zéro, les espérances de y_{n+1} et $\hat{y}^p_{n+1}$ sont identiques. La variance de l'erreur de prévision s'écrit :

$$\mathrm{V}\left(y_{n+1} - \hat{y}^p_{n+1}\right) = \mathbb{E}\left[y_{n+1} - \hat{y}^p_{n+1} - \mathbb{E}(y_{n+1}) + \mathbb{E}(\hat{y}^p_{n+1})\right]^2 = \mathbb{E}(y_{n+1} - \hat{y}^p_{n+1})^2.$$

Nous voyons donc ici que la variance de l'erreur de prévision est mesurée par l'erreur quadratique moyenne de prévision (EQMP), quantité que nous retrouverons au chapitre 6 car elle joue un rôle central dans l'évaluation de la qualité des modèles.

2.4   Interprétation géométrique

Le théorème de Pythagore donne directement l'égalité suivante :

$$
\begin{aligned}
\|Y\|^2 &= \|\hat{Y}\|^2 + \|\hat{\varepsilon}\|^2 \\
&= \|X\hat{\beta}\|^2 + \|Y - X\hat{\beta}\|^2.
\end{aligned}
$$

Si la constante fait partie du modèle, alors nous avons toujours par le théorème de Pythagore

$$
\begin{aligned}
\|Y - \bar{y}\mathbb{1}\|^2 &= \|\hat{Y} - \bar{y}\mathbb{1}\|^2 + \|\hat{\varepsilon}\|^2 \\
\text{SC totale} &= \text{SC expliquée par le modèle} + \text{SC résiduelle} \\
\text{SCT} &= \text{SCE} + \text{SCR}.
\end{aligned}
$$

Définition 2.3 (R^2)
Le coefficient de détermination (multiple) R^2 est défini par

$$R^2 = \frac{\|\hat{Y}\|^2}{\|Y\|^2} = \cos^2\theta_0$$

et si la constante fait partie de $\Im(X)$ par

$$R^2 = \frac{V.\ expliquée\ par\ le\ modèle}{Variation\ totale} = \frac{\|\hat{Y} - \bar{y}\mathbb{1}\|^2}{\|Y - \bar{y}\mathbb{1}\|^2} = \cos^2\theta.$$

Le R^2 peut aussi s'écrire en fonction des résidus (voir l'exercice 3.3) :

$$R^2 = 1 - \frac{\|\hat{\varepsilon}\|^2}{\|Y - \bar{y}\mathbb{1}\|^2}.$$

Ce coefficient mesure le cosinus carré de l'angle entre les vecteurs Y et $\hat{Y}$ pris à l'origine ou pris en $\bar{y}$ (voirfig. 2.5). Ce dernier est toujours plus grand que le premier, le R^2 calculé lorsque la constante fait partie de $\Im(X)$ est donc plus petit que le R^2 calculé directement.

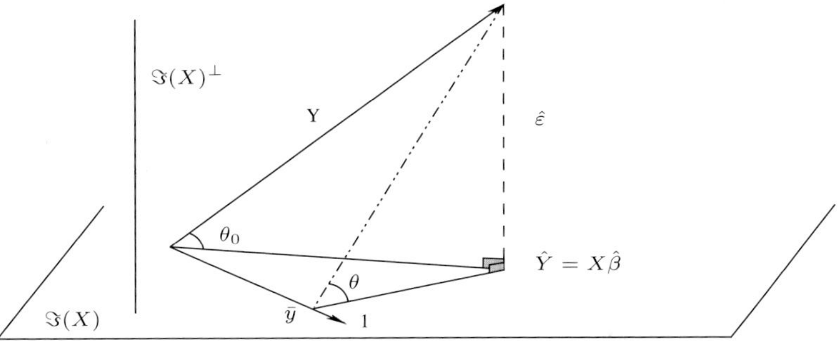

Fig. 2.5 – Représentation des variables et interprétation géométrique du R^2.

Ce coefficient ne tient cependant pas compte de la dimension de $\Im(X)$, un R^2 ajusté est donc défini :

Définition 2.4 (R^2 ajusté)
Le coefficient de détermination ajusté R_a^2 est défini par

$$R_a^2 = 1 - \frac{n}{n-p}\frac{\|\hat{\varepsilon}\|^2}{\|Y\|^2}$$

et, si la constante fait partie de $\Im(X)$, par

$$R_a^2 = 1 - \frac{n-1}{n-p}\frac{\|\hat{\varepsilon}\|^2}{\|Y - \bar{y}\mathbb{1}\|^2}.$$

L'ajustement correspond à la division des normes au carré par leur degré de liberté (ou dimension du sous-espace auquel le vecteur appartient) respectif.

modèle plus complexe $O3 = \beta_1 + \beta_2 T12 + \beta_3 Vx + \varepsilon$, ce qui est un des objets du prochain chapitre.

La hauteur des eucalyptus

Nous cherchons à expliquer la hauteur de $n = 1429$ eucalyptus par leur circonférence. Nous avions mentionné dans le chapitre de la régression simple qu'un modèle du type

$$\text{ht} \quad = \quad \beta_1 + \beta_2 \text{circ} + \beta_3 \sqrt{\text{circ}} + \varepsilon,$$

serait peut-être plus adapté.

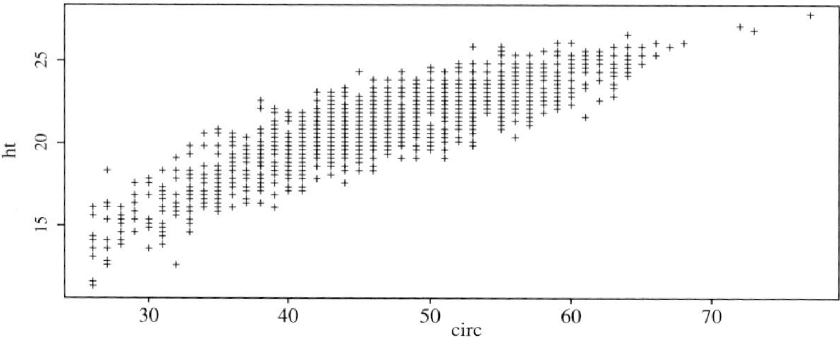

Fig. 2.8 – Représentation des mesures pour les $n = 1429$ eucalyptus mesurés.

- Le graphique des données est identique, puisque nous n'avons qu'une seule variable la circonférence (`circ`).

- La phase d'estimation et la phase de résumé des estimations donnent les résultats ci-dessous. Notez l'opérateur `I()` qui permet de protéger[1] l'opération « racine carrée ». Bien qu'il ne soit pas obligatoire dans ce cas, il est préférable de s'habituer à son emploi.

```
> regmult <- lm(ht~circ+I(sqrt(circ)),data=eucalypt)
> resume.mult <- summary(regmult)
> resume.mult
Call:
lm(formula = ht ~ circ + I(sqrt(circ)), data = eucalypt)

Residuals:
     Min       1Q   Median       3Q      Max
-4.18811 -0.68811  0.04272  0.79272  3.74814
```

---

[1] Noter que le « + » qui sépare les deux variables dans la formule `ht~circ+I(sqrt(circ))` ne signifie pas que l'on additionne les 2 variables `circ` et $\sqrt{\text{circ}}$. Les opérateurs classiques (`+`, `*`, `^`) que l'on veut utiliser dans les formules doivent être protégés. Ici l'opérateur $\sqrt{\ }$ est protégé par `I()`.

```
Coefficients:
              Estimate Std. Error t value Pr(>|t|)
(Intercept)  -24.35200    2.61444  -9.314   <2e-16 ***
circ          -0.48295    0.05793  -8.336   <2e-16 ***
I(sqrt(circ)) 9.98689     0.78033  12.798   <2e-16 ***
---
Signif. codes:  0 '***' 0.001 '**' 0.01 '*' 0.05 '.' 0.1 ' ' 1

Residual standard error: 1.136 on 1426 degrees of freedom
Multiple R-Squared: 0.7922,     Adjusted R-squared: 0.7919
F-statistic:  2718 on 2 and 1426 DF,  p-value: < 2.2e-16
```

L'estimation des 3 coefficients est donnée dans la première colonne, suivie de leur écart-type estimé et du test de nullité du coefficient (voir prochain chapitre). L'estimation de σ donne ici 1.136, avec $n - p = 1426$. Le R^2 augmente avec ce nouveau modèle et passe de de 0.768 à 0.792. Cela signifie que le modèle ajuste mieux les données avec une variable supplémentaire ($\sqrt{\texttt{circ}}$). Ce phénomène est normal puisque l'on a projeté sur un sous-espace $\Im(X)$ plus grand (on a ajouté une variable), la projection $\hat{Y} = P_X Y$ est plus proche de Y avec le grand modèle et donc le R^2 est meilleur (voir 6.4 p. 138). Le R^2 n'est donc pas adapté pour juger de la pertinence de l'ajout de variables.

• La qualité d'ajustement peut être envisagée graphiquement grâce aux ordres suivants :

```
> plot(ht~circ,data=eucalypt,pch="+",col="grey60")
> circ <- seq(min(eucalypt[,"circ"]),max(eucalypt[,"circ"]),len=100)
> grille <- data.frame(circ)
> lines(grille[,"circ"],predict(regmult,grille))
```

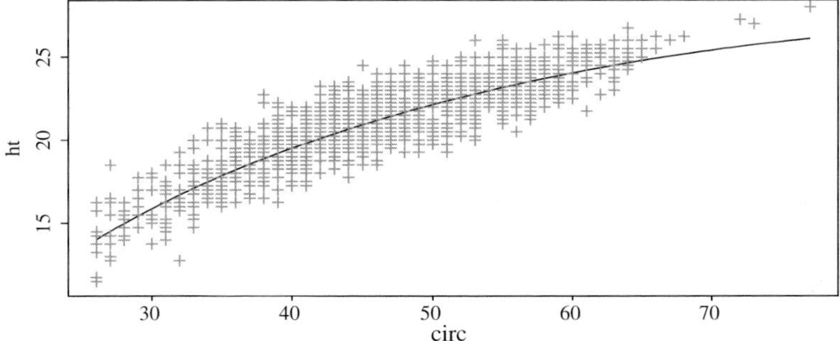

Fig. 2.9 – Représentation des données et du modèle ajusté.

Nous pouvons constater que le modèle semble très bien ajusté pour la plupart des valeurs de circonférence, sauf pour les grandes valeurs (`circ` > 65 cm) où l'ajustement est toujours plus faible que la valeur mesurée. Ce modèle est donc adéquat pour des valeurs jusqu'à 60-65 cm de circonférence mais inadapté au-delà.

2.6 Exercices

Exercice 2.1 (Questions de cours)

1. Nous avons effectué une régression multiple, une des variables explicatives est la constante, la somme des résidus calculés vaut :
   A. 0,
   B. approximativement 0,
   C. parfois 0.

2. Le vecteur $\hat{Y}$ est orthogonal au vecteur des résidus estimés $\hat{\varepsilon}$:
   A. oui,
   B. non,
   C. seulement si $\mathbb{1}$ fait partie des variables explicatives.

3. Un estimateur de la variance de $\hat{\beta}$ de l'estimateur des MC de β vaut :
   A. $\sigma^2 (X'X)^{-1}$;
   B. $\hat{\sigma}^2 (X'X)^{-1}$;
   C. $\hat{\sigma}^2 (XX')^{-1}$.

4. Un autre estimateur $\tilde{\beta}$ que celui des moindres carrés (moindres valeurs absolues par exemple ou d'autres encore) a été calculé. La SCR obtenue avec cet estimateur est :
   A. plus petite que la SCR obtenue avec l'estimateur des MC classique,
   B. plus grande que la SCR obtenue avec l'estimateur des MC classique,
   C. aucun rapport.

5. Une régression a été effectuée et le calcul de la SCR a donné la valeur notée SCR1. Une variable est ajoutée, le calcul de la SCR a donné une nouvelle valeur notée SCR2. Nous savons que :
   A. SCR1 $\leq$ SCR2,
   B. SCR1 $\geq$ SCR2,
   C. cela dépend de la variable ajoutée.

6. Une régression a été effectuée et un estimateur de la variance résiduelle a donné la valeur notée $\hat{\sigma}_1^2$. Une variable est ajoutée et un estimateur de la variance résiduelle vaut maintenant $\hat{\sigma}_2^2$. Nous savons que :
   A. $\hat{\sigma}_1^2 \leq \hat{\sigma}_2^2$,
   B. $\hat{\sigma}_1^2 \geq \hat{\sigma}_2^2$,
   C. on ne peut rien dire.

Exercice 2.2 (Covariance de $\hat{\varepsilon}$ et de $\hat{Y}$)

Montrer que $\mathrm{Cov}(\hat{\varepsilon}, \hat{Y}) = 0$.

Exercice 2.3 (†Théorème de Gauss-Markov)

Démontrer le théorème de Gauss-Markov.

Exercice 2.4 (Représentation des variables)

Nous avons une variable Y à expliquer par une variable X. Nous avons effectué $n = 2$ mesures et trouvé

$$(x_1, y_1) = (4, 5) \quad \text{et} \quad (x_2, y_2) = (1, 5).$$

Représenter les variables, estimer β dans le modèle $y_i = \beta x_i + \varepsilon_i$ puis représenter $\hat{Y}$.
Nous avons maintenant une variable Y à expliquer grâce à 2 variables X et Z, nous avons effectué $n = 3$ mesures

$$(x_1, z_1, y_1) = (3, 2, 0), \quad (x_2, z_2, y_2) = (3, 3, 5) \quad \text{et} \quad (x_3, z_3, y_3) = (0, 0, 3).$$

Représenter les variables, estimer β dans le modèle $y_i = \beta x_i + \gamma z_i + \varepsilon_i$ et représenter $\hat{Y}$.

Exercice 2.5 (Modèles emboîtés)
Soit X une matrice de taille $n \times p$ composée de p vecteurs linéairement indépendants de $\mathbb{R}^n$. Nous notons X_q la matrice composée des q $(q < p)$ premiers vecteurs de X. Nous avons les deux modèles suivants :

$$\begin{aligned} Y &= X\beta + \varepsilon \\ Y &= X_q\gamma + \epsilon. \end{aligned}$$

Comparer les R^2 dans les deux modèles.

Exercice 2.6
On examine l'évolution d'une variable Y en fonction de deux variables exogènes x et z. On dispose de n observations de ces variables. On note $X = (\mathbb{1} \; x \; z)$ où $\mathbb{1}$ est le vecteur constant et x, z sont les vecteurs des variables explicatives.

1. Nous avons obtenu les résultats suivants :

$$X'X = \begin{pmatrix} 30 & 0 & 0 \\ ? & 10 & 7 \\ ? & ? & 15 \end{pmatrix}.$$

   (a) Donner les valeurs manquantes.
   (b) Que vaut n ?
   (c) Calculer le coefficient de corrélation linéaire empirique entre x et z.
2. La régression linéaire empirique de Y sur $\mathbb{1}, x, z$ donne

$$Y = -2\mathbb{1} + x + 2z + \hat{\varepsilon}, \qquad \text{SCR} = \|\hat{\varepsilon}\|^2 = 12.$$

   (a) Déterminer la moyenne arithmétique $\bar{y}$.
   (b) Calculer la somme des carrés expliquée (SCE), la somme des carrés totale (SCT) et le coefficient de détermination.

Exercice 2.7 (Régression orthogonale)
Nous considérons le modèle de régression linéaire

$$Y = X\beta + \varepsilon,$$

où $Y \in \mathbb{R}^n$, X est une matrice de taille $n \times p$ composée de p vecteurs orthogonaux, $\beta \in \mathbb{R}^p$ et $\varepsilon \in \mathbb{R}^n$. Considérons U la matrice des q premières colonnes de X et V la matrice des $p - q$ dernières colonnes de X. Nous avons obtenu par les MC les estimations suivantes :

$$\begin{aligned} \hat{Y}_X &= \hat{\beta}_1^X x_1 + \cdots + \hat{\beta}_p^X x_p \\ \hat{Y}_U &= \hat{\beta}_1^U x_1 + \cdots + \hat{\beta}_q^U x_q \\ \hat{Y}_V &= \hat{\beta}_{q+1}^V x_{q+1} + \cdots + \hat{\beta}_p^V x_p. \end{aligned}$$

Notons également $\text{SCE}(A)$ la norme au carré de $P_A Y$.

1. Montrer que $\mathrm{SCE}(X) = \mathrm{SCE}(U) + \mathrm{SCE}(V)$.

2. Choisir une variable nommée x_I, montrer que l'estimation de β_I est identique quel que soit le modèle utilisé.

Exercice 2.8 (Centrage, centrage-réduction et coefficient constant)

Soit un modèle de régression $Y = X\beta + \varepsilon$. La dernière colonne (la p^{e}) de X est le vecteur $\mathbb{1}$.

1. Soit les variables $\{X_j\}$, $j = 1, \cdots, p$ et Y et celles centrées notées $\{\tilde{X}_j\}$ et $\tilde{Y}$. Montrer que la dernière colonne de $\tilde{X}$ regroupant les variables $\{\tilde{X}_j\}$ vaut 0. La matrice $\tilde{X}$ sera dorénavant la matrice X centrée et privée de sa dernière colonne de 0. Elle est donc de dimension $n \times (p-1)$.

2. Soit le modèle suivant : $\tilde{Y} = \tilde{X}\tilde{\beta} + \varepsilon$. En identifiant ce modèle avec le modèle de régression $Y = X\beta + \varepsilon$, trouver la valeur de β_p en fonction de $\tilde{\beta}_1, \ldots, \tilde{\beta}_{p-1}$ et des moyennes empiriques de Y et X. Ce coefficient β_p associé à la variable $\mathbb{1}$ est appelé coefficient constant (ou *intercept* en anglais).

3. Supposons maintenant que les variables $\{X_j\}$ sont centrées-réduites et que Y est simplement centrée. Nous continuons à les noter $\{\tilde{X}_j\}$ et $\tilde{Y}$.

   Que valent $\beta_1, \ldots, \beta_{p-1}$ en fonction de $\tilde{\beta}_1, \ldots, \tilde{\beta}_{p-1}$? Que vaut le coefficient constant β_p ?

4. Même question que précédemment avec X et Y centrées-réduites.

Exercice 2.9 (†† Moindres carrés contraints)

Nous considérons le modèle de régression

$$Y = X\beta + \varepsilon.$$

Nous définissons l'estimateur des MC classique et l'estimateur contraint par

$$
\begin{aligned}
\hat{\beta} &= \operatorname{argmin} \|Y - X\beta\|^2 \\
\hat{\beta}_c &= \operatorname{argmin} \|Y - X\beta\|^2 \quad \mathrm{sc} \quad R\beta = r,
\end{aligned}
$$

où R est une matrice de taille $q \times p$ de rang $q \leq p$ et r un vecteur de $\mathbb{R}^q$.

1. Calculer l'estimateur des moindres carrés.

2. Vérifier que l'estimateur des moindres carrés contraints vaut

$$\hat{\beta}_c = \hat{\beta} + (X'X)^{-1}R'[R(X'X)^{-1}R']^{-1}(r - R\hat{\beta}).$$

Chapitre 3

Inférence dans le modèle gaussien

Nous rappelons le contexte du chapitre précédent :

$$Y_{n\times 1} = X_{n\times p}\ \beta_{p\times 1} + \varepsilon_{n\times 1},$$

sous les hypothèses
- $\mathcal{H}_1 : \mathrm{rang}(X) = p.$
- $\mathcal{H}_2 : \mathbb{E}(\varepsilon) = 0, \quad \Sigma_\varepsilon = \sigma^2\, \mathrm{I}_n.$

Nous allons désormais supposer que les erreurs suivent une loi normale, donc $\mathcal{H}_2$ devient
- $\mathcal{H}_3 : \varepsilon \sim \mathcal{N}(0,\sigma^2\mathrm{I}_n).$

Nous pouvons remarquer que $\mathcal{H}_3$ contient $\mathcal{H}_2$. De plus, dans le cas gaussien, $\mathrm{Cov}(\varepsilon_i,\varepsilon_j) = \sigma^2\delta_{ij}$ implique que les ε_i sont indépendants. L'hypothèse $\mathcal{H}_3$ s'écrit $\varepsilon_1,\cdots,\varepsilon_n$ sont i.i.d. et de loi $\mathcal{N}(0,\sigma^2)$.

L'hypothèse gaussienne va nous permettre de calculer la vraisemblance et les estimateurs du maximum de vraisemblance (EMV). Cette hypothèse va nous permettre également de calculer des régions de confiance et de proposer des tests. C'est l'objectif de ce chapitre.

3.1 Estimateurs du maximum de vraisemblance

Calculons la vraisemblance de l'échantillon. La vraisemblance est la densité de l'échantillon vue comme fonction des paramètres. Grâce à l'indépendance des erreurs, les observations sont indépendantes et la vraisemblance s'écrit :

$$\mathcal{L}(Y,\beta,\sigma^2) \;=\; \prod_{i=1}^{n} f_Y(y_i) = \left(\frac{1}{2\pi\sigma^2}\right)^{n/2} \exp\left[-\frac{1}{2\sigma^2}\sum_{i=1}^{n}\left(y_i - \sum_{j=1}^{p}\beta_j x_{ij}\right)^2\right].$$

Nous avons donc

$$\mathcal{L}(Y, \beta, \sigma^2) = \left(\frac{1}{2\pi\sigma^2}\right)^{n/2} \exp\left[-\frac{1}{2\sigma^2}\|Y - X\beta\|^2\right],$$

ce qui donne

$$\log \mathcal{L}(Y, \beta, \sigma^2) \quad = \quad -\frac{n}{2}\log\sigma^2 - \frac{n}{2}\log 2\pi - \frac{1}{2\sigma^2}\|Y - X\beta\|^2.$$

Nous obtenons

$$\frac{\partial \mathcal{L}(Y, \beta, \sigma^2)}{\partial \beta} \quad = \quad \frac{1}{2\sigma^2}\frac{\partial}{\partial \beta}\left(\|Y - X\beta\|^2\right), \tag{3.1}$$

$$\frac{\partial \mathcal{L}(Y, \beta, \sigma^2)}{\partial \sigma^2} \quad = \quad -\frac{n}{2\sigma^2} + \frac{1}{2\sigma^4}\|Y - X\beta\|^2. \tag{3.2}$$

A partir de (3.1), nous avons évidemment $\hat{\beta}_{MV} = \hat{\beta}$ et à partir de (3.2) nous avons

$$\hat{\sigma}^2_{MV} = \frac{\|Y - X\hat{\beta}_{MV}\|^2}{n}$$

donc $\hat{\sigma}^2_{MV} = (n-p)\hat{\sigma}^2/n$. L'estimateur du MV est donc biaisé par opposition à l'estimateur $\hat{\sigma}^2$ obtenu par les MC. Afin de vérifier que nous avons bien un maximum, il faut étudier les dérivées secondes (à faire en exercice).

Sous l'hypothèse supplémentaire $\mathcal{H}_3$, les propriétés établies au chapitre 2 sont toujours valides (sans biais, variance minimale). Nous pouvons toutefois établir de nouvelles propriétés.

3.2   Nouvelles propriétés statistiques

Grâce à l'hypothèse gaussienne, nous pouvons « améliorer » le théorème de Gauss-Markov. L'optimalité des estimateurs est élargie et nous ne considérons plus seulement les estimateurs linéaires sans biais, mais la classe plus grande des estimateurs sans biais. De plus, le théorème intègre désormais l'estimateur de σ^2. La preuve de ce théorème est donnée parmi les corrections des exercices de ce chapitre.

Proposition 3.1
$(\hat{\beta}, \hat{\sigma}^2)$ est une statistique complète et $(\hat{\beta}, \hat{\sigma}^2)$ est de variance minimum dans la classe des estimateurs sans biais.

Nous pouvons ensuite établir une proposition importante pour la construction des tests et régions de confiance.

Proposition 3.2 (Lois des estimateurs : variance connue)
Sous les hypothèses $\mathcal{H}_1$ et $\mathcal{H}_3$, nous avons
i) $\hat{\beta}$ est un vecteur gaussien de moyenne β et de variance $\sigma^2(X'X)^{-1}$,
ii) $(n-p)\hat{\sigma}^2/\sigma^2$ suit un χ^2 à $n-p$ ddl (χ^2_{n-p}),
iii) $\hat{\beta}$ et $\hat{\sigma}^2$ sont indépendants.

Preuve

i) $\hat{\beta}$ est fonction linéaire de variables gaussiennes et suit donc une loi normale entièrement caractérisée par son espérance et sa variance calculées au chapitre précédent.

ii)

$$\hat{\sigma}^2 = \frac{\|Y - X\hat{\beta}\|^2}{n-p} = \frac{1}{n-p}\|\hat{\varepsilon}\|^2 = \frac{1}{n-p}\|P_{X^\perp}\varepsilon\|^2 = \frac{1}{n-p}\varepsilon' P_{X^\perp}\varepsilon.$$

Or $\varepsilon \sim \mathcal{N}(0, \sigma^2 I)$ et $P_{X^\perp}$ est la matrice de projection orthogonale sur $\Im(X)^\perp$, espace de dimension $n - p$. Nous obtenons le résultat par le théorème de Cochran (théorème A.1 p. 232).

iii) Remarquons que $\hat{\beta}$ est fonction de $P_X Y$ ($\hat{\beta} = (X'X)^{-1}X'P_X Y$) et $\hat{\sigma}^2$ est fonction de $(I - P_X)Y$. Les vecteurs gaussiens $\hat{Y}$ et $\hat{\varepsilon}$ sont de covariance nulle et sont donc indépendants. Toute fonction fixe de $\hat{Y}$ reste indépendante de toute fonction fixe de $\hat{\varepsilon}$, d'où le résultat. $\qquad\square$

Il en découle une proposition plus générale pour bâtir les régions de confiance.

Proposition 3.3 (Lois des estimateurs : variance estimée)
Sous les hypothèses $\mathcal{H}_1$ *et* $\mathcal{H}_3$, *nous avons*

i) pour $j = 1, \cdots, p$, $T_j = \dfrac{\hat{\beta}_j - \beta_j}{\hat{\sigma}\sqrt{[(X'X)^{-1}]_{jj}}} \sim \mathcal{T}(n-p),$

ii) soit R *une matrice de taille* $q \times p$ *de rang* q *($q \le p$) alors*

$$\frac{1}{q\hat{\sigma}^2}(R(\hat{\beta} - \beta))'\left[R(X'X)^{-1}R'\right]^{-1}R(\hat{\beta} - \beta) \sim \mathcal{F}_{q,n-p}.$$

Preuve

i) la variance de l'estimateur $\hat{\beta}_j$ vaut $\sigma^2[X'X]_{jj}^{-1}$, nous avons alors

$$\frac{\hat{\beta}_j - \beta_j}{\sigma\sqrt{[(X'X)^{-1}]_{jj}}} \sim \mathcal{N}(0,1).$$

σ^2 est inconnue et estimée par $\hat{\sigma}^2$. La suite découle de l'utilisation des points (ii) et (iii) de la proposition précédente.

ii) Le rang de R vaut par hypothèse $q \le p$, donc le rang de $R(X'X)^{-1}R'$ vaut q. $R\hat{\beta}$ est un vecteur gaussien de moyenne $R\beta$ et de variance $\sigma^2 R(X'X)^{-1}R'$. Nous avons donc

$$\frac{1}{\sigma^2}(R\hat{\beta} - R\beta)'\left[R(X'X)^{-1}R'\right]^{-1}(R\hat{\beta} - R\beta) \sim \chi_q^2. \tag{3.3}$$

Or σ^2 est inconnue. Afin de faire disparaître σ^2 de l'équation (3.3), nous divisons le membre de gauche par $\hat{\sigma}^2/\sigma^2$. Rappelons que par (ii) nous savons que $\hat{\sigma}^2/\sigma^2$ suit un χ^2 divisé par son degré de liberté et que par (iii) $\hat{\sigma}^2/\sigma^2$ est indépendant du membre de gauche de l'équation (3.3). La suite découle donc de la définition d'une loi de Fisher (rapport de deux χ^2 indépendants divisés par leurs degrés de liberté respectifs). $\qquad\square$

3.3 Intervalles et régions de confiance

Les logiciels et certains ouvrages donnent des IC pour les paramètres pris séparément. Cependant ces IC ne tiennent pas compte de la dépendance des estimations. Il est possible d'obtenir des IC simultanés pour plusieurs paramètres. Le théorème ci-dessous détaille toutes les formes de RC : simple ou simultané. C'est le théorème central de l'estimation par intervalle dont la démonstration est à faire à titre d'exercice (voir exercice 3.2).

Théorème 3.1 (IC et RC des paramètres)
i) Un IC bilatéral de niveau $1 - \alpha$, pour un β_j pour $j = 1, \cdots, p$ est donné par

$$\left[\hat{\beta}_j - t_{n-p}(1 - \alpha/2)\hat{\sigma}\sqrt{[(X'X)^{-1}]_{jj}}, \quad \hat{\beta}_j + t_{n-p}(1 - \alpha/2)\hat{\sigma}\sqrt{[(X'X)^{-1}]_{jj}} \right].$$

ii) Un IC bilatéral de niveau $1 - \alpha$, pour σ^2 est donné par

$$\left[\frac{(n-p)\hat{\sigma}^2}{c_2}, \quad \frac{(n-p)\hat{\sigma}^2}{c_1} \right] \quad \text{où} \quad P(c_1 \leq \chi^2_{n-p} \leq c_2) = 1 - \alpha.$$

iii) Une RC pour q $(q \leq p)$ paramètres β_j notés $(\beta_{j_1}, \cdots, \beta_{j_q})$ de niveau $1 - \alpha$ est donnée,

– lorsque σ est connue, par

$$\mathrm{RC}_\alpha(R\beta) = \left\{ R\beta \in \mathbb{R}^q, \frac{1}{\sigma^2}[R(\hat{\beta} - \beta)]'[R(X'X)^{-1}R']^{-1}[R(\hat{\beta} - \beta)] \leq \chi^2_q(1 - \alpha) \right\}$$

– lorsque σ est inconnue, par

$$\mathrm{RC}_\alpha(R\beta) = \{R\beta \in \mathbb{R}^q,$$
$$\frac{1}{q\hat{\sigma}^2}[R(\hat{\beta} - \beta)]'[R(X'X)^{-1}R']^{-1}[R(\hat{\beta} - \beta)] \leq f_{q,n-p}(1 - \alpha)\}, \quad (3.4)$$

où R est la matrice de taille $q \times p$ dont tous les éléments sont nuls sauf les $[R]_{ij_i}$ qui valent 1.

Les valeurs c_1 et c_2 sont les fractiles d'un χ^2_q et $f_{q,n-p}(1 - \alpha)$ est le fractile de niveau $(1 - \alpha)$ d'une loi de Fisher admettant $(q, n - p)$ ddl.

Exemple : différence entre intervalles et régions de confiance
Nous souhaitons donner une RC pour β_1 et β_2, la matrice R est donnée par

$$R = \left[\begin{array}{cccccc} 1 & 0 & 0 & 0 & \cdots & 0 \\ 0 & 1 & 0 & 0 & \cdots & 0 \end{array} \right] \qquad R(\hat{\beta} - \beta) = \left[\begin{array}{c} \hat{\beta}_1 - \beta_1 \\ \hat{\beta}_2 - \beta_2 \end{array} \right].$$

Nous avons alors pour (β_1, β_2) la RC suivante lorsque σ^2 est inconnu :

$$\mathrm{RC}_\alpha(\beta_1, \beta_2) = \left\{ \frac{1}{2\hat{\sigma}^2}[\hat{\beta}_1 - \beta_1, \hat{\beta}_2 - \beta_2][R(X'X)^{-1}R']^{-1} \left[\begin{array}{c} \hat{\beta}_1 - \beta_1 \\ \hat{\beta}_2 - \beta_2 \end{array} \right] \leq f_{2,n-p}(1 - \alpha) \right\}.$$

Notons c_{ij} le terme général de $(X'X)^{-1}$, nous obtenons en développant

$$\mathrm{RC}_\alpha(\beta_1,\beta_2) = \left\{ (\beta_1,\beta_2) \in \mathbb{R}^2, \quad \frac{1}{2\hat{\sigma}^2(c_{11}c_{22} - c_{12}^2)} \times \right.$$
$$\left. \left(c_{22}(\hat{\beta}_1 - \beta_1)^2 - 2c_{12}(\hat{\beta}_1 - \beta_1)(\hat{\beta}_2 - \beta_2) + c_{11}(\hat{\beta}_2 - \beta_2)^2 \right) \leq f_{2,n-p}(1-\alpha) \right\}.$$

Cette région de confiance est une ellipse qui tient compte de la corrélation entre $\hat{\beta}_i$ et $\hat{\beta}_j$, contrairement à la juxtaposition de deux intervalles de confiance qui forme un rectangle (voir fig. 3.1).

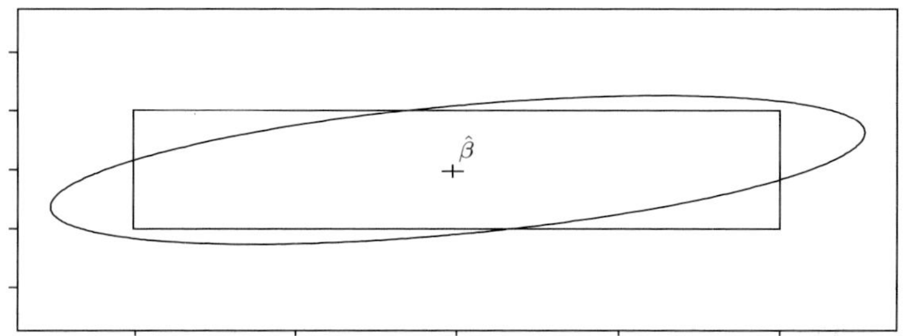

Fig. 3.1 – Comparaison entre ellipse et rectangle de confiance.

Si les composantes sont très peu corrélées alors les régions parallélépipédiques définies par les IC sont une bonne approximation de l'ellipsoïde.

3.4   Exemple

Nous traitons les 50 données journalières concernant la concentration en ozone. La variable à expliquer est la concentration en ozone notée O3 et les variables explicatives sont la température notée T12, le vent noté Vx et la nébulosité notée Ne12.
Comme toujours, nous avons les phases d'estimation et de résumé données par les commandes ci-dessous. Pour estimer les intervalles de confiance à 95 % pour les paramètres, il suffit d'utiliser les ordres suivants

```
> modele3 <- lm(O3~T12+Vx+Ne12,data=ozone)
> resume3 <- summary(modele3)
> coef3 <- coef(resume3)
> IC3 <- confint(modele3,level=0.95)
> IC3
      (Intercept)       T12        Vx         Ne12
[1,]    61.70626 0.4800631 0.2051867  -6.617350
[2,]   107.38840 2.1500287 0.7677045  -3.169395
```

où la fonction `confint` calcule directement la valeur des bornes de l'intervalle grâce au théorème 3.1. Pour vérifier numériquement le théorème, la valeur numérique du quantile $t_{n-p}(1-\alpha/2)$ est obtenue grâce à `qt(0.975,modele3$df.res)` tandis que les valeurs des estimations des variances sont dans `resume3$coefficients[,2]`. Afin de dessiner les ellipses de confiance, nous utilisons le « package » `ellipse` : Nous allons dessiner les régions de confiance de tous les couples de paramètres et les comparer graphiquement aux intervalles de confiance pour chaque paramètre pris indépendamment (ellipse *versus* rectangle). Nous choisissons un intervalle de confiance à 95 % pour chaque paramètre et une région de confiance à 95 %. Nous obtenons le dessin des ellipses de confiance pour tous les couples de paramètres grâce aux commandes suivantes :

```
> library(ellipse)
> par(mfrow=c(3,2))
> for(i in 1:3){
+   for(j in (i+1):4){
+     plot(ellipse(modele3,c(i,j),level=0.95),type="l",
+      xlab=paste("beta",i,sep=""),ylab=paste("beta",j,sep=""))
+     points(coef(modele3)[i], coef(modele3)[j],pch=3)
+     lines(c(IC3[1,i],IC3[1,i],IC3[2,i],IC3[2,i],IC3[1,i]),
+           c(IC3[1,j],IC3[2,j],IC3[2,j],IC3[1,j],IC3[1,j]),lty=2)
+ }}
```

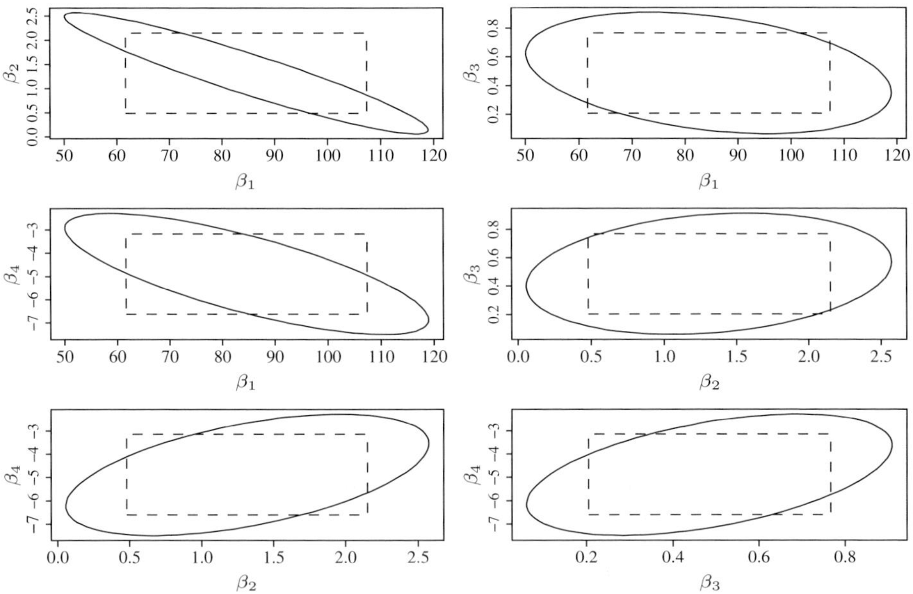

Fig. 3.2 – Régions de confiance et rectangle des couples de paramètres.

Afin d'observer la corrélation entre les paramètres, nous pouvons regarder l'orientation du grand axe de l'ellipse. Si cet axe n'est pas parallèle aux axes du repère, il y a corrélation. Ainsi nous observons que $\hat{\beta}_1$ et $\hat{\beta}_2$ sont fortement corrélés. Il en va de même avec $(\hat{\beta}_1, \hat{\beta}_3)$ et $(\hat{\beta}_2, \hat{\beta}_3)$. Enfin rappelons que nous pouvons calculer un IC à 95 % pour $\hat{\sigma}^2$ avec les commandes suivantes :

```
> c(resume3$sigma^2*modele3$df.res/qchisq(0.975,modele3$df.res),
+    resume3$sigma^2*modele3$df.res/qchisq(0.025,modele3$df.res))
[1] 135.7949 310.2253
```

3.5 Prévision

Soit $x'_{n+1} = (x_{n+1,1}, \cdots, x_{n+1,p})$ une nouvelle valeur et nous voulons prédire y_{n+1}. Le modèle indique que

$$y_{n+1} = x'_{n+1}\beta + \varepsilon_{n+1},$$

avec les ε_i i.i.d. et qui suivent une $\mathcal{N}(0, \sigma^2)$. A partir des n observations, nous avons estimé $\hat{\beta}$ et nous prévoyons y_{n+1} par

$$\hat{y}^p_{n+1} = x'_{n+1}\hat{\beta}.$$

L'espérance et la variance de l'erreur de prévision $\varepsilon^p_{n+1} = y_{n+1} - \hat{y}^p_{n+1}$ valent :

$$\begin{aligned}
\mathbb{E}(y_{n+1} - \hat{y}^p_{n+1}) &= 0 \\
\mathrm{V}(\hat{y}^p_{n+1} - y_{n+1}) &= \mathrm{V}(x'_{n+1}(\hat{\beta} - \beta) - \varepsilon_{n+1}) \\
&= x'_{n+1}\,\mathrm{V}(\hat{\beta} - \beta)x_{n+1} + \sigma^2 \\
&= \sigma^2\left[x'_{n+1}(X'X)^{-1}x_{n+1} + 1\right].
\end{aligned}$$

Nous obtenons la proposition suivante.

Proposition 3.4 (IC de prévision)
Un IC de niveau $(1 - \alpha)$ pour y_{n+1} est donné par

$$\left[x'_{n+1}\hat{\beta} \pm t_{n-p}(1 - \alpha/2)\hat{\sigma}\sqrt{x'_{n+1}(X'X)^{-1}x_{n+1} + 1}\right].$$

Preuve
$\hat{\beta}$ suit une loi normale et x_{n+1} est fixe donc $\hat{y}^p_{n+1}$ suit une loi normale. La valeur aléatoire y_{n+1} à prévoir suit une loi normale $\mathcal{N}(x'_{n+1}\beta, \sigma^2)$ et est indépendante des $y_1, \cdots, y_n$ par l'hypothèse $\mathcal{H}_3$.
Nous avons donc que y_{n+1} est indépendant de $\hat{y}^p_{n+1} = x'_{n+1}\hat{\beta}$ car $\hat{\beta}$ est une fonction linéaire des $y_1, \cdots, y_n$. L'erreur de prévision $y_{n+1} - \hat{y}^p_{n+1}$ suit donc une loi normale dont les moyenne et variance ont été calculées. Nous avons ainsi

$$N = \frac{\hat{y}^p_{n+1} - y_{n+1}}{\sigma\sqrt{x'_{n+1}(X'X)^{-1}x_{n+1} + 1}} \sim \mathcal{N}(0, 1).$$

Or σ est inconnue et estimée par $\hat{\sigma}$. Nous utilisons la définition d'un Student : si N suit une loi normale centrée réduite, si D suit un χ^2 à d ddl et si N et D sont indépendants, alors le rapport $N/\sqrt{D/d}$ suit un Student à d ddl.

La proposition 3.3 p. 49 indique que $D = \hat{\sigma}^2(n-p)/\sigma^2$ suit un χ^2 à $(n-p)$ degrés de liberté et que D est indépendant de $\hat{\beta}$. Or $\hat{\sigma}^2$ dépend uniquement des $y_1, \cdots, y_n$ et est donc indépendant de y_{n+1}. Il en va de même pour D. Le caractère aléatoire de N provient de $\hat{\beta}$ et de y_{n+1}, nous en déduisons que N et D sont indépendants d'où

$$\frac{N}{\sqrt{\frac{D}{d}}} = \frac{\hat{y}^p_{n+1} - y_{n+1}}{\hat{\sigma}\sqrt{x'_{n+1}(X'X)^{-1}x_{n+1}+1}} \sim \mathcal{T}(n-p), \tag{3.5}$$

l'intervalle de confiance découle de ce résultat. $\qquad\square$

3.6   Les tests d'hypothèses

3.6.1   Introduction

Reprenons l'exemple de la prévision des pics d'ozone. Nous avons modélisé les pics d'ozone par T12, Vx et Ne12. Il paraît raisonnable de se poser les questions suivantes :

(a) est-ce que la valeur de O3 est influencée par Vx ?

(b) y a-t-il un effet nébulosité ?

(c) est-ce que la valeur de O3 est influencée par Vx ou T12 ?

Rappelons que le modèle utilisé est le suivant :

$$O3 = \beta_1 + \beta_2 T12 + \beta_3 Vx + \beta_4 Ne12 + \varepsilon.$$

Nous pouvons expliciter les trois questions précédentes en terme de test d'hypothèse :

(a) correspond à $H_0 : \beta_3 = 0$, contre $H_1 : \beta_3 \neq 0$;

(b) correspond à $H_0 : \beta_4 = 0$, contre $H_1 : \beta_4 \neq 0$;

(c) correspond à $H_0 : \beta_2 = \beta_3 = 0$, contre $H_1 : \beta_2 \neq 0$ ou $\beta_3 \neq 0$.

Remarquons que tous ces cas reviennent à tester la nullité d'un ou plusieurs paramètres en même temps. Dans le cas c) on parle de nullité simultanée des coefficients. Cela veut dire que sous l'hypothèse H_0 certains coefficients sont nuls, donc les variables correspondant à ces coefficients ne sont pas utiles. Ce cas de figure correspond par définition à comparer deux modèles emboîtés l'un dans l'autre (l'un est un cas particulier de l'autre).

Le plan d'expérience privé de ces variables sera noté X_0 et les colonnes de X_0 engendreront un sous-espace noté $\Im(X_0)$. Afin d'alléger les notations, nous noterons $\Im(X_0) = \Im_0$ et $\Im(X) = \Im_X$. Le niveau des tests sera fixé de façon classique à α.

3.6.2 Test entre modèles emboîtés

Rappelons tout d'abord le modèle et les hypothèses utilisées :

$$Y = X\beta + \varepsilon \quad \text{où} \quad \varepsilon \sim \mathcal{N}(0, \sigma^2 I),$$

cela veut dire que $\mathbb{E}(Y) \in \Im_X$ espace engendré par les colonnes de X.

Pour faciliter les notations, supposons que nous souhaitons tester la nullité simultanée des q derniers coefficients du modèle avec $q \leq p$. Le problème s'écrit alors de la façon suivante :

$$\text{H}_0 : \quad \beta_{p-q+1} = \cdots = \beta_p = 0 \quad \text{contre} \quad \text{H}_1 : \ \exists j \in \{p-q+1, \cdots, p\} : \beta_j \neq 0.$$

Que signifie $\text{H}_0 : \ \beta_{p-q+1} = \cdots = \beta_p = 0$ en terme de modèle ? Si les q derniers coefficients sont nuls, le modèle devient

$$Y = X_0\beta_0 + \varepsilon_0 \quad \text{où} \quad \varepsilon_0 \sim \mathcal{N}(0, \sigma^2 I),$$

où la matrice X_0 est composée des $p - q$ premières colonnes de X. Les colonnes de X_0 engendrent un espace noté $\Im_0$ de dimension $p_0 = p - q$. Ce sous-espace est bien évidemment inclus dans $\Im_X$. Sous l'hypothèse nulle H_0, l'espérance de Y appartiendra à ce sous-espace.

Une fois que les hypothèses du test sont fixées, il faut proposer une statistique de test. Nous allons voir une approche géométrique assez intuitive. Une approche plus analytique basée sur les tests de rapport de vraisemblance maximum est à faire en exercice (voir exercice 3.6).

Approche géométrique

Considérons le sous-espace noté $\Im_0$. Nous avons écrit que sous $\text{H}_0 : \mathbb{E}(Y) \in \Im_0$. Dans ce cas, la méthode des moindres carrés consiste à projeter Y non plus sur $\Im_X$ (et obtenir $\hat{Y}$) mais sur $\Im_0$ et obtenir $\hat{Y}_0$. Visualisons ces différentes projections sur le graphique suivant :

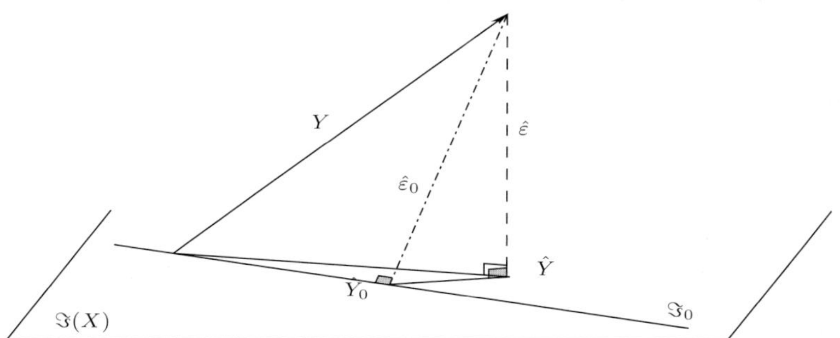

Fig. 3.3 – Représentation des projections.

L'idée intuitive du test, et donc du choix de conserver ou de rejeter H_0, est la suivante : si la projection de Y dans $\Im_0$, notée $\hat{Y}_0$, est « proche » de la projection de Y dans $\Im_X$, notée $\hat{Y}$, alors il semble logique de conserver l'hypothèse nulle. En effet, si l'information apportée par les deux modèles est la « même », il vaut mieux conserver le modèle le plus petit (principe de parcimonie). Il faut évidemment quantifier le terme « proche ». De manière naturelle, nous pouvons utiliser la distance euclidienne entre $\hat{Y}_0$ et $\hat{Y}$, ou son carré, $\|\hat{Y}_0 - \hat{Y}\|^2$. Cependant, cette distance sera variable selon les données et selon les unités de mesures utilisées. Pour s'affranchir de ce problème d'échelle nous allons « standardiser » cette distance en la divisant par la norme au carré de l'erreur $\hat{\varepsilon}$. Les quantités $\hat{\varepsilon}$ et $\hat{Y}_0 - \hat{Y}$ n'appartiennent pas à des espaces de même dimension, nous divisons donc chaque terme par son degré de liberté respectif. Nous avons donc la statistique de test suivante :

$$F = \frac{\|\hat{Y}_0 - \hat{Y}\|^2/q}{\|Y - \hat{Y}\|^2/(n-p)} = \frac{\|\hat{Y}_0 - \hat{Y}\|^2/(p-p_0)}{\|Y - \hat{Y}\|^2/(n-p)}.$$

Pour utiliser cette statistique de test, il faut connaître sa loi au moins sous H_0. Remarquons que cette statistique est le rapport de deux normes au carré. Nous allons donc déterminer la loi du numérateur, du dénominateur et constater leur indépendance. Nous savons que

$$\hat{Y}_0 - \hat{Y} = P_{\Im_0}Y - P_{\Im_X}Y,$$

or $\Im_0 \subset \Im_X$ donc

$$\hat{Y}_0 - \hat{Y} = P_{\Im_0}P_{\Im_X}Y - P_{\Im_X}Y = (P_{\Im_0} - I_n)P_{\Im_X}Y = -P_{\Im_0^\perp}P_{\Im_X}Y.$$

Nous en déduisons que $(\hat{Y}_0 - \hat{Y}) \in \Im_0^\perp \cap \Im_X$ et donc que $(\hat{Y}_0 - \hat{Y}) \perp (Y - \hat{Y})$. La figure (3.3) permet de visualiser ces notions d'orthogonalité. Les vecteurs aléatoires $\hat{Y}_0 - \hat{Y}$ et $Y - \hat{Y}$ sont éléments d'espaces orthogonaux, ils ont donc une covariance nulle. Ces deux vecteurs sont des vecteurs gaussiens, ils sont donc indépendants et toute fonction fixe de ceux-ci reste indépendante, en particulier les normes du numérateur et du dénominateur sont indépendantes.

En utilisant l'hypothèse $\mathcal{H}_3$ de normalité et en appliquant le théorème de Cochran géométrique (théorème A.1 p. 232), nous en déduisons que ces deux normes suivent des lois du χ^2

$$\frac{1}{\sigma^2}\|P_{\Im_X^\perp}Y\|^2 \sim \chi^2_{n-p},$$

$$\frac{1}{\sigma^2}\|P_{\Im_0^\perp \cap \Im_X}Y\|^2 \sim \chi^2_{p-p_0}\left(\frac{1}{\sigma^2}\|P_{\Im_0^\perp \cap \Im_X}X\beta\|^2\right),$$

où le paramètre de décentrage $\|P_{\Im_0^\perp \cap \Im_X}X\beta\|^2/\sigma^2$ est nul sous H_0 puisque dans ce cas $X\beta \in \Im_0$. Nous pouvons conclure avec le théorème suivant.

Théorème 3.2 (Test entre modèles emboîtés)
Soit un modèle de régression à p variables $Y = X\beta + \varepsilon$ satisfaisant $\mathcal{H}_1$ et $\mathcal{H}_3$. Nous souhaitons tester la validité d'un sous-modèle (ou modèle emboîté) où un ou

plusieurs coefficients sont nuls. Le plan d'expérience privé de ces variables sera noté X_0, *les* p_0 *colonnes de* X_0 *engendreront un sous-espace noté* $\Im_0$ *et le sous-modèle sera* $Y = X_0\beta_0 + \varepsilon_0$. *Notons l'hypothèse nulle (modèle restreint)* $H_0 : \mathbb{E}(Y) \in \Im_0$ *et l'hypothèse alternative (modèle complet)* $H_1 : \mathbb{E}(Y) \in \Im(X)$.

Pour tester ces deux hypothèses, nous utilisons la statistique de test F *ci-dessous qui possède comme loi sous* H_0 :

$$F \;=\; \frac{\|\hat{Y}_0 - \hat{Y}\|^2/(p - p_0)}{\|Y - \hat{Y}\|^2/(n - p)} \sim \mathcal{F}_{p-p_0,n-p},$$

et sous H_1 *la loi reste une loi de Fisher mais décentrée de* $\|P_{\Im_0^\perp \cap \Im_X} X\beta\|^2/\sigma^2$. *Notons aussi une écriture équivalente souvent utilisée et donc importante*

$$F \;=\; \frac{n-p}{p-p_0}\,\frac{\mathrm{SCR}_0 - \mathrm{SCR}}{\mathrm{SCR}} \sim \mathcal{F}_{p-p_0,n-p}.$$

L'hypothèse H_0 *sera repoussée en faveur de* H_1 *si l'observation de la statistique* F *est supérieure à* $f_{p-p_0,n-p}(1 - \alpha)$, *la valeur* α *est le niveau du test.*

Preuve

La démonstration de la statistique de test F découle de la construction qui précède le théorème. En se rappelant que si $N \sim \chi^2$ à n ddl et $D \sim \chi^2$ à p ddl et si N et D sont indépendants alors

$$\frac{N}{D}\frac{d}{n} \sim \mathcal{F}_{n,p}.$$

L'écriture avec les SCR s'obtient en notant que

$$
\begin{aligned}
\|Y - \hat{Y}_0\|^2 &= \|Y - P_{\Im_X}Y + P_{\Im_X}Y - P_{\Im_0}Y\|^2 \\
&= \|P_{\Im^\perp}Y + (I_n - P_{\Im_0})P_{\Im_X}Y\|^2 \\
&= \|P_{\Im^\perp}Y\|^2 + \|P_{\Im_0^\perp \cap \Im_X}Y\|^2 \\
&= \|Y - \hat{Y}\|^2 + \|\hat{Y} - \hat{Y}_0\|^2. \qquad \square
\end{aligned}
$$

Cette approche géométrique semble déconnectée des tests statistiques classiques mais il n'en est rien. Nous pouvons montrer (voir exercice 3.6) que le test F est tout simplement le test de rapport de vraisemblance maximale.

Test de Student de signification d'un coefficient β_j

Nous voulons tester $H_0 : \beta_j = 0$ contre $H_1 : \beta_j \neq 0$ (test bilatéral de significativité de β_j). Selon le théorème 3.2, la statistique de test est

$$F \;=\; \frac{\|\hat{Y} - \hat{Y}_0\|^2}{\hat{\sigma}^2}.$$

Nous rejetons H_0 si l'observation de la statistique F, notée $F(w)$, est telle que

$$F(\omega) \;>\; f_{1,n-p}(1 - \alpha).$$

La statistique de test est un Fisher à 1 et $(n-p)$ ddl.

Ce test est équivalent (voir exercice 3.5) au test de « Student » à $(n-p)$ ddl qui permet de tester $H_0 : \beta_j = 0$ contre $H_1 : \beta_j \neq 0$ (test bilatéral de significativité de β_j) avec la statistique de test

$$T \;=\; \frac{\hat{\beta}_j}{\hat{\sigma}_{\hat{\beta}_j}}$$

qui suit sous H_0 une loi de Student à $(n-p)$ ddl. Nous rejetons H_0 si l'observation de la statistique T, notée $T(w)$, est telle que

$$|T(\omega)| \;>\; t_{n-p}(1-\alpha/2).$$

C'est sous cette forme que ce test figure dans les logiciels de régression linéaire.

Test de Fisher global

Si des connaissances *a priori* du phénomène étudié assurent l'existence d'un terme constant dans la régression, alors pour tester l'influence des régresseurs non constants sur la réponse, nous testerons l'appartenance de $\mathbb{E}(Y) = \mu$ à la diagonale $\Im_0(X) = \Delta$ de $\mathbb{R}^n$. Nous testerons ainsi la validité globale du modèle, c'est-à-dire que tous les coefficients sont supposés nuls, excepté la constante. Ce test est appelé test de Fisher global. Dans ce cas, $\hat{Y}_0 = \bar{Y}\mathbb{1}$ et nous avons la statistique de test suivante :

$$\frac{\|P_{\Im_X}Y - P_{\Im_0}Y\|^2/(p-1)}{\|Y - P_{\Im_X}Y\|^2/(n-p)} = \frac{\|P_{\Im_X}Y - \bar{Y}\mathbb{1}\|^2/(p-1)}{\|Y - P_{\Im_X}Y\|^2/(n-p)} \sim \mathcal{F}_{p-1,n-p}.$$

Si nous écrivons la statistique de test en utilisant le R^2, nous obtenons le rapport

$$F = \frac{R^2}{1-R^2}\frac{n-p}{p-1}.$$

Ce test est appelé par certains logiciels de statistique le test du R^2.

3.7   Exemples

La concentration en ozone

Nous reprenons les données de l'ozone traitées précédemment dans ce chapitre et obtenons avec les commandes suivantes :

```
> modele3 <- lm(O3~T12+Vx+Ne12,data=ozone)
> resume3 <- summary(modele3)
> resume3
```

le tableau de résultats suivants :

```
Call:
lm(formula = O3 ~ T12 + Vx + Ne12, data = ozone)

Residuals:
    Min      1Q  Median      3Q     Max
-29.046  -8.482   0.786   7.702  28.292

Coefficients:
            Estimate Std. Error t value Pr(>|t|)
(Intercept)  84.5473    13.6067   6.214 1.38e-07 ***
T12           1.3150     0.4974   2.644  0.01117 *
Vx            0.4864     0.1675   2.903  0.00565 **
Ne12         -4.8934     1.0270  -4.765 1.93e-05 ***
---
Signif. codes:  0 '***' 0.001 '**' 0.01 '*' 0.05 '.' 0.1 ' ' 1

Residual standard error: 13.91 on 46 degrees of freedom
Multiple R-Squared: 0.6819,     Adjusted R-squared: 0.6611
F-statistic: 32.87 on 3 and 46 DF,  p-value: 1.663e-11
```

La dernière ligne de la sortie du logiciel donne la statistique de test global, tous les coefficients sont nuls sauf la constante. Nous avons $n = 50$ observations, nous avons estimé 4 paramètres et donc le ddl du Fisher est bien $(3, 46)$. Nous refusons H_0 (tous les coefficients sauf la constante sont nuls) : au moins un des coefficients associé à T12, Vx, Ne12 est non nul.

Le tableau Coefficients nous donne à la ligne j le test de la nullité d'un paramètre $H_0 : \beta_j = 0$. Nous constatons qu'au seuil de 5 % aucun coefficient n'est significativement égal à 0. La dernière colonne donne une version graphique du test : *** signifie que le test rejette H_0 pour des erreurs de première espèce supérieures ou égales à 0.001, ** signifie que le test rejette H_0 pour des erreurs de première espèce supérieures ou égales à 0.01, * signifie que le test rejette H_0 pour des erreurs de première espèce supérieures ou égales à 0.05, . signifie que le test rejette H_0 pour des erreurs de première espèce supérieures ou égales à 0.1.

Tous les coefficients sont significativement non nuls et il ne semble donc pas utile de supprimer une variable explicative. Si nous comparons ce modèle au modèle du chapitre précédent à l'aide d'un test F entre ces deux modèles emboîtés, nous avons

```
> modele2 <- lm(O3~T12+Vx,data=ozone)
> anova(modele2,modele3)
Model 1: O3 ~ T12 + Vx
Model 2: O3 ~ T12 + Vx + Ne12
  Res.Df     RSS Df Sum of Sq      F    Pr(>F)
1     47 13299.4
2     46  8904.6  1    4394.8 22.703 1.927e-05 ***
---
```

```
Signif. codes:  0 '***' 0.001 '**' 0.01 '*' 0.05 '.' 0.1 ' ' 1
```

Nous retrouvons que le test F entre ces deux modèles est équivalent au test T de nullité du coefficient de la variable `Ne12` dans le modèle `modele3` (les deux probabilités critiques valent $1.93\ 10^{-5}$).

En conclusion, il semble que les 3 variables `T12`, `Vx` et `Ne12` soient explicatives de l'ozone.

La hauteur des eucalyptus

Le but de cet exemple est de prévoir la hauteur (`ht`) par la circonférence (`circ`). Lors des deux chapitres précédents nous avons introduit deux modèles de prévision, le modèle de régression simple

$$\texttt{ht} \;=\; \beta_1 + \beta_2 \texttt{circ} + \varepsilon$$

et le modèle de régression multiple

$$\texttt{ht} \;=\; \beta_1 + \beta_2 \texttt{circ} + \beta_3 \sqrt{\texttt{circ}} + \varepsilon.$$

Si l'on souhaite choisir le meilleur des deux modèles emboîtés, nous pouvons conduire un test F. Rappelons les commandes pour construire les deux modèles.

```
> regsimple <- lm(ht~circ,data=eucalypt)
> regM <- lm(ht~circ+I(sqrt(circ)),data=eucalypt)
```

Le test F est obtenu simplement comme suit.

```
> anova(regsimple,regM)
Analysis of Variance Table

Model 1: ht ~ circ
Model 2: ht ~ circ + I(sqrt(circ))
  Res.Df     RSS   Df Sum of Sq      F    Pr(>F)
1   1427 2052.08
2   1426 1840.66    1    211.43 163.80 < 2.2e-16 ***
---
Signif. codes:  0 '***' 0.001 '**' 0.01 '*' 0.05 '.' 0.1 ' ' 1
```

Nous pouvons voir que l'observation de la statistique de test vaut 163.80, ce qui est supérieur au quantile 95 % d'une loi de Fisher à $(1, 1426)$ degré de liberté qui vaut 3.85 (obtenu avec `qf(0.95,1,regM$df.res)`). Nous repoussons H_0 au profit de H_1 : le modèle de prévision adapté semble le modèle de régression multiple, malgré ses problèmes de prévision pour les hautes valeurs de circonférence. Rappelons que l'on peut retrouver le résultat de ce test avec le test T de nullité d'un coefficient :

```
> summary(regM)
```

```
Call:
lm(formula = ht ~ circ + I(sqrt(circ)), data = eucalypt)

Residuals:
     Min       1Q   Median       3Q      Max
-4.18811 -0.68811  0.04272  0.79272  3.74814

Coefficients:
               Estimate Std. Error t value Pr(>|t|)
(Intercept)   -24.35200    2.61444  -9.314   <2e-16 ***
circ           -0.48295    0.05793  -8.336   <2e-16 ***
I(sqrt(circ))   9.98689    0.78033  12.798   <2e-16 ***
---
Signif. codes:  0 '***' 0.001 '**' 0.01 '*' 0.05 '.' 0.1 ' ' 1

Residual standard error: 1.136 on 1426 degrees of freedom
Multiple R-Squared: 0.7922,     Adjusted R-squared: 0.7919
F-statistic:  2718 on 2 and 1426 DF,  p-value: < 2.2e-16
```

En effet, nous obtenons que l'observation de cette statistique vaut ici 12.798. Cette observation au carré est exactement égale à l'observation de la statistique de test F (en effet $12.798^2 \approx 163.80$). Par ailleurs les probabilités critiques sont bien égales. Notons que, dans ce résumé, le test de Fisher global repousse bien sûr l'hypothèse de nullité des coefficients des variables `circ` et $\sqrt{\texttt{circ}}$. L'observation de la statistique de test vaut ici 2718 alors que le quantile à 95 % d'une loi de Fisher à $(2, 1426)$ vaut 3.00. Cette réponse semblait évidente puisque repousser ici H_0 revient à dire qu'une des 2 variables au moins est explicative de la hauteur.

Nous pouvons aussi donner les intervalles de confiance pour le modèle et pour les prévisions. Pour cela, nous donnons une grille de valeurs de circonférences réparties entre le minimum (26 cm) et le maximum (77 cm), nous calculons la racine carrée de chaque élément de la grille et nous plaçons le tout dans un `data.frame` avec les mêmes noms que les variables du modèle.

```
> circ <- seq(min(eucalypt[,"circ"]),max(eucalypt[,"circ"]),len=100)
> grille <- data.frame(circ)
```

Ensuite nous utilisons la fonction `predict()` qui permet de donner les prévisions mais aussi les IC, tant pour le modèle que pour les prévisions. Enfin nous représentons les données et les IC à 95 %.

```
> ICdte <- predict(regM,new=grille,interval="confidence",level=0.95)
> ICpre <- predict(regM,new=grille,interval="prediction",level=0.95)
> plot(ht~circ,data=eucalypt,pch="+",col="grey60")
> matlines(circ,cbind(ICdte,ICprev[,-1]),lty=c(1,2,2,3,3),col=1)
> legend("topleft",lty=2:3,c("E(Y)","Y"))
```

Cette figure nous permet de voir la mauvaise précision du modèle pour les fortes valeurs de circonférence.

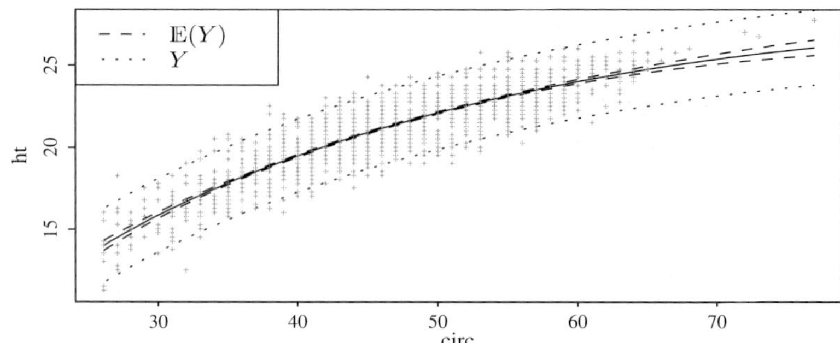

Fig. 3.4 – Modèle de régression multiple $\texttt{ht} = \beta_1 + \beta_2\texttt{circ} + \beta_3\sqrt{\texttt{circ}} + \varepsilon$ et intervalles de confiance à 95 % pour $\texttt{ht}$ et pour $\mathbb{E}(\texttt{ht})$.

Nous aurions pu construire un modèle de prévision de la hauteur uniquement avec la racine carrée de la circonférence. Ce modèle de régression simple est meilleur que le modèle de régression simple proposé : il possède un R^2 de 0.78 au lieu de 0.77. Cependant, le test de ce modèle ($\texttt{ht} = \beta_1 + \beta_2\sqrt{\texttt{circ}}$) contre celui incorporant $\texttt{circ}$ et $\sqrt{\texttt{circ}}$, ($\texttt{ht} = \beta_1 + \beta_2\texttt{circ} + \beta_3\sqrt{\texttt{circ}} + \varepsilon$), conduit à garder ce dernier.

3.8   Exercices

Exercice 3.1 (Questions de cours)

1. Nous pouvons justifier les MC quand $\varepsilon \sim \mathcal{N}(0, \sigma^2 I)$ *via* l'application du maximum de vraisemblance :
   A. oui,
   B. non,
   C. aucun rapport entre les deux méthodes.

2. Les estimateurs $\hat{\beta}$ des MC et $\widetilde{\beta}$ du maximum de vraisemblance sont-ils différents ?
   A. oui,
   B. non,
   C. pas toujours, cela dépend de la loi des erreurs.

3. Les estimateurs $\hat{\sigma}^2$ des MC et $\widetilde{\sigma}^2$ du maximum de vraisemblance sont-ils différents ?
   A. oui,
   B. non,
   C. pas toujours, cela dépend de la loi des erreurs.

4. Le rectangle formé par les intervalles de confiance de niveau α individuels de β_1 et β_2 correspond à la région de confiance simultanée de niveau α de la paire (β_1, β_2) :
   A. oui,
   B. non,
   C. cela dépend des données.

5. Nous avons n observations et p variables explicatives, nous supposons que ε suit une loi normale, nous voulons tester $\mathcal{H}_0 : \beta_2 = \beta_3 = \beta_4 = 0$. La loi de la statistique de test est :
   A. $\mathcal{F}_{p-3, n-p}$,
   B. $\mathcal{F}_{3, n-p}$,
   C. une autre loi.

Exercice 3.2 (Théorème 3.1)
Démontrer le théorème 3.1 p. 50.

Exercice 3.3 (Test et R^2)
Démontrer que la statistique du test Fisher F peut s'écrire sous la forme

$$F = \frac{R^2 - R_0^2}{1 - R^2} \frac{n - p}{p - p_0},$$

où R^2 (R_0^2) correspond au R^2 du modèle complet (du modèle sous H_0).

Exercice 3.4 (Ozone)
Nous voulons expliquer la concentration de l'ozone sur Rennes en fonction des variables T9, T12, Ne9, Ne12 et Vx. Les sorties données par R sont :

```
Coefficients :
                Estimate   Std. Error   t value   Pr(>|t|)
(Intercept)       62          10          [1]         0
T9                -4          [2]         -5          0
T12                5         0.75         [3]         0
Ne9             -1.5           1          [4]       0.08
Ne12            -0.5          0.5         [5]       0.53
Vx               0.8         0.15         5.5         0
--
Multiple R-Squared : 0.6666, Adjusted R-squared : 0.6081
Residual standard error : 16 on 124 degrees of freedom
F-statistic : [6] on [7] and [8] DF, p-value : 0
```

1. Compléter approximativement la sortie ci-dessus.

2. Rappeler la statistique de test et tester la nullité des paramètres séparément au seuil de 5 %.

3. Rappeler la statistique de test et tester la nullité simultanée des paramètres autres que la constante au seuil de 5 %.

4. Voici une nouvelle valeur, peut-on effectuer la prévision et donner un intervalle de confiance à 95 % (T9=10, T12=20, Ne9=0, Ne12=0, Vx=1) ?

5. Les variables Ne9 et Ne12 ne semblent pas influentes et nous souhaitons tester la nullité simultanée de β_{Ne9} et β_{Ne12}. Proposer un test permettant de tester la nullité simultanée de β_{Ne9} et β_{Ne12} et l'effectuer à partir des résultats numériques suivants :

```
Coefficients :
                Estimate   Std. Error   t value   Pr(>|t|)
(Intercept)       66          11           6          0
T9                -5           1          -5          0
T12                6         0.75          8          0
Vx                 1         0.2           5          0
    --
    Multiple R-Squared : 0.5, Adjusted R-squared : 0.52
    Residual standard error : 16.5 on 126 degrees of freedom
```

Exercice 3.5 (†Equivalence du test T et du test F)
Nous souhaitons tester la nullité d'un paramètre. Démontrer l'équivalence entre le test de Student et le test de Fisher.

Exercice 3.6 (††Equivalence du test F et du test de VM)
Nous souhaitons tester la nullité simultanée de q paramètres. Ecrire le test de rapport de vraisemblance maximale. Montrer que ce test est équivalent au test F.

Exercice 3.7 (††Test de Fisher pour une hypothèse linéaire quelconque)
Une hypothèse linéaire quelconque H_0 est de la forme $R\beta - r = 0$, où R est une matrice de taille $q \times p$ de rang q et r un vecteur de taille q.
Considérons un modèle de régression à p variables $Y = X\beta + \varepsilon$ satisfaisant $\mathcal{H}_1$ et $\mathcal{H}_3$. Nous souhaitons tester dans le cadre de ce modèle la validité d'une hypothèse linéaire quelconque H_0 $R\beta = r$, avec le rang de R égal à q, contre H_1 $R\beta \neq r$. Soit $\Im_0$ le sous-espace de $\Im_X$ de dimension $(p - q)$ engendré par la contrainte $R\beta = r$ (ou H_0) et $\Im_X$ le sous-espace de dimension p associé à H_1.
Démontrer que pour tester ces deux hypothèses nous utilisons la statistique de test F ci-dessous qui possède comme loi sous H_0 :

$$
\begin{aligned}
F &= \frac{\|\hat{Y} - \hat{Y}_0\|^2 / \dim(\Im_0^{\perp} \cap \Im_X)}{\|Y - \hat{Y}\|^2 / \dim(\Im_{X^{\perp}})} \\
&= \frac{n-p}{q} \frac{\|Y - \hat{Y}_0\|^2 - \|Y - \hat{Y}\|^2}{\|Y - \hat{Y}\|^2} \\
&= \frac{n-p}{q} \frac{\mathrm{SCR}_0 - \mathrm{SCR}}{\mathrm{SCR}} \sim \mathcal{F}_{q,n-p}.
\end{aligned}
$$

et sous H_1 la loi reste une loi de Fisher mais décentrée de $\|P_{\Im_0^{\perp} \cap \Im_X} X\beta\|^2 / \sigma^2$.

3.9   Note : intervalle de confiance par Bootstrap

Quelquefois l'hypothèse de normalité $(\mathcal{H}_3)$, nécessaire à la validité des tests et des intervalles de confiance, n'est pas vérifiée ou non vérifiable. Les tests qui permettent de choisir entre des modèles contraints ou des modèles non contraints (ou tests entre modèles emboîtés) peuvent être alors remplacés par une des procédures de choix de modèles décrites au chapitre 6. Pour les intervalles de confiance, une procédure spécifique existe, basée sur le bootstrap. L'objectif de cette note est de présenter la méthode du bootstrap en régression afin que le lecteur puisse obtenir un intervalle de confiance pour β, sans donner d'hypothèse supplémentaire sur la loi des erreurs ε. Le lecteur intéressé par le bootstrap en tant que méthode statistique pourra consulter le livre de Efron & Tibshirani (1993). Le modèle utilisé est $Y = X\beta + \varepsilon$ où ε est une variable aléatoire de loi F inconnue et d'espérance nulle. L'idée du bootstrap est d'estimer cette loi par ré-échantillonnage.
Nous considérons que la constante fait partie du modèle. La somme des résidus estimés vaut donc zéro.
- A partir du nuage de points (X, Y), estimer par les MC β et ε par $\hat{\beta}$ et $\hat{\varepsilon}$. Soit $\hat{F}_n$ la distribution empirique des $\hat{\varepsilon}$.
- Tirer au hasard avec remise n résidus estimés $\hat{\varepsilon}_i$ notés $\hat{\varepsilon}_i^*$.
- A partir de ces n résidus, construire un échantillon

$$
Y^* = X\hat{\beta} + \hat{\varepsilon}^*
$$

appelé échantillon bootstrapé ou encore échantillon étoile.

– A partir de l'échantillon étoile (X, Y^*) estimer le vecteur des paramètres. La solution est

$$\hat{\beta}^* = (X'X)^{-1}X'Y^*.$$

La théorie du bootstrap indique que la distribution de $\sqrt{n}(\hat{\beta}^* - \hat{\beta})$, distribution que nous pouvons calculer directement à partir des données, approche correctement la distribution de $\sqrt{n}(\hat{\beta} - \beta)$ qui elle ne peut pas être calculée, puisque β est inconnu.

Afin de calculer la distribution de $\sqrt{n}(\hat{\beta}^* - \hat{\beta})$ nous calculons B échantillons bootstrapés ou étoiles et calculons ensuite B estimateurs $\hat{\beta}^*$ de $\hat{\beta}$.

Il faut donc répéter B fois les étapes suivantes :

– tirer au hasard avec remise n résidus estimés $\hat{\varepsilon}_i$ notés $\hat{\varepsilon}_i^{(k)}$;
– à partir de ces n résidus, construire un échantillon $y_i^{(k)} = x_i\hat{\beta} + \hat{\varepsilon}_i^{(k)}$, appelé échantillon bootstrapé ;
– à partir de cet échantillon bootstrapé, estimer $\hat{\beta}^{(k)}$.

Pour donner un ordre d'idée, une valeur de 1000 pour B est couramment utilisée. Nous obtenons alors B estimateurs de β noté $\hat{\beta}^{(k)}$. A partir de ces 1000 valeurs, nous pouvons calculer toutes les statistiques classiques. Si nous nous intéressons à la distribution des $\hat{\beta}_j$, nous pouvons estimer cette distribution en calculant l'histogramme des $\hat{\beta}_j^{(k)}$. De même un intervalle de confiance peut être obtenu en calculant les quantiles empiriques des $\hat{\beta}_j^{(k)}$.

Voyons cela sur l'exemple de la concentration en ozone. Nous continuons notre modèle à 3 variables explicatives des pics d'ozone, la température à 12 h (`T12`), la nébulosité à 12 h (`Ne12`) et la projection du vent à 12 h sur l'axe est-ouest (`Vx`). Le modèle est toujours construit grâce à la commande suivante :

```
> modele3 <- lm(O3~T12+Vx+Ne12,data=ozone)
```

Nous pouvons résumer la phase d'estimation et nous intéresser aux coefficients.

```
> resume3 <- summary(modele3)
> coef3[,1:2]
             Estimate Std. Error
(Intercept) 80.1437444 13.7144584
T12          1.4447834  0.5013485
Vx           0.5814378  0.1688762
Ne12        -3.7864855  1.0351274
```

Cette procédure ne suppose que deux hypothèses très faibles $\mathcal{H}_1$ et $\mathcal{H}_2$. Afin de construire un intervalle de confiance pour les paramètres sans supposer la normalité, nous appliquons la procédure de bootstrap.

La première étape consiste à calculer les résidus estimés $\hat{\varepsilon} = \hat{Y} - Y$ et ajustements $\hat{Y}$.

```
> res <- residuals(modele3)
> ychap <- predict(modele3)
> COEFF <- matrix(0,ncol=4,nrow=1000)
> colnames(COEFF) <- names(coef(modele3))
> ozone.boot <- ozone
```

Ensuite nous allons appliquer la procédure de bootstrap avec $B = 1000$ échantillons bootstrapés.

```
> for(i in 1:nrow(COEFF)){
+   resetoile <- sample(res,length(res),replace=T)
+   O3etoile <- ychap + resetoile
+   ozone.boot[,"O3"] <- O3etoile
+   regboot <- lm(formula(modele3),data=ozone.boot)
+   COEFF[i,] <- coef(regboot)
+ }
```

Nous avons obtenu une matrice de 1000 coefficients estimés (COEFF) et nous choisissons les quantiles empiriques à 2.5 % et 97.5 % de ces échantillons afin de déterminer les intervalles de confiance.

```
> apply(COEFF,2,quantile,probs=c(0.025,0.975))

        (Intercept)        T12         Vx        Ne12
2.5%        58.0241  0.4148645  0.1856668  -6.750358
97.5%      109.7853  2.2666724  0.8162993  -2.784720
```

Un IC à 95 % pour le coefficient associé à T12 est donc donné par $[0.41; 2.26]$. En supposant que les erreurs suivent une loi normale, nous avions $[0.48; 2.15]$. L'intervalle est donc plus grand.

Nous pouvons aussi considérer un estimateur de la densité des $\hat{\beta}_j$ en traçant un histogramme des $\hat{\beta}_j^*$. Voici l'histogramme des estimateurs du coefficient associé à la variable température.

```
> hist(COEFF[,"T12"],main="",xlab="Coefficient de T12")
```

Cet histogramme semble indiquer que la loi est proche d'une loi normale.

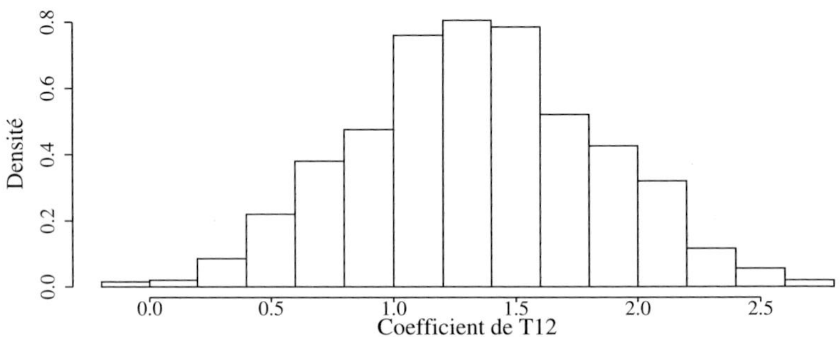

Fig. 3.5 – Histogramme des estimateurs bootstrapés pour la variable T12.

Nous aurions pu commencer par tirer avec remise n individus parmi les n couples d'observations (x_i', y_i) et continuer comme présenté ci-dessus. Ce bootstrap est plus adapté au cas où les variables X_j sont des variables aléatoires. Les lecteurs intéressés par cette procédure peuvent consulter Efron & Morris (1973) par exemple.

Chapitre 4

Validation du modèle

Nous rappelons le contexte :

$$Y_{n\times 1} = X_{n\times p}\ \beta_{p\times 1} + \varepsilon_{n\times 1},$$

sous les hypothèses
- $\mathcal{H}_1 : \mathrm{rang}(X) = p.$
- $\mathcal{H}_2 : \mathbb{E}(\varepsilon) = 0, \quad \Sigma_\varepsilon = \sigma^2\, \mathrm{I}_n$ ou $\mathcal{H}_3 : \varepsilon \sim \mathcal{N}(0, \sigma^2 \mathrm{I}_n).$

Les différentes étapes d'une régression peuvent se résumer de la sorte :

1. la modélisation : nous avons supposé que la variable Y est expliquée de manière linéaire par les variables $X_1, \cdots, X_p$ *via* le modèle de régression $Y = X\beta + \varepsilon$;

2. l'estimation : nous avons ensuite estimé les paramètres grâce aux données récoltées. Les hypothèses sur le bruit ε notées $\mathcal{H}_2$ ou $\mathcal{H}_3$ ont permis d'établir des propriétés statistiques des estimateurs obtenus ;

3. la validation qui est l'objectif de ce chapitre. Nous aborderons le problème de la validation des hypothèses $\mathcal{H}_2$ ou $\mathcal{H}_3$. La vérification de l'hypothèse $\mathcal{H}_1$ est immédiate et les solutions dans le cas où cette hypothèse n'est pas vérifiée seront abordées aux chapitres 8 et 9. Nous envisagerons aussi les problèmes d'ajustement d'un individu ainsi que la validation du modèle lui-même (validation globale), problème important mais souvent négligé. Cette validation globale peut être envisagée de deux manières : choix ou non d'inclure des variables et/ou vérification du caractère linéaire de la liaison entre la variable considérée et Y comme spécifié par le modèle. Nous traiterons ici le caractère linéaire de la liaison et les transformations éventuelles à effectuer pour rendre cette liaison linéaire. Le choix d'inclure ou de retirer des variables sera étudié en détail au chapitre 6.

4.1 Analyse des résidus

L'examen des résidus constitue une étape primordiale de la régression linéaire. Cette étape est essentiellement fondée sur des méthodes graphiques, et il est donc difficile d'avoir des règles strictes de décision. L'objectif de cette partie est de présenter ces méthodes graphiques. Commençons par rappeler les définitions des différents résidus.

4.1.1 Les différents résidus

Les résidus théoriques ε_i sont estimés par $\hat{\varepsilon}_i = y_i - \hat{y}_i$. Nous avons

Hypothèses	Réalité
$\mathbb{E}(\varepsilon_i) = 0$	$\mathbb{E}(\hat{\varepsilon}_i) = 0$
$\mathrm{V}(\varepsilon) = \sigma^2 I$	$\mathrm{V}(\hat{\varepsilon}) = \sigma^2 (I - P_X)$

Afin d'éliminer la non-homogénéité des variances des résidus estimés, nous préférons utiliser les résidus normalisés définis par

$$ r_i = \frac{\hat{\varepsilon}_i}{\sigma\sqrt{1 - h_{ii}}}, $$

où h_{ij} est l'élément (i, j) de la matrice P_X. Or σ est inconnu, si nous remplaçons σ par $\hat{\sigma}$, nous obtenons les résidus standardisés

$$ t_i = \frac{\hat{\varepsilon}_i}{\hat{\sigma}\sqrt{1 - h_{ii}}}. $$

Ces résidus ne sont pas indépendants par construction et ils ne peuvent donc pas être représentatifs d'une absence/présence de structuration par autocorrélation. Leur loi est difficile à calculer car le numérateur et le dénominateur sont corrélés. Ils possèdent la même variance unité, ils sont donc utiles pour détecter des valeurs importantes de résidus. Cependant, nous préférons utiliser les résidus studentisés par validation croisée (VC) (souvent nommés dans les logiciels *studentized residuals*)

$$ t_i^* = \frac{\hat{\varepsilon}_i}{\hat{\sigma}_{(i)}\sqrt{1 - h_{ii}}}, $$

où $\hat{\sigma}_{(i)}$ est l'estimateur de σ dans le modèle linéaire privé de l'observation i. Leur loi est connue (voir théorème 4.1) et ils possèdent une même variance, ils sont donc dans la même « bande » de largeur constante qu'une règle « empirique » habituelle fixe à ± 2, car 2 est proche du quantile à 97.5 % d'une loi normale. Ils se construisent simplement en deux étapes :

1. nous estimons les paramètres β et σ^2 avec tous les individus, excepté le i^{e}, nous obtenons alors $\hat{\beta}_{(i)}$ et $\hat{\sigma}^2_{(i)}$;

2. nous prévoyons y_i par $\hat{y}^p_i = x'_i \hat{\beta}_{(i)}$.

Sous l'hypothèse de normalité des résidus, nous avons montré (3.5) p. 54 que

$$\frac{y_{n+1} - \hat{y}^p_{n+1}}{\hat{\sigma}\sqrt{1 + x'_{n+1}(X'X)^{-1}x_{n+1}}} \sim \mathcal{T}(n-p).$$

Ce résultat s'applique ici et s'écrit alors avec les bonnes notations :

$$t^*_i = \frac{y_i - \hat{y}^p_i}{\hat{\sigma}_{(i)}\sqrt{1 + x'_i(X'_{(i)}X_{(i)})^{-1}x_i}} \sim \mathcal{T}(n-1-p),$$

où $X_{(i)}$ est la matrice X privée de sa i^{e} ligne. Nous avons donc $(n-1)$ observations et perdons un degré de liberté (voir exercice 4.4).

Théorème 4.1 (Loi des résidus studentisés par VC)
Si la matrice X est de plein rang, si les $\varepsilon_i \sim \mathcal{N}(0, \sigma^2)$ et si la suppression de la ligne i ne modifie pas le rang de la matrice, alors les résidus studentisés par VC, notés t^*_i, suivent une loi de Student à $(n - p - 1)$ degrés de liberté.

Remarque
Les calculs menés dans la preuve montrent le lien existant entre l'erreur de prévision $y_i - \hat{y}^p_i$ et l'erreur d'ajustement (ou résidu) $y_i - \hat{y}_i$. Nous avons

$$y_i - \hat{y}^p_i = \frac{y_i - \hat{y}_i}{1 - h_{ii}}. \tag{4.1}$$

Ce résultat permet de calculer l'erreur de prévision sans avoir à recalculer $\hat{\beta}_{(i)}$ pour chaque observation i, le gain de temps n'est pas négligeable.

Conclusion
Les résidus utilisés sont en général les $\hat{\varepsilon}_i$ mais leur variance dépend de l'observation i *via* la matrice de projection. L'utilisation de ces résidus est, à notre avis, à déconseiller. Nous préférons travailler avec des résidus homoscédastiques et donc utiliser t_i ou t^*_i. Ces derniers permettent de détecter des valeurs aberrantes. Il semble cependant préférable d'utiliser t^*_i pour plusieurs raisons :
- les t^*_i suivent un $\mathcal{T}_{n-p-1}$, ils permettent de mieux appréhender une éventuelle non-indépendance non prise en compte par le modèle ;
- nous avons $t^*_i = t_i\sqrt{(n-p-1)/(n-p-t^2_i)}$ et donc lorsque t_i est supérieur à 1, $t^*_i > t_i$ car $\sqrt{(n-p-1)/(n-p-t^2_i)} > 1$. Les résidus studentisés font mieux ressortir les grandes valeurs et permettent donc une détection plus facile des valeurs aberrantes ;
- enfin $\hat{\sigma}_{(i)}$ est indépendant de y_i et n'est donc pas influencé par des erreurs grossières sur la i^{e} observation.

4.1.2   Ajustement individuel au modèle, valeur aberrante

Pour analyser la qualité de l'ajustement d'une observation, il suffit de regarder le résidu correspondant à cette observation. Si ce résidu est anormalement élevé (sens que nous allons préciser), alors l'individu i est appelé individu aberrant ou point aberrant. Il convient alors d'essayer d'en comprendre la raison (erreur de mesure, individu provenant d'une sous-population) et éventuellement d'éliminer ce point car il peut modifier les estimations.

Une valeur aberrante est une observation qui est mal expliquée par le modèle et admet un résidu élevé. Cette notion est définie par :

Définition 4.1 (Valeur aberrante)
Une donnée aberrante est un point (x'_i, y_i) pour lequel la valeur associée à t^*_i est élevée (comparée au seuil donné par la loi du Student) : $|t^*_i| > t_{n-p-1}(1 - \alpha/2)$.

Généralement les données aberrantes sont détectées en traçant les t^*_i. La détection des données aberrantes ne dépend que de la grandeur des résidus. Voyons cela sur un exemple simulé.

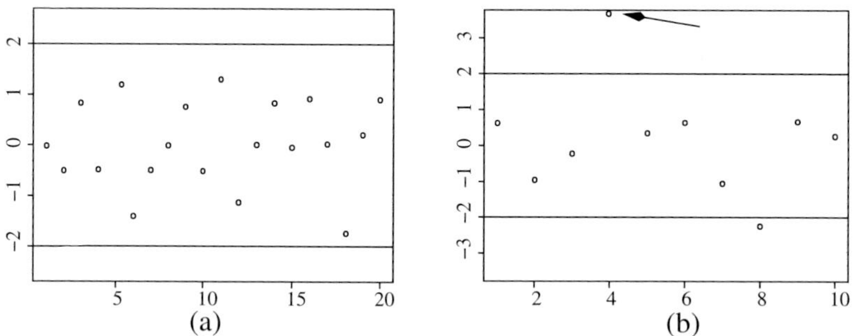

Fig. 4.1 – Résidus studentisés corrects (a) et résidus studentisés avec un individu aberrant à vérifier signalé par une flèche (b) et un second moins important.

La figure (4.1.a) montre un ajustement individuel satisfaisant : aucune valeur absolue de résidu n'est plus grande que la valeur test classique 2. Remarquons qu'en théorie α % des observations sont des valeurs aberrantes. Nous cherchons donc plutôt les résidus dont les valeurs absolues sont nettement au-dessus du seuil de $t_{n-p-1}(1 - \alpha/2)$. Ainsi nous nous intéresserons dans la figure (4.1.b) au seul individu désigné par une flèche.

Une fois repérées et notées, il est bon de comprendre pourquoi ces valeurs sont aberrantes : est-ce une erreur de mesure ou d'enregistrement ? Proviennent-elles d'une autre population ?... Nous recommandons d'enlever ces points de l'analyse. Si vous souhaitez les conserver malgré tout, il est indispensable de s'assurer que ce ne sont pas des valeurs influentes : les coefficients et les interprétations tirées du modèle ne doivent pas trop varier avec ou sans ces observations.

4.1.3 Analyse de la normalité

L'hypothèse de normalité sera examinée à l'aide d'un graphique comparant les quantiles des résidus estimés à ces mêmes quantiles sous l'hypothèse de normalité. Ce type de graphique est appelé Q-Q plot. Supposons que nous ayons n observations $\varepsilon_1, \ldots, \varepsilon_n$ de la variable aléatoire ε qui suit une loi normale $\mathcal{N}(0, 1)$. Classons les ε_i par ordre croissant, $\varepsilon_{(1)}, \ldots, \varepsilon_{(n)}$. L'espérance de $\varepsilon_{(i)}$ est alors approchée par

$$\Phi^{-1}\left(\frac{i - 3/8}{n + 1/4}\right) \qquad \text{si } n \leq 10$$

$$\Phi^{-1}\left(\frac{i - 1/2}{n}\right) \qquad \text{sinon,}$$

où $\Phi(.)$ est la fonction de répartition de la loi normale (bijection de $\mathbb{R}$ dans $]0; 1[$). Le graphique est alors obtenu en dessinant $\varepsilon_{(1)}, \ldots, \varepsilon_{(n)}$ contre leur espérance théorique respective sous hypothèse de normalité. Si cette hypothèse est respectée, le graphique obtenu sera proche de la première bissectrice (voir fig. 4.10).

4.1.4 Analyse de l'homoscédasticité

Il n'existe pas de procédure précise pour vérifier l'hypothèse d'homoscédasticité. Nous proposons plusieurs graphiques possibles pour détecter une hétéroscédasticité. Il est recommandé de tracer les résidus studentisés par validation croisée t_i^* en fonction des valeurs ajustées $\hat{y}_i$, c'est-à-dire tracer les couples de points $(\hat{y}_i, t_i^*)$. Si une structure apparaît (tendance, cône, vagues), l'hypothèse d'homoscédasticité risque fort de ne pas être vérifiée. Voyons cela sur un graphique.

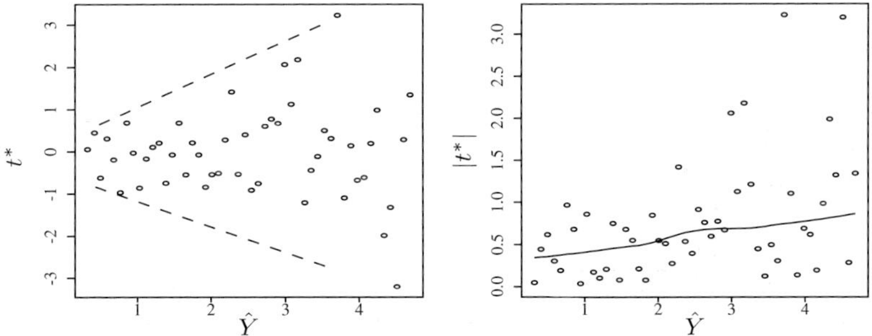

Fig. 4.2 – Hétéroscédasticité des résidus.

L'ajustement n'est pas satisfaisant (fig. 4.2) car la variabilité des résidus augmente avec la valeur de $\hat{y}_i$, on parle de cône de variance croissante avec la valeur de l'axe des abscisses $\hat{Y}$. Le second graphique trace la valeur absolue du résidu avec une estimation de la tendance des résidus. Cette estimation de la tendance est obtenue par un lisseur, ici `lowess` (Cleveland, 1979). Ce lisseur, qui est aussi nommé `loess`, est le plus utilisé pour obtenir ce type de courbe. Il consiste en une régression par polynômes locaux itérée. Nous voyons que la tendance est croissante et donc que la variance des résidus augmente le long de l'axe des abscisses. Ce deuxième graphique permet de repérer plus facilement que le premier les changements de variance éventuels dans les résidus. Le choix de l'axe des abscisses est très important et permet (ou non) de détecter une hétéroscédasticité. D'autres choix que $\hat{Y}$ en abscisse peuvent s'avérer plus pertinents selon le problème comme le temps, l'indice...

4.1.5 Analyse de la structure des résidus

Les résidus sont supposés être non corrélés entre eux ($\mathcal{H}_2$) ou indépendants ($\mathcal{H}_3$). Il existe de nombreuses raisons qui font que les résidus sont corrélés : mauvaise modélisation, structuration temporelle, structuration spatiale... que nous allons analyser *via* des représentations graphiques adaptées.

Structure due à une mauvaise modélisation

Une structure dans les résidus peut être due à une mauvaise modélisation. Supposons que nous ayons oublié une variable intervenant dans l'explication de la variable Y. Cet oubli se retrouvera forcément dans les résidus qui sont par définition les observations moins l'estimation par le modèle. L'hypothèse d'absence de structuration ($\mathrm{Cov}(\varepsilon_i, \varepsilon_j) = 0 \ \forall i \neq j$) risque de ne pas être vérifiée. En effet, la composante oubliée dans le modèle va s'additionner au vrai bruit et devrait apparaître dans le dessin des résidus. Une forme quelconque de structuration dans les graphiques des résidus sera annonciatrice d'un mauvais ajustement du modèle.

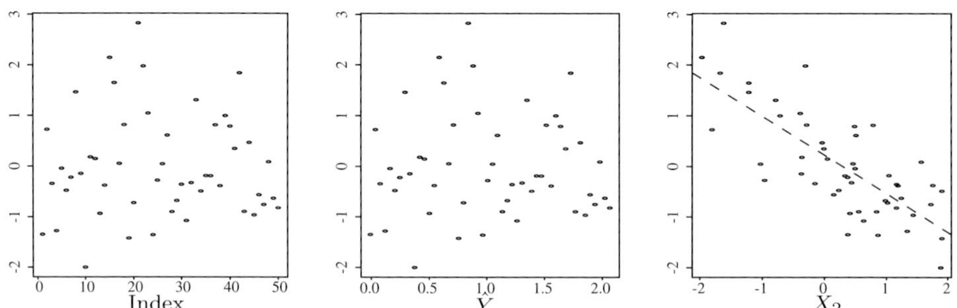

Fig. 4.3 – Résidus studentisés avec une tendance décroissante due à l'oubli d'une variable X_2 dans le modèle. Les résidus studentisés (par VC) sont représentés comme fonctions du numéro de l'observation (index), de l'estimation du modèle $\hat{Y}$ et comme fonction de X_2.

La figure (4.3) montre les graphiques d'un modèle linéaire $Y = \alpha + \beta_1 X_1 + \varepsilon$ alors que le vrai modèle est un modèle à deux variables $Y = \alpha + \beta_1 X_1 + \beta_2 X_2 + \varepsilon$. L'ajustement paraît non satisfaisant puisqu'une structure linéaire décroissante se dégage des résidus de la troisième représentation. Notons l'importance du choix de l'axe des abscisses car les premiers graphiques, représentant les mêmes résidus, ne laissent pas soupçonner cette tendance décroissante. Le modèle linéaire proposé n'est donc pas judicieux, il serait bon d'ajouter une nouvelle variable constituée par l'axe des abscisses x de la troisième représentation, c'est-à-dire ici la variable « oubliée » X_2.

Cependant, ce type de diagnostic peut être insuffisant. Une autre méthode plus précise, mais plus longue à réaliser, consiste à regarder, variable explicative par variable explicative, si la variable explicative considérée agit bien de manière linéaire sur la variable à expliquer comme cela est requis dans le modèle. Ce type d'analyse sera mené avec des résidus appelés résidus partiels (ou résidus partiels augmentés) ou encore par des régressions partielles. Ces graphiques permettent de constater si une variable candidate est bien utile au modèle et de trouver d'éventuelles fonctions non linéaires de variables explicatives déjà présentes. Rappelons qu'une fonction non linéaire f fixée d'une variable explicative X_j est considérée comme une variable explicative à part entière $X_{p+1} = f(X_j)$ (voir p. 32). Nous verrons cela à la fin de ce chapitre.

Structure temporelle

Si l'on soupçonne une structuration temporelle (autocorrélation des résidus), un graphique temps en abscisse, résidus en ordonnée sera tout indiqué. Le test généralement utilisé est le test de Durbin-Watson, le plus souvent utilisé, consiste à tester H_0 : l'indépendance, contre H_1 : les résidus sont non indépendants et suivent un processus autorégressif d'ordre 1 (e.g. Montgomery *et al.*, 2001). Il existe cependant de nombreux autres modèles de non-indépendance qui ne seront pas forcément détectés par ce test.

L'utilisation d'un lisseur peut permettre de dégager une éventuelle structuration dans les résidus (voir fig. 4.4) et ce de manière aisée et rapide, ce qui est primordial.

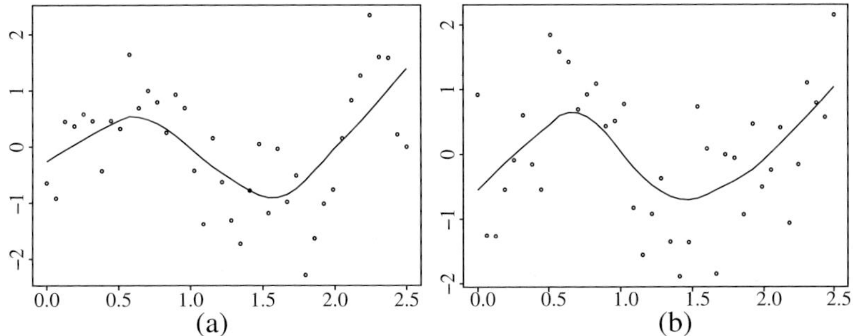

Fig. 4.4 – Tendance sinusoïdale due à des bruits autorégressifs d'ordre 1, $\varepsilon_i = \rho\varepsilon_{i-1} + \eta_i$ (variance mal modélisée, graphique a) ou à une composante explicative non prise en compte : $X_2 = 0.2\sin(3x)$ (moyenne mal modélisée, graphique b).

Il est cependant difficile, voire impossible, de discerner entre une structuration due à un oubli dans la modélisation de la moyenne et une structuration due à une mauvaise modélisation de la variance (voir fig. 4.4).

Structure spatiale

Si l'on soupçonne une structuration spatiale, un graphique possible consiste en une carte sur laquelle en chacun des points i de mesure, on représente un cercle ou un carré (selon le signe du résidu estimé) de taille variable (selon la valeur absolue du résidu estimé). Ce type de graphique (voir fig. 4.5, p. 74) permettra peut-être de détecter une structuration spatiale (agrégats de ronds ou de carrés, ou au contraire alternance des ronds/carrés). Si une structuration est observée, un travail sur les résidus et en particulier sur leur covariance est alors nécessaire.

Un autre exemple très classique de structuration est tiré du livre d'Upton & Fingleton (1985). Le but de la modélisation est d'expliquer une variable Y, le nombre de plantes endémiques observées, par trois variables : la surface de l'unité de mesure, l'altitude et la latitude. Les résidus studentisés sont représentés sur la carte géographique des emplacements de mesure (fig. 4.5).

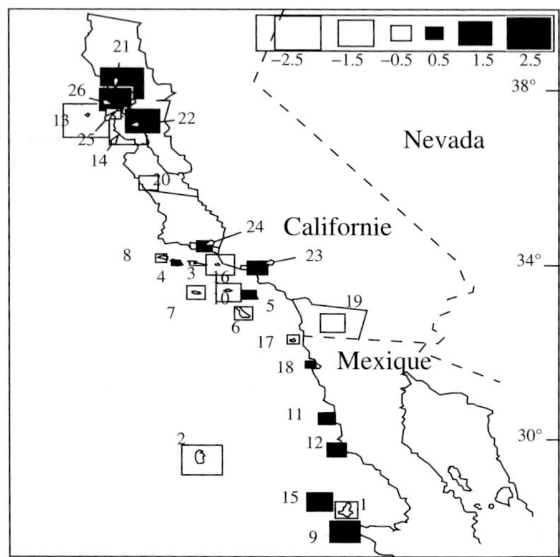

Fig. 4.5 – Exemple de résidus studentisés structurés spatialement.

On observe des agrégats de résidus positifs ou négatifs qui semblent indiquer qu'une structuration spatiale reste présente dans les résidus. Dans cet exemple, une simple représentation des résidus en fonction de $\hat{Y}$ ou du numéro de l'observation n'apporte que peu d'information. En conclusion, nous pouvons donc insister sur le choix adéquat de la représentation graphique des résidus.

Conclusion

Il est impératif de tracer un graphique avec en ordonnées les résidus et en abscisses soit $\hat{Y}$, soit le numéro de l'observation, soit le temps ou tout autre facteur potentiel de non indépendance. Ce type de graphique permettra : de vérifier l'ajustement global, de repérer les points aberrants, ainsi que de vérifier les hypothèses concernant la structure de variance du vecteur ε. D'autres graphiques, comme ceux présentant la valeur absolue des résidus en ordonnée permettront de regarder la structuration de la variance. L'analyse des résidus permet de détecter des différences significatives entre les valeurs observées et les valeurs prédites. Cela permet donc de connaître les points mal prédits et les faiblesses du modèle en terme de moyenne ou de variance. Cependant, cela ne nous renseigne pas sur les variations des estimateurs des paramètres dues à la suppression d'une observation et donc à la robustesse de ces estimations. Pour cela nous allons dans la prochaine section envisager des mesures adéquates.

4.2 Analyse de la matrice de projection

La matrice de projection

$$P_X = X(X'X)^{-1}X',$$

est la matrice intervenant dans le calcul des valeurs ajustées. En effet,

$$\hat{Y} = P_X Y.$$

Pour la ligne i, en notant h_{ij} l'élément courant de la matrice de projection P_X, cela s'écrit

$$\hat{y}_i = \sum_{j=1}^{n} h_{ij}y_j = h_{ii}y_i + \sum_{j \neq i} h_{ij}y_j.$$

Cette dernière écriture permet de mesurer le poids de l'observation sur son propre ajustement *via* h_{ii}.

Définition 4.2 (Poids de l'observation i)
Le « poids » de l'observation i sur sa propre estimation vaut h_{ii}.

La matrice de la projection orthogonale P_X sur l'espace engendré par les colonnes de X, d'élément courant h_{ij} admet en particulier comme propriétés (voir exercice 4.2) que si $h_{ii} = 1$ alors $h_{ij} = 0$ pour tout j différent de i et si $h_{ii} = 0$, alors $h_{ij} = 0$ pour tout j différent de i. Nous avons alors les cas extrêmes suivants :
– si $h_{ii} = 1$, $\hat{y}_i$ est entièrement déterminée par y_i car $h_{ij} = 0$ pour tout j ;
– si $h_{ii} = 0$, y_i n'a pas d'influence sur $\hat{y}_i$ (qui vaut alors zéro).
Nous savons aussi que $\text{tr}(P_X) = \sum h_{ii} = p$, la moyenne des h_{ii} vaut donc p/n. Ainsi si h_{ii} est « grand », y_i influe fortement sur $\hat{y}_i$. Différents auteurs ont travaillé sur ce critère et la définition suivante rapporte leur définition de « grand ».

Définition 4.3 (Point levier)
Un point i est un point levier si la valeur h_{ii} de la matrice de projection dépasse les valeurs suivantes :
– $h_{ii} > 2p/n$ selon Hoaglin & Welsch (1978) ;
– $h_{ii} > 3p/n$ pour $p > 6$ et $n - p > 12$ selon Velleman & Welsh (1981) ;
– $h_{ii} > 0.5$ selon Huber (1981).

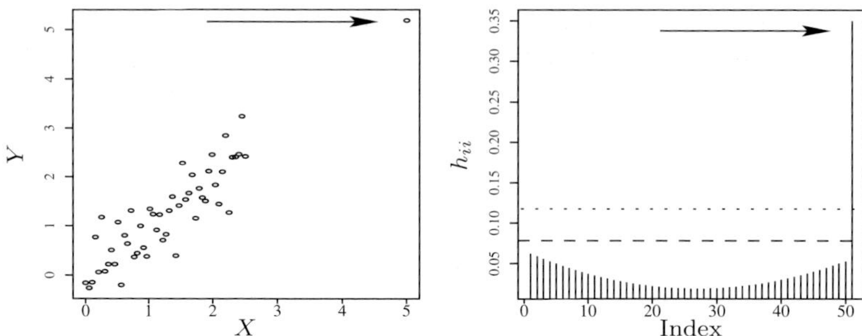

Fig. 4.6 – Exemple d'un point levier, figuré par la flèche, pour un modèle de régression simple. Quantification par h_{ii} de la notion de levier. La ligne en pointillé représente le seuil de $3p/n$ et celle en tiret le seuil de $2p/n$.

Pour un modèle de régression simple dont le nuage de points est représenté sur la figure (4.6) le point désigné par une flèche est un point levier. Sa localisation sur l'axe x est différente des autres points et son poids h_{ii} est prépondérant et supérieur aux valeurs seuils de $2p/n$ et $3p/n$. Cette notion de levier h_{ii} correspond à l'éloignement du centre de gravité de la i^{e} ligne de X. Plus le point est éloigné, plus la valeur des h_{ii} augmente. Remarquons que ce point est levier mais non aberrant car il se situe dans le prolongement de la droite de régression et donc son résidu sera faible.

Les points leviers sont donc des points atypiques au niveau des variables explicatives. Là encore il est bon de les repérer et de les noter, puis de comprendre pourquoi ces points sont différents : erreur de mesure, erreur d'enregistrement, ou appartenance à une autre population. Même quand ils ne sont pas influents, i.e. sans ces points les estimations ne changent pas ou très peu, on peut se poser la question de la validité du modèle jusqu'à ces points extrêmes. Peut-être aurait-on, avec plus de mesures autour de ces points, un modèle qui changerait, annonçant un modèle différent pour cette population ? Après mûre réflexion ces valeurs pourront être éliminées ou conservées. Dans le premier cas, aucun risque n'est pris au bord du domaine, quitte à sacrifier quelques points. Dans le second cas, le modèle est étendu de manière implicite jusqu'à ces points.

L'analyse des résidus permet de trouver des valeurs atypiques en fonction de la valeur de la variable à expliquer. L'analyse de la matrice de projection permet de trouver des individus atypiques en fonction des valeurs des variables explicatives (observations éloignées de la moyenne). D'autres critères vont combiner ces deux analyses.

4.3   Autres mesures diagnostiques

La distance de Cook mesure l'influence de l'observation i sur l'estimation du paramètre β. Pour bâtir une telle mesure, nous considérons la distance entre le coefficient estimé $\hat{\beta}$ et le coefficient $\hat{\beta}_{(i)}$ que l'on estime en enlevant l'observation i, mais en gardant le même modèle et toutes les autres observations bien évidemment.

Si la distance est grande, alors l'observation i influence beaucoup l'estimation de β, puisque la laisser ou l'enlever conduit à des estimations éloignées. De manière générale, $\hat{\beta}$ est dans $\mathbb{R}^p$, une distance bâtie sur un produit scalaire s'écrit

$$d(\hat{\beta}_{(i)}, \hat{\beta}) \;=\; (\hat{\beta}_{(i)} - \hat{\beta})' Q (\hat{\beta}_{(i)} - \hat{\beta}),$$

où Q est une matrice symétrique définie positive. De nombreux choix sont offerts en changeant Q. L'équation donnant une région de confiance simultanée (voir 3.4, p. 50) que nous rappelons

$$\mathrm{RC}_\alpha(\beta) \;=\; \left\{ \beta \in \mathbb{R}^p, \;\; \frac{1}{p\hat{\sigma}^2}(\hat{\beta} - \beta)'(X'X)(\hat{\beta} - \beta) \le f_{p,n-p}(1 - \alpha) \right\},$$

permet de dire que dans 95 % des cas, la distance entre β et $\hat{\beta}$ (selon la matrice $Q = X'X/p\hat{\sigma}^2$) est inférieure à $f_{p,n-p}(1 - \alpha)$. Par analogie, nous pouvons donc utiliser cette distance, appelée distance de Cook, pour mesurer l'influence de l'observation i dans le modèle.

Définition 4.4 (Distance de Cook)
La distance de Cook est donnée par

$$C_i \;=\; \frac{1}{p\hat{\sigma}^2}(\hat{\beta}_{(i)} - \hat{\beta})'(X'X)(\hat{\beta}_{(i)} - \hat{\beta}),$$

que l'on peut récrire de manière plus concise et plus simple à calculer en

$$C_i = \frac{1}{p}\frac{h_{ii}}{1 - h_{ii}} t_i^2 = \frac{h_{ii}}{p(1 - h_{ii})^2}\frac{\hat{\varepsilon}_i^2}{\hat{\sigma}^2}.$$

Une observation influente est donc une observation qui, enlevée, conduit à une grande variation dans l'estimation des coefficients, c'est-à-dire à une distance de Cook élevée. Pour juger si la distance C_i est élevée, Cook (1977) propose le seuil $f_{p,n-p}(0.1)$ comme souhaitable et le seuil $f_{p,n-p}(0.5)$ comme préoccupant. Certains auteurs citent comme seuil la valeur 1, qui est une approximation raisonnable de $f_{p,n-p}(0.5)$.

Remarquons que la distance de Cook (deuxième définition) peut être vue comme la contribution de deux termes. Le premier t_i^2 mesure le degré d'adéquation de l'observation y_i au modèle estimé $x_i'\hat{\beta}$, alors que le second terme qui est le rapport $V(\hat{y}_i)/V(\hat{\varepsilon}_i)$ mesure la sensibilité de l'estimateur $\hat{\beta}$ à l'observation i. La distance de Cook mesure donc deux caractères en même temps : le caractère aberrant quand t_i est élevé, et le caractère levier quand $V(\hat{y}_i)/V(\hat{\varepsilon}_i) = h_{ii}/1 - h_{ii}$ est élevé. Les points présentant des distances de Cook élevées seront des points aberrants, ou leviers, ou les deux, et influenceront l'estimation puisque la distance de Cook est une distance entre $\hat{\beta}$ et $\hat{\beta}_{(i)}$.

A l'image des points aberrants et leviers, nous recommandons de supprimer les observations présentant une forte distance de Cook. Si l'on souhaite toutefois absolument garder ces points, il sera très important de vérifier que les coefficients estimés et les interprétations tirées du modèle ne varient pas trop avec ou sans ces observations influentes.

Si l'on revient au modèle de régression simple pour les points de la figure (4.6), nous avons représenté sur la figure (4.7) le nuage de points, les résidus studentisés et la distance de Cook.

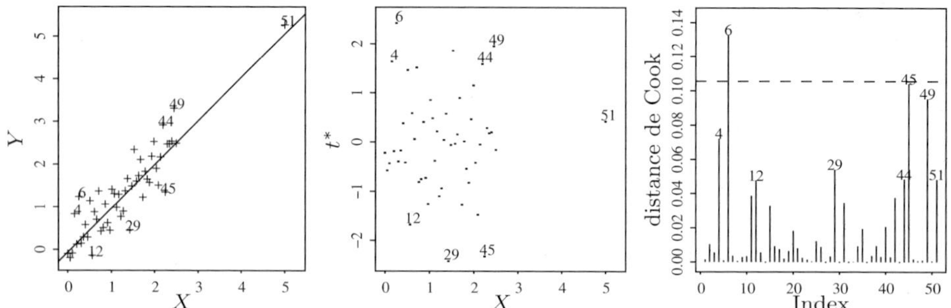

Fig. 4.7 – Exemple du point levier (numéro 51). Les points associés aux 8 plus grandes valeurs de la distance de Cook sont numérotés ainsi que leurs distances de Cook et leurs résidus studentisés (par VC). La droite en trait plein est la droite ajustée par MC.

Nous voyons que des points admettant de forts résidus (points éloignés de la droite) possèdent une distance de Cook élevée (cas des points 4, 6, 12, 29, 44 et 45). Mais les points leviers possèdent un rapport $h_{ii}/(1 - h_{ii})$ élevé, par définition. Le point 51 bien qu'ayant un résidu faible apparaît comme ayant une distance de Cook relativement forte (la 8e plus grande). Cela illustre bien que la distance de Cook opère un compromis entre points aberrants et points leviers. Notons encore une fois que le point 51 n'est ni influent ni aberrant, son résidu t^*_{51} n'est pas élevé et il se situe dans le prolongement de l'axe du nuage, ce qui veut dire que, sans ce point, la droite ajustée par MC sera voisine et donc le résidu t^*_{51} sera faible. Notons enfin que les seuils de la distance de Cook sont $f_{p,n-p}(0.5) = 0.7$ et $f_{p,n-p}(0.1) = 0.11$, ce dernier figurant en pointillé sur le graphique (4.7). Ici les distances de Cook semblent assez bien réparties au niveau hauteur et aucun point ne se détache nettement.

En utilisant encore les mêmes 50 points, en remplaçant le point levier par un point franchement aberrant, mais non levier, nous voyons que ce nouveau point 51 est bien aberrant (fig. 4.8), son résidu t^*_{51} est très élevé. La distance de Cook, malgré la position de ce point 51 vers le milieu des x, est élevée et cela uniquement à cause de son caractère aberrant. Bien entendu un point peut être à la fois levier et aberrant. Ici la distance de Cook du point 51 se détache nettement, indiquant que ce point pourrait être éventuellement supprimé. Le seuil de $f_{p,n-p}(0.5)$ semble assez conservateur.

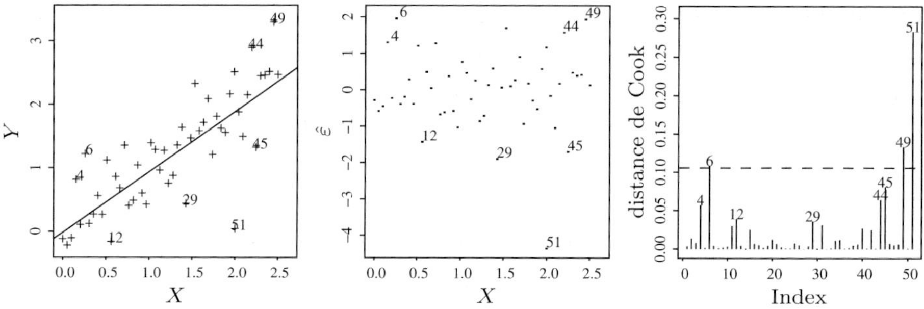

Fig. 4.8 – Exemple du point fortement aberrant (numéro 51). Les points associés aux 8 plus grandes valeurs de la distance de Cook sont numérotés, ainsi que leur distance de Cook et leurs résidus studentisés (par VC). La droite en trait plein est la droite ajustée par MC.

Une autre mesure d'influence est donnée par la distance de Welsh-Kuh. Si l'on reprend la définition de la distance de Cook pour l'observation i, elle s'écrit comme $(\hat{y}_i - x_i'\hat{\beta}_{(i)})^2/\hat{\sigma}^2$ à $1/p$ près. Cela représente le carré de l'écart entre $\hat{y}_i$ et sa prévision $\hat{y}_i^p$ divisé par la variance estimée de l'erreur.

Il faut donc utiliser un estimateur de σ^2. Si l'on utilise l'estimateur classique $\hat{\sigma}^2$, alors une observation influente risque de « perturber » l'estimation $\hat{\sigma}^2$. Il est donc préférable d'utiliser $\hat{\sigma}^2_{(i)}$.

Définition 4.5 (DFFITS)
L'écart de Welsh-Kuh, souvent appelé DFFITS dans les logiciels, est défini par

$$ Wk_i = |t_i^*|\sqrt{\frac{h_{ii}}{1 - h_{ii}}}. $$

Cette quantité permet d'évaluer l'écart standardisé entre l'estimation bâtie sur toutes les observations et l'estimation bâtie sur toutes les observations sauf la i^{e}. Cet écart de Welsh-Kuh mesure ainsi l'influence simultanée d'une observation sur l'estimation des paramètres β et σ^2. Si l'écart de Welsh-Kuh est supérieur à $2\sqrt{p+1}/\sqrt{n}$ en valeur absolue, alors il est conseillé d'analyser les observations correspondantes.

D'autres mesures diagnostiques sont données dans le livre d'Antoniadis *et al.* (1992, pages 36-40). En guise de remarque finale, la régression robuste est une alternative très intéressante si le problème des observations influentes s'avère délicat (Rousseeuw & Leroy, 1987).

4.4 Effet d'une variable explicative

4.4.1 Ajustement au modèle

Nous désirons savoir si la modélisation de l'espérance de Y par $X\beta$, estimée par $X\hat{\beta}$, est correcte. Le modèle est-il satisfaisant ou ne faudrait-il pas rajouter de nouvelles variables explicatives ou de nouvelles fonctions fixées des variables explicatives et lesquelles ? Dans ce paragraphe, nous nous posons la question de la qualité d'ajustement du modèle pour une variable explicative X_j donnée, ce qui revient aux trois questions suivantes :

1. cette variable X_j est-elle utile ?

2. est-ce que cette variable agit linéairement sur la prévision de Y ou faut-il introduire une transformation de cette variable $f(X_j)$?

3. quelle transformation $f(X_j)$ est à introduire afin d'améliorer le modèle ?

Pour répondre à ces questions, remarquons que l'on peut toujours utiliser les procédures de choix de variables (voir chapitre suivant) et par exemple les tests entre modèles emboîtés :

- si l'on se pose la question de l'utilité de la variable X_j on peut tester

$$H_0 : \qquad \beta_j = 0 \quad \text{contre} \quad H_1 : \qquad \beta_j \neq 0$$

$$H_0 : \qquad \mathbb{E}(Y) = \sum_{k=1, k \neq j}^{p} \beta_k X_k \quad \text{contre} \quad H_1 : \qquad \mathbb{E}(Y) = X\beta;$$

- si l'on se pose la question d'une transformation $f(X_j)$ notée X_{p+1} on peut tester

$$H_0 : \quad \mathbb{E}(Y) = X\beta \quad \text{contre} \quad H_1 : \quad \mathbb{E}(Y) = X\beta + \beta_{p+1}X_{p+1}.$$

Cependant, sans connaître *a priori* $f(.)$, il est impossible d'effectuer le test. Ce paragraphe va proposer des outils graphiques permettant de répondre à ces trois questions rapidement, en conservant à l'esprit que la première question peut être résolue avec un test.

4.4.2   Régression partielle : impact d'une variable

Afin de connaître l'impact de la j^{e} variable X_j lors d'une régression :

1. nous effectuons d'abord une régression avec les $p-1$ autres variables. Les résidus obtenus correspondent alors à la part de Y qui n'a pas été expliquée par les $p-1$ variables ;

2. la seconde partie de l'analyse correspond alors à l'explication de ces résidus non pas par la variable X_j mais par la part de la variable X_j qui n'est pas déjà expliquée par les $p-1$ autres variables.

Tout d'abord supposons que le modèle complet soit vrai, c'est-à-dire que

$$Y \;=\; X\beta + \varepsilon.$$

Afin d'analyser l'effet de la j^{e} variable X_j, partitionnons la matrice X en deux, une partie sans la j^{e} variable que nous notons $X_{\bar{j}}$ et l'autre avec la j^{e} variable X_j.

Le modèle s'écrit alors

$$Y \;=\; X_{\bar{j}}\beta_{\bar{j}} + \beta_j X_j + \varepsilon,$$

où $\beta_{\bar{j}}$ désigne le vecteur β privé de sa j^e coordonnée notée β_j. Afin de quantifier l'apport de la variable X_j, projetons sur l'orthogonal de $\Im(X_{\bar{j}})$. Cette équation devient

$$\begin{aligned}
P_{X_{\bar{j}}^{\perp}}Y &= P_{X_{\bar{j}}^{\perp}}X_{\bar{j}}\beta_{\bar{j}} + P_{X_{\bar{j}}^{\perp}}\beta_j X_j + P_{X_{\bar{j}}^{\perp}}\varepsilon \\
P_{X_{\bar{j}}^{\perp}}Y &= \beta_j P_{X_{\bar{j}}^{\perp}}X_j + P_{X_{\bar{j}}^{\perp}}\varepsilon \\
P_{X_{\bar{j}}^{\perp}}Y &= \beta_j P_{X_{\bar{j}}^{\perp}}X_j + \eta.
\end{aligned} \qquad (4.2)$$

Nous avons donc un modèle de régression dans lequel nous cherchons à expliquer une variable (aléatoire) $P_{X_{\bar{j}}^{\perp}}Y$ par un modèle linéaire dépendant d'une variable fixe $P_{X_{\bar{j}}^{\perp}}X_j$ additionnée à un bruit aléatoire $\eta = P_{X_{\bar{j}}^{\perp}}\varepsilon$.

Cette équation suggère que si le modèle complet est vrai, alors un modèle de régression univariée est valide entre $P_{X_{\bar{j}}^{\perp}}Y$ et $P_{X_{\bar{j}}^{\perp}}X_j$ et donc qu'il suffit de dessiner $P_{X_{\bar{j}}^{\perp}}Y$ en fonction de $P_{X_{\bar{j}}^{\perp}}X_j$ pour le vérifier graphiquement. Ce graphique est appelé graphique de la régression partielle pour la variable X_j :

1. si les points forment une droite de pente $|\beta_j| > 0$, alors le modèle pour la variable X_j est bien linéaire ;

2. si les points forment une droite de pente presque nulle, alors la variable X_j n'a aucune utilité dans le modèle ;

3. si les points forment une courbe non linéaire f, il sera alors utile de remplacer X_j par une fonction non linéaire dans le modèle complet.

Remarquons l'utilité de l'abscisse, qui est $P_{X_{\bar{j}}^{\perp}}X_j$ et non pas directement X_j. Cette abscisse représente la projection de la variable X_j sur les autres variables explicatives $X_{\bar{j}}$, c'est-à-dire la partie de X_j non déjà expliquée linéairement par les autres variables, ou autrement dit la partie de l'information apportée par X_j non déjà prise en compte par le modèle linéaire sans cette variable. Cela permet donc de faire apparaître uniquement la partie non redondante de l'information apportée par X_j pour l'explication linéaire de Y (voir exercice 4.6).

Proposition 4.1 (Régression partielle)
Notons $\tilde{\beta}_j$ l'estimateur des moindres carrés de β_j dans le modèle de régression simple (4.2). Notons $\hat{\beta}_j$ la j^e composante de $\hat{\beta}$, l'estimateur des moindres carrés obtenu dans le modèle complet. Nous avons alors

$$\tilde{\beta}_j = \hat{\beta}_j.$$

4.4.3 Résidus partiels et résidus partiels augmentés

Le problème de l'utilisation du graphique précédent correspond au calcul des abscisses $P_{X_{\bar{j}}^{\perp}}X_j$. Afin de contourner ce problème et d'obtenir un graphique facile à effectuer, nous définissons les résidus partiels :

Définition 4.6 (Résidus partiels)
Les résidus partiels pour la variable X_j sont définis par

$$\hat{\varepsilon}_P^j = \hat{\varepsilon} + \hat{\beta}_j X_j. \tag{4.3}$$

Le vecteur $\hat{\varepsilon}$ correspond aux résidus obtenus avec toutes les variables et $\hat{\beta}_j$ est la j^e coordonnée de $\hat{\beta}$ estimateur des MC obtenu dans le modèle complet.

Un graphique représentant X_j en abscisse et ces résidus partiels en ordonnée aura, si le modèle complet est valide, une allure de droite de pente estimée $\hat{\beta}_j$ par MC. En effet, la pente de régression univariée estimée par MC est (voir eq. 1.4)

$$\frac{\langle \hat{\varepsilon}_P^j, X_j \rangle}{\langle X_j, X_j \rangle} \;=\; \frac{\langle \hat{\varepsilon}, X_j \rangle + \hat{\beta}_j \langle X_j, X_j \rangle}{\langle X_j, X_j \rangle} = \frac{\langle P_{X^\perp} Y, X_j \rangle + \hat{\beta}_j \langle X_j, X_j \rangle}{\langle X_j, X_j \rangle} = \hat{\beta}_j.$$

Il est en général préférable d'enlever l'information apportée par la moyenne commune à chacune des variables et de considérer ainsi les variables centrées et les résidus partiels correspondants

$$\hat{\varepsilon}_P^j \;=\; \hat{\varepsilon} + \bar{y}\mathbb{1} + \hat{\beta}_j(X_j - \bar{X}_j),$$

où $\bar{X}_j$ est le vecteur de $\mathbb{R}^n$ ayant toujours la même coordonnée : $\sum_{i=1}^{n} x_{ij}/n$.
Les graphiques des résidus partiels sont à l'image de ceux des régressions partielles, ils comportent pour chaque variable X_j en abscisse cette variable X_j et en ordonnée les résidus partiels correspondants $\hat{\varepsilon}_P^j$. Si le modèle complet est vrai, le graphique montre une tendance linéaire et la variable X_j intervient bien de manière linéaire. Si par contre la tendance sur le graphique est non linéaire selon une fonction $f(.)$, il sera bon de remplacer X_j par $f(X_j)$.
Le fait d'utiliser X_j en abscisse pour les graphiques des résidus partiels permet de trouver beaucoup plus facilement la transformation $f(X_j)$ que dans les graphiques des régressions partielles correspondants. Par contre, en n'enlevant pas à X_j l'information déjà apportée par les autres variables, la pente peut apparaître non nulle alors que l'information supplémentaire apportée par X_j par rapport à $X_{\bar{j}}$ n'est pas importante. Cela peut se produire lorsque X_j est très corrélée linéairement à une où plusieurs variables de $X_{\bar{j}}$. Cependant, notons qu'une procédure de test ou de sélection de modèle tranchera entre le cas où X_j est utile ou non. Si le but est de vérifier que la variable X_j entre linéairement dans le modèle et de vérifier qu'aucune transformation non linéaire $f(X_j)$ n'améliorera le modèle, il est alors préférable d'utiliser les résidus partiels.
Des résultats empiriques ont montré que les résidus partiels augmentés (Mallows, 1986) sont dans cette optique en général meilleurs que les résidus partiels.

Définition 4.7 (Résidus partiels augmentés)
Les résidus partiels augmentés pour la variable X_j sont définis par

$$\hat{\varepsilon}_{AP}^j \;=\; \hat{\varepsilon}^\star + \hat{\alpha}_j X_j + \hat{\alpha}_{p+1} X_j^2,$$

où $\hat{\varepsilon}^\star = \hat{Y}^\star - Y$ et $\hat{Y}^\star = (X|X_j^2)\hat{\alpha}$ est l'estimation de Y par le modèle complet augmenté d'un terme quadratique $Y = X_1\beta_1 + \ldots + X_p\beta_p + X_j^2\beta_{p+1} + \varepsilon$.

On peut encore utiliser une autre version sans l'effet de la moyenne

$$\hat{\varepsilon}^{j}_{AP,i} \;=\; \hat{\varepsilon}^{\star} + \bar{y} + \hat{\alpha}_{j}(X_{ij} - \bar{X}_{j}) + \hat{\alpha}_{p+1}\left[(X_{ij} - \bar{X}_{j})^{2} - \frac{1}{n}\sum_{i=1}^{n}(X_{ij} - \bar{X}_{j})^{2}\right].$$

Nous renvoyons le lecteur intéressé par l'heuristique de ces résidus partiels à l'article de Mallows (1986).

4.5   Exemple : la concentration en ozone

Revenons à l'exemple de la prévision des pics d'ozone. Nous expliquons le pic d'ozone O3 par 6 variables : la teneur maximum en ozone la veille (O3v), la température prévue par Météo France à 6 h (T6), à midi (T12), une variable synthétique (la projection du vent sur l'axe est-ouest notée Vx) et enfin les nébulosités prévues à midi (Ne12) et à 15 h (Ne15). Nous avons pour ce travail $n = 1014$ observations. Commençons par représenter les résidus studentisés en fonction du numéro d'observation qui correspond ici à l'ordre chronologique.

```
> mod.lin6v <- lm(O3~T6+T12+Ne12+Ne15+Vx+O3v,data=ozone)
> plot(rstudent(mod.lin6v),pch=".",ylab="Résid studentisés par VC")
> abline(h=c(-2,2))
> lines(lowess(rstudent(mod.lin6v)))
```

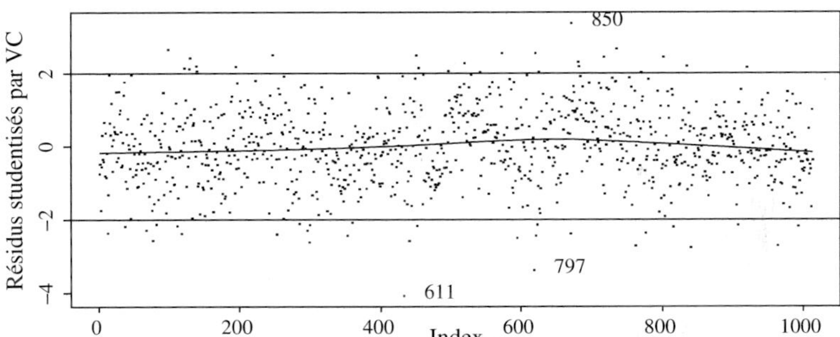

Fig. 4.9 – Résidus studentisés par VC du modèle de régression à 6 variables.

Les résidus studentisés (fig. 4.9) font apparaître une structuration presque négligeable en forme de sinusoïde en fonction du numéro des observations, ou du temps, les observations étant rangées par date de mesure. Cela peut paraître normal puisque nous avons des variables mesurées dans le temps et cette légère variation peut être vue comme une autocorrélation (éventuelle) des résidus.

Nous sommes en présence de 1014 observations, il est normal qu'un certain nombre de résidus apparaissent en dehors de la bande $(-2, 2)$. Seules les 3 observations franchement éloignées de l'axe horizontal (les numéros 611, 797 et 850) peuvent sembler aberrantes. Ces observations sont donc mal expliquées par le modèle à 6 variables.

Une analyse complémentaire sur ces journées pour mieux comprendre ces individus pourrait être entreprise : sont-ils dus à une erreur de mesure, à une défaillance de l'appareillage, à une journée exceptionnelle ou autre ? Ces points sont mal prédits mais ne sont pas forcément influents et ne faussent donc pas forcément le modèle. Il n'y a donc pas lieu de les éliminer même si l'on sait qu'ils sont mal expliqués.

Bien que nous n'utilisions pas l'hypothèse de normalité ici, nous pouvons tracer à titre d'exemple le graphique Quantile-Quantile.

```
> plot(mod.lin6v,which=2,sub="",main="")
> abline(0,1)
```

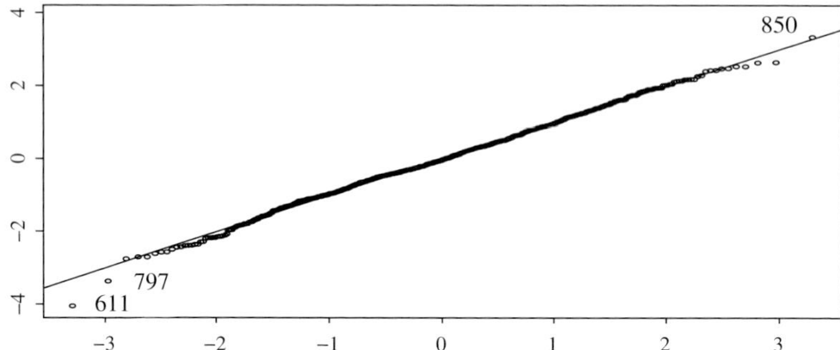

Fig. 4.10 – Q-Q plot pour le modèle à 6 variables explicatives.

Nous observons sur le graphique 4.10 que la normalité semble bien respectée, tous les points étant sur la première bissectrice. Nous apercevons encore les points aberrants numéros 611, 797 et 850.

Représentons maintenant les points leviers et influents.

```
> plot(cooks.distance(mod.lin6v),type="h",ylab="Distance de Cook")
> seuil1 <- qf(0.1,p,n-p) ; abline(h=seuil1)
> plot(infl.ozone.app$infmat[,"hat"],type="h",col="grey",ylab="hii")
> seuil1 <- 3*p/n ; abline(h=seuil1,col=1,lty=2)
> seuil2 <- 2*p/n ; abline(h=seuil2,col=1,lty=3)
```

En ce qui concerne les observations influentes (fig. 4.11), aucune observation ne montre une distance de Cook nettement supérieure aux autres et il ne semble pas y avoir d'observation très influente. Le seuil $f_{p,n-p}(0.1) = 0.4$ est supérieur à toutes les observations. Au niveau des points leviers, beaucoup d'individus sont supérieurs au seuil indicatif de $2p/n$, 8 seulement sont au-dessus du seuil de $3p/n$ et enfin aucun n'est aux environs de 0.5. De manière plus générale les h_{ii} sont peu différents les uns des autres, nous conservons toutes les observations.

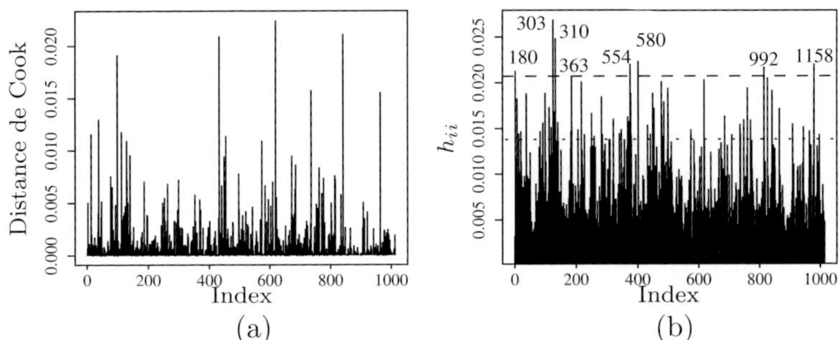

Fig. 4.11 – Distance de Cook (a) et points leviers (b).

Nous avons vu que le graphique d'ajustement global, résidus studentisés en fonction d'un indice, montre une légère oscillation. Cela peut être dû à une autocorrélation des résidus, donc une mauvaise structure de variance des résidus, qui n'est donc pas diagonale : $V(\varepsilon) \neq \sigma^2 I_n$. Cependant, cela peut aussi être dû à une mauvaise modélisation de la moyenne. Nous allons donc considérer les graphiques des résidus partiels pour toutes les variables explicatives.

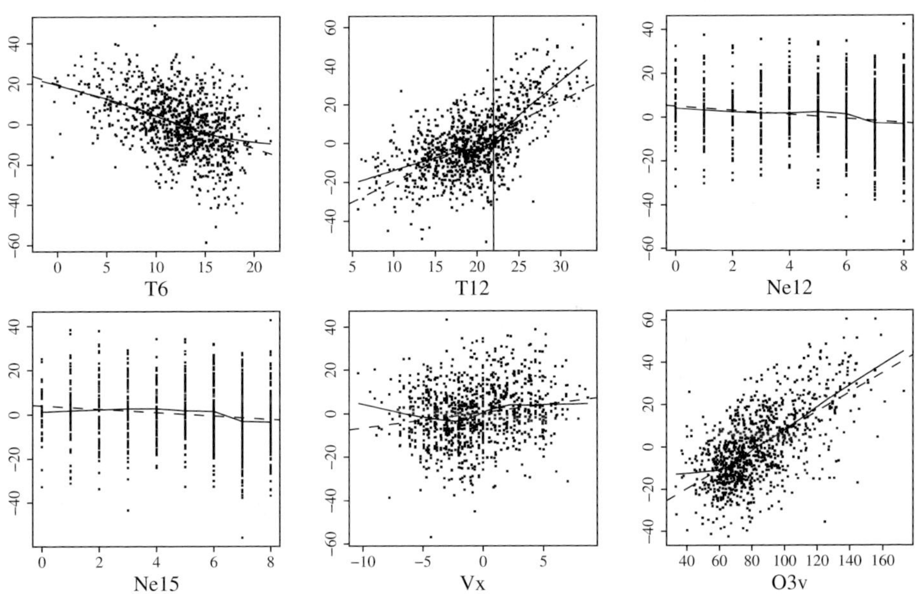

Fig. 4.12 – Résidus partiels pour les 6 variables explicatives. Le trait continu représente le résumé lissé des données par le lisseur `loess`.

Les graphiques des résidus partiels (fig. 4.12) pour les variables `T6`, `Ne12`, `Ne15` et `O3v` montrent qu'aucune transformation n'est nécessaire, les résidus partiels étant répartis le long de la droite ajustée (en pointillé).

Pour la variable `T12` on note que le nuage est réparti en deux sous-ensembles : avant 22 degrés C ou après. Chacun de ces deux sous-ensembles semble être réparti le long d'une droite de pente différente. Nous allons donc ajouter une variable qui va prendre la valeur 0 si T12$\leq$ 22 et les valeurs (T12-22) si T12$>$ 22. Le R^2 passe de 0.669 à 0.708. L'ajustement est donc grandement amélioré par cette variable.

Pour la variable Vx nous retrouvons une légère tendance sinusoïdale autour de l'axe des abscisses, indiquant que la variable Vx semble avoir peu d'influence. Si l'on ajuste une sinusoïde et que l'on remplace la variable Vx par la fonction $f(\text{Vx}) = -4.54\cos\{0.45(10.58 - \text{Vx})\}$, le R^2 passe à 0.713. Cependant, cette fonction ainsi que la fonction linéaire par morceau pour T12 *dépendent des données* et ne sont pas des fonctions fixées *a priori* avant le début de l'étude.

Le graphique des résidus partiels est obtenu grâce aux commandes suivantes (les ordres étant identiques pour chacune des variables, nous ne donnons que ceux concernant la variable O3v) :

```
> residpartiels <- resid(mod.lin6v,type="partial")
> prov <- loess(residpartiels[,"O3v"]~ozone.app$O3v)
> ordre <- order(ozone.app$O3v)
> plot(ozone.app$O3v,residpartiels[,"O3v"],pch=".",ylab="",xlab="")
> matlines(ozone.app$O3v[ordre],predict(prov)[ordre])
> abline(lsfit(ozone.app$O3v,residpartiels[,"O3v"]),lty=2)
```

Pour toutes les variables, les résidus partiels augmentés offrent exactement les mêmes représentations et ne sont donc pas représentés ici.

4.6   Exercices

Exercice 4.1 (Questions de cours)
1. Lors d'une régression multiple, la somme des résidus vaut zéro :
    A. toujours,
    B. jamais,
    C. cela dépend des variables explicatives utilisées.

2. Les résidus studentisés sont-ils
    A. homoscédastiques,
    B. hétéroscédastiques,
    C. on ne sait pas.

3. Un point levier peut-il être aberrant ?
    A. toujours,
    B. jamais,
    C. parfois.

4. Un point aberrant peut-il être levier ?
    A. toujours,
    B. jamais,
    C. parfois.

5. La distance de Cook est-elle basée sur un produit scalaire ?
    A. oui,
    B. non,
    C. cela dépend des données.

Exercice 4.2 (Propriétés d'une matrice de projection)
Considérons la matrice de projection orthogonale sur l'espace engendré par les colonnes de X P_X de terme courant h_{ij}, montrer que

1. $\text{tr}(P_X) = \sum h_{ii} = p$.

2. $\text{tr}(P_X) = \text{tr}(P_X P_X)$ c'est à dire $\sum_i \sum_j h_{ij}^2 = p$.

3. $0 \le h_{ii} \le 1$ pour tout i.

4. $-0.5 \le h_{ij} \le 0.5$ pour tout j différent de i.

5. Si $h_{ii} = 1$ alors $h_{ij} = 0$ pour tout j différent de i.

6. Si $h_{ii} = 0$, alors $h_{ij} = 0$ pour tout j différent de i.

Exercice 4.3 (Lemme d'inversion matricielle)
Soient M une matrice symétrique inversible de taille $p \times p$, u et v deux vecteurs de taille p. Montrer que

$$\left(M + uv'\right)^{-1} = M^{-1} - \frac{M^{-1}uv'M^{-1}}{1 + u'M^{-1}v}. \tag{4.4}$$

Exercice 4.4 (†Résidus studentisés)
Nous considérons la matrice du plan d'expérience X de taille $n \times p$. Nous notons x_i' la i^{e} ligne de la matrice X et $X_{(i)}$ la matrice X privée de la i^{e} ligne, de taille $(n-1) \times p$.

1. Montrer que $X'X = X'_{(i)}X_{(i)} + x_i x_i'$.

2. Montrer que $X'_{(i)}Y_{(i)} = X'Y - x_i'y_i$.

3. En vous servant de l'équation (4.4), montrer que

$$\left(X'_{(i)}X_{(i)}\right)^{-1} = (X'X)^{-1} + \frac{1}{1 - h_{ii}}(X'X)^{-1}x_i x_i'(X'X)^{-1},$$

   où h est le terme courant de la matrice de projection sur $\Im(X)$.

4. Montrer que la prévision de l'observation x_i vaut

$$\hat{y}_i^p = \frac{1}{1 - h_{ii}}\hat{y}_i - \frac{h_{ii}}{1 - h_{ii}}y_i.$$

5. Montrer que les résidus studentisés par validation croisée définis par :

$$t_i^* = \frac{\hat{\varepsilon}_i}{\hat{\sigma}_{(i)}\sqrt{1 - h_{ii}}},$$

   où $\hat{\sigma}_{(i)}$ est l'estimateur de σ dans le modèle privé de la i^{e} observation, peuvent s'écrire sous la forme

$$t_i^* = \frac{y_i - \hat{y}_i^p}{\hat{\sigma}_{(i)}\sqrt{1 + x_i'(X'_{(i)}X_{(i)})^{-1}x_i}}.$$

6. Sous l'hypothèse que $\varepsilon \sim \mathcal{N}(0, \sigma^2 I_n)$, quelle est la loi de t_i^* ?

Exercice 4.5 (Distance de Cook)
Nous reprenons les notations et résultats des exercices précédents.

1. Montrer que

$$\hat{\beta}_{(i)} = \hat{\beta} - \frac{1}{1 - h_{ii}} (X'X)^{-1} x_i (y_i - x_i' \hat{\beta}).$$

2. Montrer que la distance de Cook définie par

$$C_i = \frac{1}{p\hat{\sigma}^2} (\hat{\beta}_{(i)} - \hat{\beta})' X'X (\hat{\beta}_{(i)} - \hat{\beta}),$$

s'écrit aussi sous la forme

$$C_i = \frac{1}{p} \frac{h_{ii}}{1 - h_{ii}} \frac{\hat{\varepsilon}_i^2}{\hat{\sigma}^2 (1 - h_{ii})}.$$

Exercice 4.6 (Régression partielle)
Démontrer la proposition (4.1).

Chapitre 5

Régression sur variables qualitatives

5.1 Introduction

Jusqu'à présent, les variables explicatives étaient quantitatives continues. Or il arrive fréquemment que certaines variables explicatives soient des variables qualitatives. Dans ce cas, pouvons-nous appliquer la méthode des moindres carrés que nous venons de voir ?

Reprenons l'exemple des eucalyptus, nous avons mesuré 1429 couples circonférence-hauteur. Parmi ces 1429 arbres, 527 proviennent d'une partie du champ notée bloc A1, 586 proviennent d'une autre partie du champ notée bloc A2 et 316 proviennent de la dernière partie du champ notée bloc A3. Le tableau suivant donne les 2 premières mesures effectuées dans chaque bloc :

Individu	ht	circ	bloc
1	18.25	36	A1
2	19.75	42	A1
528	17.00	38	A2
529	18.50	46	A2
1114	17.75	36	A3
1115	19.50	45	A3

Tableau 5.1 – Mesures pour 6 eucalyptus de la hauteur et la circonférence et du bloc (`ht`, `circ` et `bloc`).

Nous avons dorénavant 2 variables explicatives : la circonférence et la provenance de l'arbre. Pouvons-nous effectuer une régression multiple ? Comment utiliser la variable `bloc` ? Dans cet exemple simple, nous pouvons représenter les données avec en abscisse la circonférence, en ordonnée la hauteur et en couleur (par exemple) la provenance :

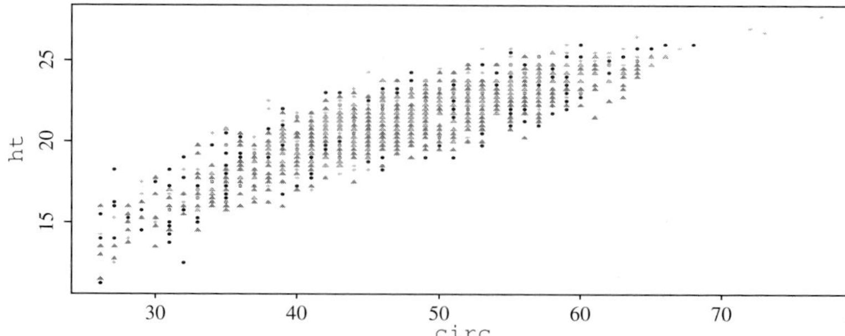

Fig. 5.1 – Nuage de points et régression simple pour chaque niveau de bloc. La provenance est représentée par un symbole (rond, triangle, +) différent.

La provenance pourrait avoir un effet sur la hauteur mais cela est difficile à observer. Afin d'intégrer la variable `bloc`, il faut commencer par la recoder car les calculs ne peuvent pas être effectués avec la variable en l'état. Chaque modalité est transformée en un vecteur d'indicatrice d'appartenance à la modalité :

$$\texttt{bloc} = A = \begin{bmatrix} \texttt{A1} \\ \texttt{A1} \\ \texttt{A2} \\ \texttt{A2} \\ \texttt{A3} \\ \texttt{A3} \end{bmatrix} \implies A_c = \begin{bmatrix} 1 & 0 & 0 \\ 1 & 0 & 0 \\ 0 & 1 & 0 \\ 0 & 1 & 0 \\ 0 & 0 & 1 \\ 0 & 0 & 1 \end{bmatrix}.$$

Ce codage, appelé codage disjonctif complet, remplace donc une variable admettant I modalités en I variables binaires[1]. Nous pouvons déjà remarquer que la somme des vecteurs colonnes de cette matrice A_c est égale au vecteur $\mathbb{1}$. En effet un individu i admet obligatoirement une modalité et une seule et possède donc toujours un unique 1 sur la i^e ligne de A_c.

Ce chapitre va traiter en détail l'analyse de la covariance[2], une variable Y est expliquée par une (ou des) variable(s) continue(s) et une (ou des) variable(s) qualitative(s). Puis nous présenterons rapidement l'analyse de la variance à un facteur (une variable Y est expliquée par une variable qualitative) et l'analyse de la variance à deux facteurs (deux variables qualitatives).

5.2   Analyse de la covariance

5.2.1   Introduction : exemple des eucalyptus

L'analyse de la hauteur des arbres en fonction de la circonférence et de la provenance est un exemple classique d'analyse de la covariance. Afin de la mener à bien, il faut introduire la variable `bloc`.

---

[1] Ces variables binaires sont appelées dummy variables en anglais, c'est-à-dire variables fictives.
[2] Nous noterons aussi cette analyse par l'acronyme anglo-saxon ANCOVA.

La démarche la plus naturelle consiste à effectuer trois régressions différentes, une pour chaque champ, cela donne en termes de modélisation

$$
\begin{aligned}
y_{i,A1} &= \alpha_{A1} + \gamma_{A1}x_{i,A1} + \varepsilon_{i,A1} & i = 1,\dots,527 &\quad \text{bloc } A1 \\
y_{i,A2} &= \alpha_{A2} + \gamma_{A2}x_{i,A2} + \varepsilon_{i,A2} & i = 1,\dots,586 &\quad \text{bloc } A2 \\
y_{i,A3} &= \alpha_{A3} + \gamma_{A3}x_{i,A3} + \varepsilon_{i,A3} & i = 1,\dots,316 &\quad \text{bloc } A3,
\end{aligned}
$$

ou de manière simplifiée

$$
y_{i,j} = \alpha_j + \gamma_j x_{i,j} + \varepsilon_{i,j} \quad i = 1,\dots,n_j \ \text{champ } j \ j = A1, A2, A3. \tag{5.1}
$$

Pour chaque modèle, il suffit d'effectuer une régression simple.

Cependant, imaginons que nous savons que la circonférence intervient de la même façon dans chaque parcelle, c'est-à-dire que la pente est identique d'un champ à un autre. Les droites de régression sont donc parallèles. Cela donne graphiquement

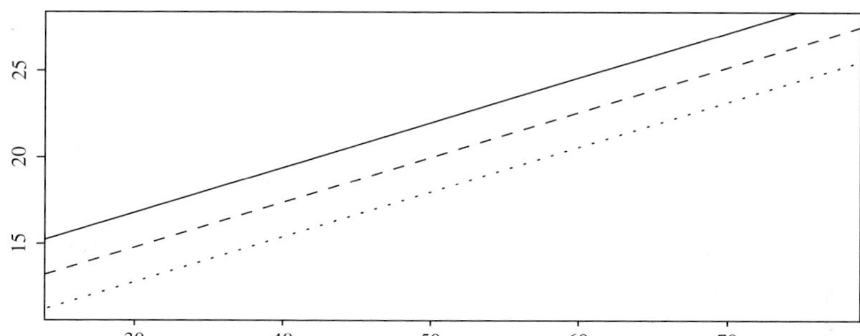

Fig. 5.2 – 3 droites de régression fictives parallèles.

et en termes de modélisation

$$
\begin{aligned}
y_{i,A1} &= \alpha_{A1} + \gamma\, x_{i,A1} + \varepsilon_{i,A1} & i = 1,\dots,527 &\quad \text{bloc } A1 \\
y_{i,A2} &= \alpha_{A2} + \gamma\, x_{i,A2} + \varepsilon_{i,A2} & i = 1,\dots,586 &\quad \text{bloc } A2 \\
y_{i,A3} &= \alpha_{A3} + \gamma\, x_{i,A3} + \varepsilon_{i,A3} & i = 1,\dots,316 &\quad \text{bloc } A3.
\end{aligned}
$$

Nous pouvons écrire de manière simplifiée

$$
y_{i,j} = \alpha_j + \gamma\, x_{i,j} + \varepsilon_{i,j} \quad i = 1,\dots,n_j \ \text{champ } j \ j = A1, A2, A3. \tag{5.2}
$$

Si nous savons que l'ordonnée à l'origine est la même pour chaque parcelle et que seule la pente change, nous obtenons graphiquement

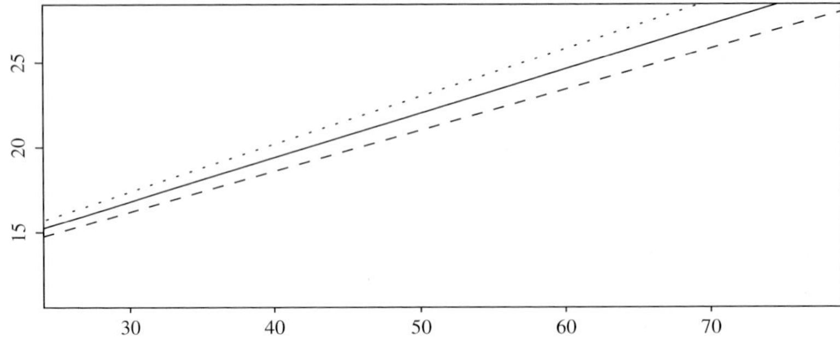

Fig. 5.3 – 3 droites de régression fictives ayant la même ordonnée à l'origine.

et en terme de modélisation

$$y_{i,j} \;=\; \alpha + \gamma_j x_{i,j} + \varepsilon_{i,j} \;\; i = 1, \ldots, n_j \text{ champ } j \; j = A1, A2, A3. \qquad (5.3)$$

Le coefficient γ dans le modèle (5.2) est le même dans tous les blocs. Si nous effectuons trois régressions distinctes, comment trouverons-nous la même estimation de γ ? De même, comment allons-nous procéder pour obtenir le même estimateur de α dans chaque population en effectuant trois régressions distinctes dans le modèle (5.3) ? Il semble raisonnable de n'effectuer qu'une seule régression mais avec des coefficients qui peuvent différer (ou non) selon les blocs.

5.2.2   Modélisation du problème

Nous traitons dans cette section le cas simple où nous disposons de deux variables explicatives : une variable quantitative notée X (dans l'exemple de l'eucalyptus X correspond à `circ`) et une variable qualitative notée A admettant I modalités dont le codage disjonctif est notée A_c (dans l'exemple de l'eucalyptus, la variable est `bloc` admettant 3 modalités et A_c est alors une matrice de taille 1429×3). Nous noterons X_c la matrice composée de n lignes et I colonnes où la $\mathrm{j^e}$ colonne de X_c correspond à la valeur de X lorsque les individus appartiennent à la modalité j, cela correspond au produit terme à terme de X avec chaque colonne de A_c.

$$circ = X = \begin{bmatrix} 36 \\ 42 \\ 38 \\ 46 \\ 36 \\ 45 \end{bmatrix} \implies X_c = \begin{bmatrix} 36 & 0 & 0 \\ 42 & 0 & 0 \\ 0 & 38 & 0 \\ 0 & 46 & 0 \\ 0 & 0 & 36 \\ 0 & 0 & 45 \end{bmatrix}.$$

La matrice X_c correspond à l'interaction entre X et A. Pour chaque niveau j de la variable qualitative, nous observons n_j individus et les valeurs correspondantes de la variable X sont notées $x_{1j}, \cdots, x_{n_j j}$. De la même manière nous notons les valeurs de la variable à expliquer $y_{1j}, \cdots, y_{n_j j}$. Le nombre total d'observations vaut $n = \sum_{i=1}^{I} n_i$.

Ecrivons matriciellement les trois modélisations proposées.

1. Soit nous considérons pour chaque niveau de la variable qualitative un modèle de régression (modèle 5.1), cela revient à analyser l'interaction entre les variables X et A, le modèle s'écrit alors

$$Y = A_c\alpha + X_c\gamma + \varepsilon. \tag{5.4}$$

Nous avons 7 paramètres à estimer (α et γ sont des vecteurs à 3 coordonnées) et σ est un scalaire correspondant à l'écart-type du bruit.

2. Soit nous considérons que la variable X intervient de la même façon quels que soient les niveaux de la variable A (la pente de la droite est toujours la même) et la variable A intervient seulement sur le niveau (l'ordonnée à l'origine de la droite de régression). Le modèle s'écrit alors

$$Y = A_c\alpha + X\gamma + \varepsilon. \tag{5.5}$$

Nous avons 5 paramètres à estimer (α est un vecteur à 3 coordonnées) et γ et σ sont des scalaires. Remarquons qu'ici l'interaction avec A ne se fait plus avec X, les pentes étant identiques. Cependant les ordonnées à l'origine étant différentes selon les niveaux de A, il subsiste une interaction entre A et la variable $\mathbb{1}$ de la régression (appelée en anglais et dans les logiciels `intercept`).

3. Soit nous considérons que la variable A intervient uniquement sur la pente et donc que l'ordonnée à l'origine ne change pas. Le modèle s'écrit

$$Y = \mathbb{1}\alpha + X_c\gamma + \varepsilon. \tag{5.6}$$

Nous avons 5 paramètres à estimer (γ est un vecteur à 3 coordonnées) et α et σ sont des scalaires.

Le choix du modèle (5.4) ou (5.5) ou (5.6) dépend du problème posé. Nous préconisons de commencer par le modèle le plus général (5.4) puis, si les pentes sont les mêmes, de passer au modèle simple (5.5) ou, si les ordonnées à l'origine sont les mêmes, de passer au modèle simple (5.6). Les modèles étant emboîtés, il est possible de tester un modèle contre un autre.

En pratique, avant d'effectuer une modélisation, il est préférable de représenter le nuage des points (X, Y) en couleur, où chaque couleur représente une modalité de la variable A. Cette représentation permet de se faire une idée des effets respectifs des différentes variables.

Remarque

Si nous additionnons toutes les colonnes de A_c nous obtenons le vecteur $\mathbb{1}$, la matrice $(\mathbb{1}, A_c)$ n'est pas de plein rang. De la même manière si nous additionnons toutes les colonnes de X_c nous obtenons la variable X, la matrice (X, X_c) n'est pas de plein rang. Dans ces cas, l'hypothèse $\mathcal{H}_1$ n'est pas vérifiée. Le projeté $\hat{Y}$ sur l'espace engendré par les colonnes de $(\mathbb{1}, A_c, X, X_c)$ existe, est unique mais son écriture en fonction des vecteurs (vecteurs colonnes) engendrant l'espace ne l'est pas. Nous aborderons dans la partie analyse de la variance de ce chapitre les différentes manières de procéder.

Les trois modèles que nous venons de voir peuvent s'écrire de manière générique

$$Y \;=\; X\beta + \varepsilon$$

où X est de taille respective $n \times 2I$ (5.4), et $n \times (I+1)$ dans les autres cas. Nous avons la propriété suivante (cf. exercice 5.2) :

Proposition 5.1
L'estimateur des MC de β est obtenu dans le modèle (5.4) en effectuant une régression simple pour chaque niveau i de la variable qualitative A. L'estimateur des MC de σ^2 est

$$\hat{\sigma}^2 = \frac{1}{n-2I} \sum_{j=1}^{I} \sum_{i=1}^{n_i} (y_{ij} - \hat{y}_{ij})^2.$$

Remarquons que, même si l'estimateur des MC de β peut être obtenu en effectuant une régression simple pour chaque niveau i de la variable A, l'analyse de la covariance suppose l'égalité des variances des erreurs pour chacun des niveaux i de la variable A. Il n'en va pas de même pour les I régressions simples où les modèles ne sont pas contraints à avoir la même variance et où l'on aura donc I variances d'erreurs différentes.

5.2.3   Hypothèse gaussienne

Sous l'hypothèse de normalité des résidus, nous pouvons tester toutes les hypothèses linéaires possibles. Les modèles (5.5) et (5.6) sont emboîtés dans le modèle général (5.4). Un des principaux objectifs de l'analyse de la covariance est de *savoir si les variables explicatives influent sur la variable à expliquer*. Les deux premiers tests que nous effectuons sont

1. le test d'égalité des pentes

$$\mathrm{H}_0 \quad : \quad \gamma_1 = \cdots = \gamma_I = \gamma \qquad \mathrm{H}_1 \quad : \quad \exists (i,j) : \gamma_i \neq \gamma_j$$

    Cela revient à tester le modèle (5.5) contre (5.4).

2. Le test d'égalité des ordonnées à l'origine

$$\mathrm{H}_0 \quad : \quad \alpha_1 = \cdots = \alpha_I = \alpha \qquad \mathrm{H}_1 \quad : \quad \exists (i,j) : \alpha_i \neq \alpha_j$$

    Cela revient à tester le modèle (5.6) contre (5.4).

La statistique de test vaut donc (théorème 3.2 p. 56)

$$F = \frac{\|\hat{Y} - \hat{Y}_0\|^2/(I-1)}{\|Y - \hat{Y}\|^2/(n-2I)}.$$

L'hypothèse H_0 sera rejetée en faveur de H_1 si l'observation de la statistique F est supérieure à $f_{I-1,n-I}(1-\alpha)$ et nous conclurons à l'effet du facteur explicatif.

Pour résumer, nous partons donc du modèle complet

$$Y = A_c\alpha + X_c\gamma + \varepsilon.$$

et acceptons
– soit

$$Y = A_c\alpha + X\gamma + \varepsilon.$$

Nous pouvons alors soit tester la nullité de la pente (la variable quantitative X n'apporte pas d'information quant à l'explication de la variable Y) soit l'égalité des différentes α_i (la variable qualitative A n'apporte pas d'information quant à l'explication de la variable Y).
– soit

$$Y = \mathbb{1}\alpha + X_c\gamma + \varepsilon.$$

Nous pouvons alors tester l'égalité des pentes (la variable qualitative A n'apporte pas d'information quant à l'explication de la variable Y).

5.2.4   Exemple : la concentration en ozone

Nous souhaitons expliquer la concentration en ozone O3 en fonction de la température T12 et de la direction du vent vent, variable qualitative prenant 4 modalités : NORD, SUD, EST et OUEST. Nous commençons cette étude par l'analyse graphique.

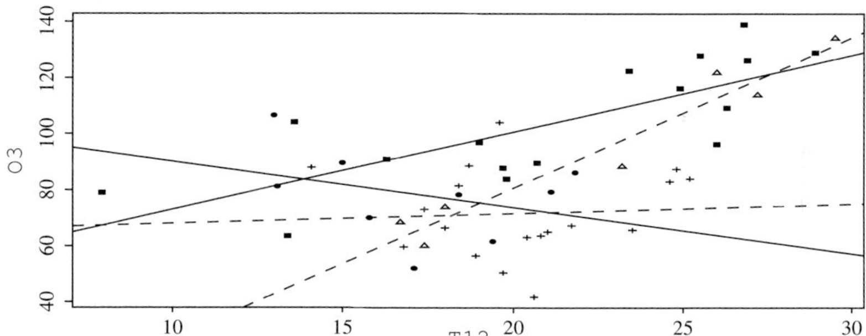

Fig. 5.4 – Nuage de points et régression simple pour chaque niveau de vent. Le niveau de vent est représenté par un symbole (rond, triangle, +, carré) différent.

Les pentes des différentes régressions sont différentes, il semble que la modélisation de la concentration de l'ozone en fonction de la température dépend de la variable vent. Pour obtenir le graphique (5.4), nous utilisons les commandes suivantes :

```
> ozone <- read.table("ozone.txt",header=T,sep=";")
> plot(ozone[,"T12"],ozone[,"O3"],pch=as.numeric(ozone[,"vent"]),
+       col=as.numeric(ozone[,"vent"]))
```

```
> a1 <- lm(O3~T12,data=ozone[ozone[,"vent"]=="EST",])
> a2 <- lm(O3~T12,data=ozone[ozone[,"vent"]=="NORD",])
> a3 <- lm(O3~T12,data=ozone[ozone[,"vent"]=="OUEST",])
> a4 <- lm(O3~T12,data=ozone[ozone[,"vent"]=="SUD",])
> abline(a1,col=1)
> abline(a2,col=2)
> abline(a3,col=3)
> abline(a4,col=4)
```

Le modèle avec interaction (5.4) s'écrit

```
> mod1b <- lm(formula = O3 ~ -1 + vent + T12:vent, data = ozone)
```

Nous enlevons la constante en écrivant -1. Ensuite il faut conserver une ordonnée à l'origine différente pour chacune des modalités du vent, ce qui est représenté par le facteur **vent** (ou une interaction de la variable 1 avec **vent**). Ensuite nous ajoutons un coefficient directeur différent pour chacune des modalités du vent, ce qui est représenté par la variable **T12** en interaction avec **vent**.Cela donne :

```
> summary(mod1b)
Coefficients:
```

	Estimate	Std. Error	t value	Pr(>|t|)	
ventEST	45.6090	13.9343	3.273	0.002133	**
ventNORD	106.6345	28.0341	3.804	0.000456	***
ventOUEST	64.6840	24.6208	2.627	0.011967	*
ventSUD	-27.0602	26.5389	-1.020	0.313737	
ventEST:T12	2.7480	0.6342	4.333	8.96e-05	***
ventNORD:T12	-1.6491	1.6058	-1.027	0.310327	
ventOUEST:T12	0.3407	1.2047	0.283	0.778709	
ventSUD:T12	5.3786	1.1497	4.678	3.00e-05	***

Si, dans l'écriture du modèle, la constante est conservée, le logiciel va prendre comme cellule de référence la première cellule (définie par ordre lexicographique). Cela donne :

```
> mod1 <- lm(formula = O3 ~ vent + T12:vent, data = ozone)
> summary(mod1)
Coefficients:
```

	Estimate	Std. Error	t value	Pr(>|t|)	
(Intercept)	45.6090	13.9343	3.273	0.00213	**
ventNORD	61.0255	31.3061	1.949	0.05796	.
ventOUEST	19.0751	28.2905	0.674	0.50384	
ventSUD	-72.6691	29.9746	-2.424	0.01972	*
ventEST:T12	2.7480	0.6342	4.333	8.96e-05	***
ventNORD:T12	-1.6491	1.6058	-1.027	0.31033	
ventOUEST:T12	0.3407	1.2047	0.283	0.77871	
ventSUD:T12	5.3786	1.1497	4.678	3.00e-05	***

Les coefficients des ordonnées à l'origine sont des effets différentiels par rapport à la cellule de référence (ici ventEST), exemple 61.02+45.60=106.62 valeur de ventNord dans l'écriture précédente.

Le modèle avec une seule pente (5.5) peut s'écrire

```
> mod2 <- lm(formula = O3 ~ vent + T12, data = ozone)
> mod2b <- lm(formula = O3 ~ -1 + vent + T12, data = ozone)
```

Le modèle avec une seule ordonnée à l'origine (5.6) peut s'écrire

```
> mod3 <- lm(formula = O3 ~ vent:T12, data = ozone)
```

Afin de choisir la meilleure modélisation,

1. **Egalité des pentes** : nous effectuons un test entre le modèle (5.5) et (5.4) grâce à la commande

   ```
   > anova(mod2,mod1)
   Analysis of Variance Table
   Model 1: O3 ~ T12 + vent
   Model 2: O3 ~ vent + T12:vent
     Res.Df      RSS Df Sum of Sq      F   Pr(>F)
   1     45  12612.0
   2     42   9087.4  3    3524.5 5.4298 0.003011 **
   ```

   Nous concluons donc à l'effet du vent sur les pentes comme nous le suggérait la figure 5.4. Nous aurions obtenu les mêmes résultats avec mod2b contre mod1, ou mod2 contre mod1b ou encore mod2b contre mod1b.

2. **Egalité des ordonnées à l'origine** : nous effectuons un test entre le modèle (5.6) et (5.4) grâce à la commande

   ```
   > anova(mod3,mod1)
   Analysis of Variance Table
   Model 1: O3 ~ vent:T12
   Model 2: O3 ~ vent + T12:vent
     Res.Df      RSS Df Sum of Sq      F  Pr(>F)
   1     45  11864.1
   2     42   9087.4  3    2776.6 4.2776 0.01008 *
   ```

   Nous concluons donc à l'effet du vent sur les ordonnées à l'origine comme nous le suggérait la figure 5.4.

Enfin, le graphique de résidus (fig. 5.5) obtenu avec

```
> plot(rstudent(mod2)~fitted(mod2),xlab="ychap",ylab="residus")
```

ne fait apparaître ni structure ni point aberrant.

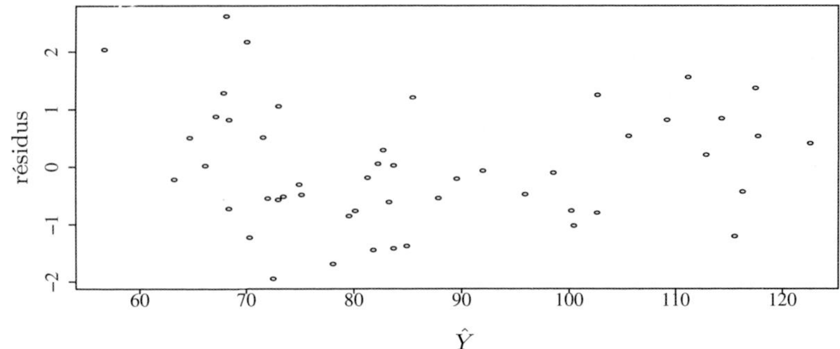

Fig. 5.5 – Résidus studentisés du modèle 1.

En revanche, si on analyse la structure des résidus par modalité de `Vent`

```
> xyplot(rstudent(mod2)~fitted(mod2)|vent,data=ozone,ylab="residus")
```

on constate une structuration des résidus pour la modalité `SUD`. Cependant cette structuration n'est constatée qu'avec 7 individus, ce qui semble trop peu pour que cette conclusion soit fiable.

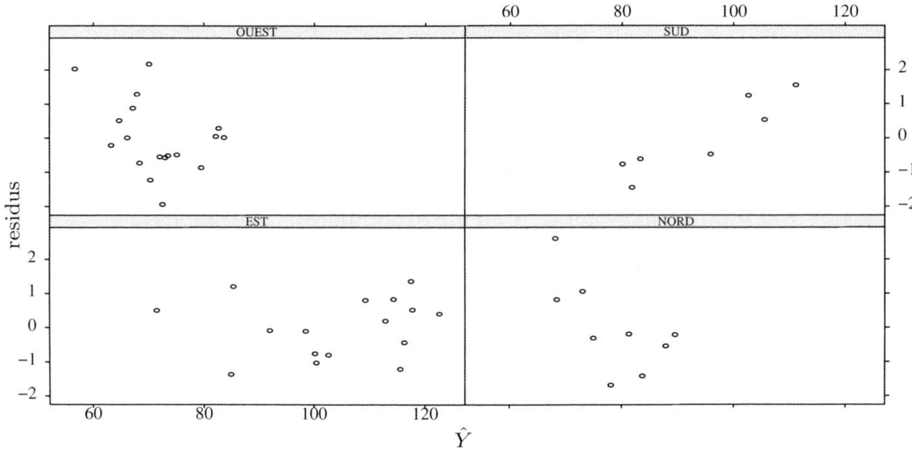

Fig. 5.6 – Résidus studentisés du modèle 1 (ou 1b) par niveau de vent.

Remarque

Pour l'exemple de l'ozone, nous conservons donc le modèle complet. Il faut faire attention à l'écriture du modèle en langage « logiciel ». L'écriture logique du point de vue du logiciel consiste à écrire

```
> mod <- lm(formula = O3 ~ vent + T12 + T12:vent, data = ozone)
```

En effet, nous utilisons bien les 3 variables `vent`, `T12` et leur interaction. En écrivant de cette manière, la matrice X du modèle est composée de 1, A_c, T12 et de $T12_c$. Cette matrice n'est pas de plein rang. Le logiciel, pour pouvoir inverser cette matrice, doit imposer des contraintes (que nous verrons plus en détails dans la suite de ce chapitre). Le logiciel R va prendre comme cellule de référence la première cellule[3] (définie par ordre lexicographique) et calculer des effets différentiels par rapport à cette cellule. Sur l'exemple de l'ozone la cellule de référence va être EST et nous obtenons

```
> mod0 <- lm(formula = O3 ~ vent +T12 + T12:vent, data = ozone)
> summary(mod0)
Coefficients:
                Estimate Std. Error t value Pr(>|t|)
(Intercept)      45.6090    13.9343   3.273  0.00213 **
ventNORD         61.0255    31.3061   1.949  0.05796 .
ventOUEST        19.0751    28.2905   0.674  0.50384
ventSUD         -72.6691    29.9746  -2.424  0.01972 *
T12               2.7480     0.6342   4.333 8.96e-05 ***
ventNORD:T12     -4.3971     1.7265  -2.547  0.01462 *
ventOUEST:T12    -2.4073     1.3614  -1.768  0.08429 .
ventSUD:T12       2.6306     1.3130   2.004  0.05160 .
```

Intercept et T12 sont bien les valeurs de l'ordonnée à l'origine et de la pente pour le vent d'EST.

5.2.5   Exemple : la hauteur des eucalyptus

Nous commençons par le modèle complet obtenu grâce aux commandes

```
> eucalypt[,"bloc"] <- as.factor(eucalypt[,"bloc"])
> m.complet <- lm(ht~bloc-1+bloc:circ,data=eucalypt)
```

qui correspond au modèle

$$y_{i,j} \;=\; \alpha_j + \gamma_j x_{i,j} + \varepsilon_{i,j} \quad i = 1,\ldots,n_j \quad \text{champ} \quad j \quad j = A1, A2, A3$$

puis nous estimons les paramètres dans le modèle admettant une pente commune quelle que soit l'origine des eucalyptus

$$y_{i,j} \;=\; \alpha_j + \gamma\, x_{i,j} + \varepsilon_{i,j} \quad i = 1,\ldots,n_j \quad \text{champ} \quad j \quad j = A1, A2, A3$$

grâce à la commande

```
> m.pente <- lm(ht~bloc-1+circ,data=eucalypt)
```

Nous estimons également les paramètres dans le modèle où nous supposons que l'origine de l'arbre influence la pente uniquement

$$y_{i,j} \;=\; \alpha + \gamma_j x_{i,j} + \varepsilon_{i,j} \quad i = 1,\ldots,n_j \quad \text{champ} \quad j \quad j = A1, A2, A3$$

via la commande

---

[3] Dans certaine proc SAS utilise la dernière cellule comme cellule de référence.

```
> m.ordonne <- lm(ht~bloc:circ,data=eucalypt).
```

Les deux derniers modèles sont emboîtés dans le premier. Nous pouvons tester

1. L'égalité des pentes

```
> anova(m.pente,m.complet)
Analysis of Variance Table
Model 1: ht ~ bloc - 1 + circ
Model 2: ht ~ bloc - 1 + bloc:circ
  Res.Df      RSS   Df Sum of Sq      F Pr(>F)
1   1425 2005.90
2   1423 2005.05    2      0.85 0.3007 0.7403
```

Nous conservons le modèle avec une seule pente.

2. L'égalité des ordonnées

```
> anova(m.ordonne,m.complet)
Analysis of Variance Table
Model 1: ht ~ bloc:circ
Model 2: ht ~ bloc - 1 + bloc:circ
  Res.Df      RSS   Df Sum of Sq      F Pr(>F)
1   1425 2009.21
2   1423 2005.05    2      4.16 1.4779 0.2285
```

Nous conservons le modèle avec une seule ordonnée à l'origine.

Nous avons donc le choix entre les 2 modèles

$$
\begin{aligned}
y_{i,j} &= \alpha + \gamma_j x_{i,j} + \varepsilon_{i,j} \quad i = 1,\ldots,n_j \quad \text{champ } j \quad j = A1, A2, A3 \\
y_{i,j} &= \alpha_j + \gamma x_{i,j} + \varepsilon_{i,j} \quad i = 1,\ldots,n_j \quad \text{champ } j \quad j = A1, A2, A3.
\end{aligned}
$$

Ces modèles ne sont pas emboîtés. Cependant nous estimons le même nombre de paramètres (4) et nous pouvons donc comparer ces modèles *via* leur R^2. Nous choisissons le modèle avec une pente. Pour terminer cette étude, nous comparons le modèle retenu avec le modèle de régression simple, c'est-à-dire le modèle où l'origine n'intervient pas

$$
y_{i,j} = \alpha + \gamma x_{i,j} + \varepsilon_{i,j} \quad i = 1,\ldots,n_j \quad \text{champ } j \quad j = A, B, C.
$$

```
> m.simple <- lm(ht~circ,data=eucalypt)
> anova(m.simple,m.pente)
Analysis of Variance Table

Model 1: ht ~ circ
Model 2: ht ~ bloc - 1 + circ
  Res.Df      RSS   Df Sum of Sq      F    Pr(>F)
1   1427 2052.08
2   1425 2005.90    2     46.19 16.406 9.03e-08 ***
```

Nous conservons le modèle avec des ordonnées différentes à l'origine selon le bloc mais une même pente. Pour terminer cette étude, analysons les résidus studentisés.

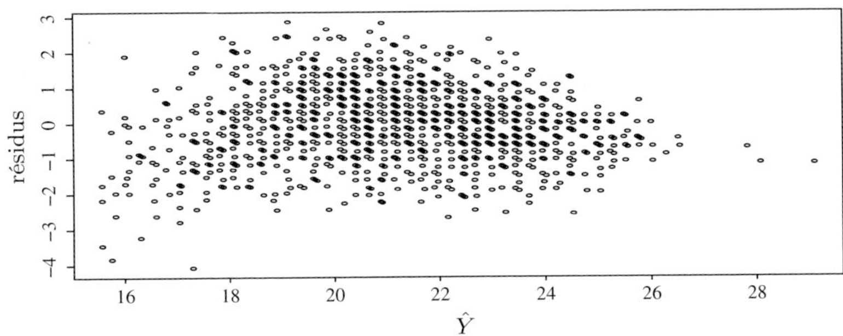

Fig. 5.7 – Résidus studentisés du modèle avec des pentes identiques.

5.3 Analyse de la variance à 1 facteur

5.3.1 Introduction

Nous modélisons la concentration d'ozone en fonction du vent (4 secteurs donc 4 modalités). Dans le tableau suivant figurent les valeurs des 10 premièrs individus du tableau de données.

individu	1	2	3	4	5	6	7	8	9	10
O_3	64	90	79	81	88	68	139	78	114	42
Vent	E	N	E	N	O	S	E	N	S	O

Tableau 5.2 – Tableau des données brutes.

La première analyse à effectuer est une représentation graphique des données. Les boîtes à moustaches (boxplots) de la variable Y par cellule semblent les plus adaptées à l'analyse.

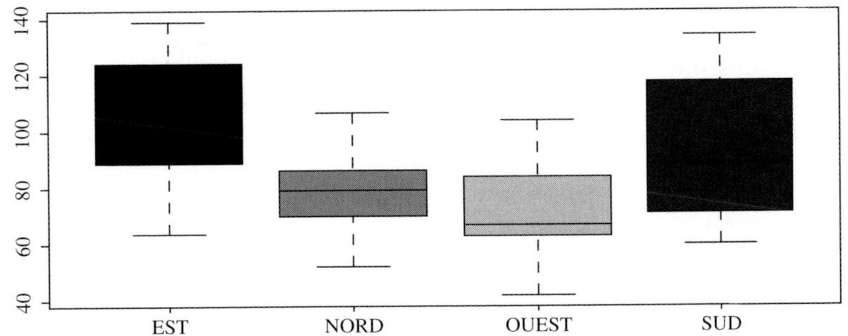

Fig. 5.8 – Boxplot de la variable O3 en fonction du vent (4 modalités).

Au vu de ce graphique, il semblerait que le vent ait une influence sur la valeur de la concentration d'ozone. La concentration est plus élevée en moyenne lorsque le vent vient de l'EST et au contraire moins élevée lorsque le vent vient de la mer (NORD et OUEST). Afin de préciser cette hypothèse, nous allons construire une analyse de la variance à un facteur explicatif : le vent.

5.3.2 Modélisation du problème

Dans ce cas simple, nous avons une variable explicative et une variable à expliquer et nous voulons expliquer la concentration d'ozone par le vent. Ce cas est appelé analyse de variance[4] à un facteur, qui est la variable qualitative explicative. Nous remplaçons la variable A par son codage disjonctif complet, c'est-à-dire que nous remplaçons le vecteur A par $I = 4$ vecteurs $\mathbb{1}_{\text{NORD}}, \mathbb{1}_{\text{SUD}}, \mathbb{1}_{\text{EST}}, \mathbb{1}_{\text{OUEST}}$ indiquant l'appartenance aux modalités NORD, SUD, EST ou OUEST. Ces quatre vecteurs sont regroupés dans la matrice $A_c = (\mathbb{1}_{\text{NORD}}, \mathbb{1}_{\text{SUD}}, \mathbb{1}_{\text{EST}}, \mathbb{1}_{\text{OUEST}})$. Le modèle de régression s'écrit alors sous forme matricielle

$$Y = \mu\mathbb{1} + A_c\alpha + \varepsilon. \tag{5.7}$$

La variable qualitative A engendre une partition des observations en I groupes (ici 4) souvent appelés cellules. La i^{e} cellule est constituée des n_i observations de la variable à expliquer Y admettant le caractère i de la variable explicative. Nous avons au total n observations avec $n = \sum_{i=1}^{I} n_i$. Les données sont ainsi regroupées en cellules selon le tableau suivant :

Vent	NORD	SUD	EST	OUEST
	90	68	64	88
O_3	81	114	79	42
	78		139	

Tableau 5.3 – Tableau des données brutes regroupées par cellule.

Classiquement, en analyse de la variance, on utilise des tableaux de la forme (5.3). Dans ce tableau, la notation des n individus ne se fait pas classiquement de 1 à n. En effet, doit-on lire l'ordre des individus dans le sens des lignes du tableau ou dans le sens des colonnes ? Par convention, la valeur y_{ij} correspond au j^{e} individu de la cellule i. Les individus ne seront donc plus numérotés de 1 à n mais suivant le schéma $(1,1), (1,2), \cdots, (1,n_1), (2,1), (2,2), \cdots, (I,1), \cdots, (I,n_I)$ pour bien insister sur l'appartenance de l'individu à la modalité i qui varie de 1 à I.
Le modèle précédent

$$y_i = \mu + \alpha_1 A_{1i} + \alpha_2 A_{2i} + \alpha_3 A_{3i} + \alpha_4 A_{4i} + \varepsilon_i,$$

s'écrit alors avec ces notations

$$y_{ij} = \mu + \alpha_i + \varepsilon_{ij}.$$

---

[4]Nous utiliserons aussi l'acronyme anglo-saxon ANOVA (analysis of variance) qui est très répandu en statistiques.

Revenons à l'écriture matricielle

$$Y = \mu\mathbb{1} + A_c\alpha + \varepsilon$$
$$= X\beta + \varepsilon.$$

Si nous additionnons toutes les colonnes de A_c nous obtenons le vecteur $\mathbb{1}$, la matrice $X = (\mathbb{1}, A_c)$ n'est pas de plein rang et l'hypothèse $\mathcal{H}_1$ n'est pas vérifiée. Remarquons que cela entraîne que $(\mathbb{1}, A_c)'(\mathbb{1}, A_c)$ n'est pas de plein rang et nous ne pouvons pas calculer son inverse directement. Nous ne pouvons donc pas appliquer directement au modèle (5.7) les résultats des trois chapitres précédents.

Peut-on estimer μ et α ou plus exactement peut-on déterminer μ et α de manière unique? En termes statistiques le modèle est-il identifiable?
– Posons $\widetilde{\mu} = \mu + 1024$ et $\widetilde{\alpha}_i = \alpha_i - 1024$ pour $i = 1, \cdots, I$, nous avons alors

$$y_{ij} = \widetilde{\mu} + \widetilde{\alpha}_i + \varepsilon_{ij} = \mu + \alpha_i + \varepsilon_{ij}.$$

Deux valeurs différentes des paramètres donnent les mêmes valeurs pour Y, donc le modèle est non identifiable. En conséquence, nous ne pouvons pas estimer sans biais μ ou les α_i ; μ et α_i peuvent prendre des valeurs arbitrairement petites ou grandes sans que cela ne change Y[5].
– Si le modèle n'est pas identifiable, la matrice X n'est pas de plein rang, c'est-à-dire que le noyau de X, noté $\ker(X) = \{\gamma \in \mathbb{R}^p : X\gamma = 0\}$ est différent de $\{0\}$. Choisissons un élément du noyau, $\beta^\dagger$, nous avons alors $X\beta^\dagger = 0$. Considérons β, le vecteur inconnu de coefficients solution du modèle $Y = X\beta + \varepsilon$, or $X\beta^\dagger = 0$, nous avons également $Y = X\beta + \varepsilon + X\beta^\dagger = X(\beta + \beta^\dagger) + \varepsilon$. Le vecteur $\beta + \beta^\dagger$ est donc également solution et il n'y a donc pas unicité.

Identifiabilité et contraintes

Afin d'obtenir des estimateurs uniques, ou de façon équivalente un modèle identifiable, la méthode la plus classique consiste à se donner des contraintes. D'autres méthodes peuvent aussi être utilisées et nous invitons le lecteur intéressé à se reporter au paragraphe 5.6. Ici nous aurons besoin d'une contrainte linéaire sur les coefficients de la forme $\sum_{j=1}^p a_j\beta_j = 0$ où les $\{a_j\}$ sont à choisir. Avec cette contrainte vérifiée, une fois estimés $p - 1 = I$ coefficients, le dernier se déduit des autres grâce à la contrainte.

Ces contraintes linéaires sont appelées contraintes identifiantes et voici les plus classiques :
– choisir $\mu = 0$, cela correspond à supprimer la colonne $\mathbb{1}$ et donc poser $X = A_c$;
– choisir un des $\alpha_i = 0$, la cellule i sert de cellule de référence (SAS ou R) ;
– choisir $\sum n_i\alpha_i = 0$, la contrainte d'orthogonalité. Lorsque le plan est équilibré (les n_i sont tous égaux) cette contrainte devient $\sum \alpha_i = 0$;

---

[5]SAS met alors un B devant la valeur des estimateurs.

– choisir $\sum \alpha_i = 0$, contrainte parfois utilisée par certains logiciels. Cette contrainte représente l'écart au coefficient constant μ. Remarquons toutefois qu'à l'image de la régression simple, le coefficient constant μ n'est en général pas estimé par la moyenne empirique générale $\bar{y}$ sauf si le plan est équilibré.

5.3.3   Estimation des paramètres

Proposition 5.2

Soit le modèle d'analyse de la variance à un facteur

$$y_{ij} = \mu + \alpha_i + \varepsilon_{ij}.$$

1. *Sous la contrainte $\mu = 0$, qui correspond à $y_{ij} = \alpha_i + \varepsilon_{ij}$, les estimateurs des moindres carrés des paramètres inconnus sont :*

$$\hat{\alpha}_i = \bar{y}_i.$$

   Les $\hat{\alpha}_i$ correspondent à la moyenne de la cellule.

2. *Sous la contrainte $\alpha_1 = 0$, qui correspond à $y_{ij} = \mu + \alpha_i + \varepsilon_{ij}$, les estimateurs des moindres carrés des paramètres inconnus sont :*

$$\hat{\mu} = \bar{y}_1 \quad et \quad \hat{\alpha}_i = \bar{y}_i - \bar{y}_1.$$

   La première cellule sert de référence. Le coefficient $\hat{\mu}$ est donc égal à la moyenne empirique de la cellule de référence, les $\hat{\alpha}_i$ correspondent à l'effet différentiel entre la moyenne de la cellule i et la moyenne de la cellule de référence.

3. *Sous la contrainte $\sum n_i \alpha_i = 0$, qui correspond à $y_{ij} = \mu + \alpha_i + \varepsilon_{ij}$, les estimateurs des moindres carrés des paramètres inconnus sont :*

$$\hat{\mu} = \bar{y} \quad et \quad \hat{\alpha}_i = \bar{y}_i - \bar{y}.$$

   L'estimateur de la constante, noté $\hat{\mu}$, est donc la moyenne générale. Les $\hat{\alpha}_i$ correspondent à l'effet différentiel entre la moyenne de la cellule i et la moyenne générale.

4. *Sous la contrainte $\sum \alpha_i = 0$, qui correspond à $y_{ij} = \mu + \alpha_i + \varepsilon_{ij}$, les estimateurs des moindres carrés des paramètres inconnus sont :*

$$\hat{\mu} = \bar{\bar{y}} = \frac{1}{I} \sum_{i=1}^{I} \bar{y}_i \quad et \quad \hat{\alpha}_i = \bar{y}_i - \bar{\bar{y}}.$$

   Les $\hat{\alpha}_i$ correspondent à l'effet différentiel entre la moyenne empirique de la cellule i et la moyenne des moyennes empiriques. Lorsque le plan est déséquilibré, les α_i sont toujours les écarts à μ, cependant ce dernier n'est pas estimé par la moyenne générale empirique, mais par la moyenne des moyennes empiriques.

Dans tous les cas, σ^2 est estimé par

$$\hat{\sigma}^2 = \frac{\sum_{i=1}^{I} \sum_{j=1}^{n_i} (y_{ij} - \bar{y}_i)^2}{n - I}.$$

La preuve est à faire en exercice (cf. exercice 5.3).

5.3.4 Interprétation des contraintes

Il est intéressant de visualiser ces différentes modélisations sur un graphique. Pour ce faire, nous considérons un facteur admettant deux modalités.

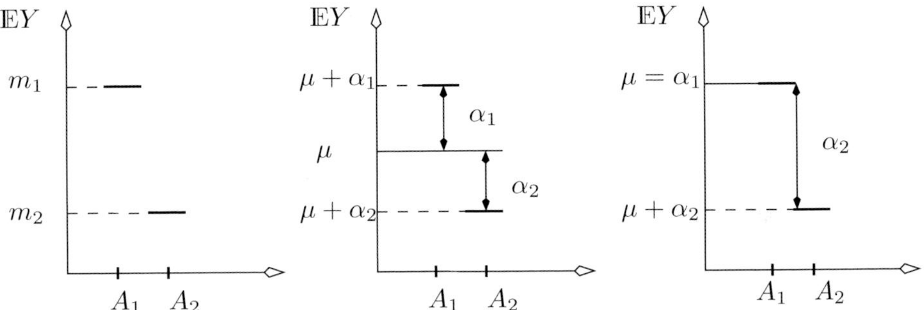

Fig. 5.9 – Modélisations selon les contraintes sur les paramètres.

La premier graphique à gauche représente les espérances m_1 et m_2 dans chaque cellule ce qui correspond à $\mu = 0$. Le second graphique représente la contrainte $\sum_i \alpha_i = 0$. Rappelons que si le plan est équilibré cette contrainte revient à $\sum_i n_i \alpha_i = 0$. Ici μ représente la moyenne générale et les α sont les effets différentiels. Le troisième graphique représente la contrainte $\alpha_i = 0$, une cellule est prise comme cellule de référence.

5.3.5 Hypothèse gaussienne et test d'influence du facteur

Afin d'établir des intervalles de confiance pour ces estimateurs, nous devons introduire l'hypothèse de normalité des erreurs ε, notée $\mathcal{H}_3 : \varepsilon \sim \mathcal{N}(0, \sigma^2)$.

Grâce à cette hypothèse, nous pouvons également utiliser les tests d'hypothèses vus au chapitre 3. Un des principaux objectifs de l'analyse de la variance est de *savoir si le facteur possède une influence sur la variable à expliquer.* Les hypothèses du test seront alors :

$$H_0 : \alpha_1 = \alpha_2 = \cdots = \alpha_I = 0 \quad \text{contre} \quad H_1 : \exists (i, j) \text{ tel que } \alpha_i \neq \alpha_j.$$

Le modèle sous H_0 peut s'écrire encore sous la forme suivante $y_{ij} = \mu + \varepsilon_{ij}$. Dans ce cas-là nous sommes en présence d'un test entre deux modèles dont l'un est un cas particulier de l'autre (cf. section 3.6.2, p. 55). La statistique de test vaut donc (Théorème 3.2 p. 56)

$$F = \frac{\|\hat{Y} - \hat{Y}_0\|^2/(I-1)}{\|Y - \hat{Y}\|^2/(n-I)}.$$

Il faut calculer les estimations des paramètres du modèle sous H_0. Notons $\hat{Y}_0$ la projection orthogonale de Y sur la constante et nous avons donc

$$\hat{\mu} = \bar{y} \quad \text{et} \quad \hat{\sigma}_0^2 = \frac{1}{n-1} \sum_{i=1}^{I} \sum_{j=1}^{n_i} (y_{ij} - \bar{y})^2.$$

Les termes de la statistique de test s'écrivent alors

$$\|\hat{Y} - \hat{Y}_0\|^2 = \sum_{i=1}^{I} n_i (\bar{y}_i - \bar{y})^2, \tag{5.8}$$

$$\|Y - \hat{Y}\|^2 = \sum_{i=1}^{I} \sum_{j=1}^{n_i} (y_{ij} - \bar{y}_i)^2. \tag{5.9}$$

Pour tester l'influence de la variable explicative, nous avons le théorème suivant :

Théorème 5.1

Soit un modèle d'analyse de la variance à 1 facteur. Nous souhaitons tester la validité d'un sous-modèle. Notons l'hypothèse nulle (modèle restreint) $H_0 : \alpha_1 = \alpha_2 = \cdots = \alpha_I = 0$ qui correspond au modèle $y_{ij} = \mu + \varepsilon_{ij}$ et l'hypothèse alternative (modèle complet) $H_1 : \exists(i,j)$ tel que $\alpha_i \neq \alpha_j$ qui correspond au modèle complet $y_{ij} = \mu + \alpha_i + \varepsilon_{ij}$.

Pour tester ces deux hypothèses nous utilisons la statistique de test ci-dessous F qui possède comme loi sous H_0 :

$$F = \frac{\sum_{i=1}^{I} n_i (\bar{y}_i - \bar{y})^2}{\sum_{i=1}^{I} \sum_{j=1}^{n_i} (y_{ij} - \bar{y}_i)^2} \times \frac{n-I}{I-1} \sim \mathcal{F}_{I-1, n-I}.$$

L'hypothèse H_0 sera rejetée en faveur de H_1 au niveau α si l'observation de la statistique F est supérieure à $f_{I-1,n-I}(1-\alpha)$ et nous conclurons alors à l'effet du facteur explicatif.

La preuve de ce théorème se fait facilement. Il suffit d'appliquer le théorème 3.2 p. 56 avec l'écriture des normes données en (5.8) et (5.9). Ces résultats sont en général résumés dans un tableau dit tableau d'analyse de la variance.

variation	ddl	SC	CM	valeur du F	$\Pr(> F)$
facteur	$I-1$	$\text{SCA} = \|\hat{Y} - \hat{Y}_0\|^2$	$\text{CMA} = \dfrac{\text{SCA}}{(I-1)}$	$\dfrac{\text{CMA}}{\text{CMR}}$	
résiduelle	$n-I$	$\text{SCR} = \|Y - \hat{Y}\|^2$	$\text{CMR} = \dfrac{\text{SCR}}{(n-I)}$		

Tableau 5.4 – Tableau d'analyse de la variance

La première colonne indique la source de la variation, la seconde le degré de liberté associé à chaque effet. La somme des carrées (SCR) est rappelée dans le tableau ainsi que le carré moyen (CM) qui par définition est la SCR divisée par le ddl.

Conclusion

- En général, lors d'une analyse de la variance, nous supposons l'hypothèse de normalité car nous nous intéressons à l'effet du facteur *via* la question « l'effet du facteur est-il significativement différent de 0 ? ». Le tableau d'analyse de la variance répond à cette question.
- Il faut représenter les résidus estimés afin de vérifier les hypothèses. Une attention particulière sera portée à *l'égalité des variances dans les cellules*, hypothèse fondamentale de validité des tests entrepris. Les tests F utilisés sont relativement robustes à la non normalité dans le cas où la distribution est unimodale et peu dissymétrique.
- Une investigation plus fine peut être ensuite entreprise en testant des hypothèses particulières comme la nullité de certains niveaux du facteur. Bien évidemment, après avoir choisi une contrainte identifiante, nous pouvons nous intéresser aux coefficients eux-mêmes en conservant à l'esprit que le choix de la contrainte a une influence sur la valeur des estimateurs.

5.3.6 Exemple : la concentration en ozone

Voici les résultats de l'ANOVA à un facteur présentée en introduction à cette partie. Les données correspondent aux 50 données journalières. Une variable `vent` à 4 modalités a été créée à partir du tableau de données. Nous allons présenter les différentes contraintes et les commandes associées à ces contraintes. Quelle que soit la contrainte utilisée, nous obtiendrons toujours le même $\hat{Y}$ car il est unique, et nous aurons toujours le même tableau d'analyse de la variance. A l'issue de ces trois analyses similaires, nous analyserons les résidus.

1. $\mu = 0$. Pour obtenir cette contrainte, il suffit de spécifier au logiciel un modèle sans `intercept`

```
> mod1 <- lm(O3~vent-1,data=ozone)
```

Si nous souhaitons quantifier les effets des modalités nous examinons les coefficients.

```
> summary(mod1)
Coefficients:
          Estimate Std. Error t value Pr(>|t|)
ventEST    103.850      4.963   20.92  < 2e-16 ***
ventNORD    78.289      6.618   11.83 1.49e-15 ***
ventOUEST   71.578      4.680   15.30  < 2e-16 ***
ventSUD     94.343      7.504   12.57  < 2e-16 ***
```

Nous obtenons bien comme estimateur de chaque paramètre la moyenne empirique de la teneur en `O3` dans chaque groupe. Il faut faire attention au listing lorsque la constante n'est pas dans le modèle, ainsi pour le calcul du

R^2 le logiciel utilise la formule sans constante. En général, lors d'une analyse de la variance, nous ne sommes pas intéressés par le test admettant comme hypothèse $H_0 : \alpha_i = 0$ et donc les dernières colonnes du listing ne sont pas d'un grand intérêt. Nous sommes intéressés par la question suivante : y a-t-il une influence du vent sur la concentration en O3 ? Pour répondre à cette question, R propose la fonction `anova()`, que nous avons déjà utilisée dans la section précédente, et qui permet de tester des modèles emboîtés. Si cette fonction est utilisée avec un seul modèle, il faut que la constante soit dans le modèle. Quand la constante ne fait pas partie du modèle, le tableau est faux. Ainsi dans l'exemple précédent nous avons

```
> anova(mod1)
Analysis of Variance Table
Response: O3
          Df Sum Sq Mean Sq F value     Pr(>F)
vent       4 382244   95561  242.44 < 2.2e-16 ***
Residuals 46  18131     394
```

Ce tableau est faux car la constante ne fait pas partie du modèle. Pour savoir s'il y a un effet vent dans le cas de l'analyse à un facteur il faut utiliser les autres contraintes comme nous allons le voir.

2. $\alpha_1 = 0$ Le logiciel R utilise par défaut la contrainte $\alpha_1 = 0$ appelée contraste « treatment ». Cela revient dans notre cas à prendre la cellule EST comme cellule de référence (la première par ordre alphabétique). La commande pour effectuer l'analyse est

```
> mod2 <- lm(O3~vent,data=ozone)
```

Pour répondre à la question sur l'influence du vent sur la concentration, nous analysons le tableau d'analyse de la variance donné par

```
> anova(mod2)
Analysis of Variance Table
Response: O3
          Df  Sum Sq Mean Sq F value     Pr(>F)
vent       3  9859.8  3286.6  8.3383 0.0001556 ***
Residuals 46 18131.4   394.2
```

Et nous retrouvons heureusement le même tableau d'ANOVA que précédemment. En effet, même si les coefficients μ, α ne sont pas estimables de manière unique, les projections $\hat{Y}$ et $\hat{Y}_0$ restent uniques et le test F est identique . La valeur calculée est donc bien supérieure à la valeur théorique, l'hypothèse H_0 est donc rejetée. En conclusion, il existe un effet vent.

Si nous nous intéressons aux coefficients, ceux-ci sont différents puisque nous avons changé la formulation du modèle. Examinons-les grâce à la commande suivante

```
> summary(mod2)
Coefficients:
```

```
              Estimate Std. Error t value Pr(>|t|)
(Intercept)    103.850       4.963  20.923  < 2e-16 ***
ventNORD       -25.561       8.272  -3.090  0.00339 **
ventOUEST      -32.272       6.821  -4.731 2.16e-05 ***
ventSUD         -9.507       8.997  -1.057  0.29616
```

L'estimateur de μ, noté ici Intercept, est la moyenne de la concentration en O3 pour le vent d'EST. Les autres valeurs obtenues correspondent aux écarts entre la moyenne de la concentration en O3 de la cellule pour le vent considéré et la moyenne de la concentration en O3 pour le vent d'EST (cellule de référence).

La colonne correspondant au test $H_0 : \beta_i = 0$ a un sens pour les 3 dernières lignes du listing. Le test correspond à la question suivante : y a-t-il une ressemblance entre le vent de la cellule de référence (EST) et le vent considéré. Le vent du SUD n'est pas différent au contraire des vents du NORD et d'OUEST.

Remarque

Nous pouvons utiliser le contraste « treatment », utilisé par défaut en écrivant

```
> lm(O3~C(vent,treatment),data=ozone)
```

Si nous voulons choisir une cellule témoin spécifique, nous l'indiquons de la manière suivante :

```
> lm(O3~C(vent,base=2),data=ozone)
```

La seconde modalité est choisie comme modalité de référence. Le numéro des modalités correspond à celui des coordonnées du vecteur suivant : `levels(ozone[,"vent"])`.

3. $\sum n_i \alpha_i = 0$ Cette contrainte n'est pas pré-programmée dans R, il faut définir une matrice qui servira de contraste. Cette matrice appelée CONTRASTE correspond à $X_{[\sum n_i \alpha_i = 0]}$

```
> II <- length(levels(ozone$vent))
> nI <- table(ozone$vent)
> CONTRASTE<-matrix(rbind(diag(II-1),-nI[-II]/nI[II]),II,II-1)
```

Et le modèle est donné par l'expression suivante

```
> mod3 <- lm(O3~C(vent,CONTRASTE),data=ozone)
```

Nous retrouvons le même tableau d'analyse de la variance :

```
> anova(mod3)
Analysis of Variance Table
Response: O3
          Df  Sum Sq Mean Sq F value    Pr(>F)
vent       3  9859.8  3286.6  8.3383 0.0001556 ***
Residuals 46 18131.4   394.2
```

L'effet vent semble significatif. Si nous nous intéressons maintenant aux coefficients, nous avons :

```
> summary(mod3)
Coefficients:
                      Estimate Std. Error t value Pr(>|t|)
(Intercept)             86.300      2.808  30.737  < 2e-16 ***
C(vent, CONTRASTE)1     17.550      4.093   4.288 9.15e-05 ***
C(vent, CONTRASTE)2     -8.011      5.993  -1.337 0.187858
C(vent, CONTRASTE)3    -14.722      3.744  -3.933 0.000281 ***
```

Nous retrouvons que $\hat{\mu}$ est bien la moyenne de la concentration en O3.

4. $\sum \alpha_i = 0$. Cette contrainte est implémentée sous R :

```
> mod4 <- lm(O3~C(vent,sum),data=ozone)
```

Et à nouveau nous retrouvons le même tableau d'analyse de la variance.

```
> anova(mod4)
Analysis of Variance Table
Response: O3
          Df  Sum Sq Mean Sq F value     Pr(>F)
vent       3  9859.8  3286.6  8.3383 0.0001556 ***
Residuals 46 18131.4   394.2
```

L'effet vent est significatif. Si nous nous intéressons maintenant aux coefficients, nous avons :

```
> summary(mod4)
Coefficients:
               Estimate Std. Error t value Pr(>|t|)
(Intercept)      87.015      3.027  28.743  < 2e-16 ***
C(vent, sum)1    16.835      4.635   3.632 0.000705 ***
C(vent, sum)2    -8.726      5.573  -1.566 0.124284
C(vent, sum)3   -15.437      4.485  -3.442 0.001240 **
```

Intercept correspond à la moyenne des concentrations moyennes en O3 pour chaque vent.

Enfin il est utile d'analyser les résidus afin de constater si l'hypothèse d'homoscédasticité des résidus est bien vérifiée. Les commandes suivantes permettent d'obtenir des représentations différentes des résidus.

```
> resid2 <- resid(mod2)
> plot(resid2~vent,data=ozone,ylab="residus")
> plot(resid2~jitter(fitted(mod2)),xlab="ychap",ylab="residus")
> xyplot(resid2~I(1:50)|vent,data=ozone,xlab="index",ylab="residus")
```

Et nous pouvons constater malgré le faible nombre d'individus par cellule, que les variances semblent voisines d'une cellule à l'autre.

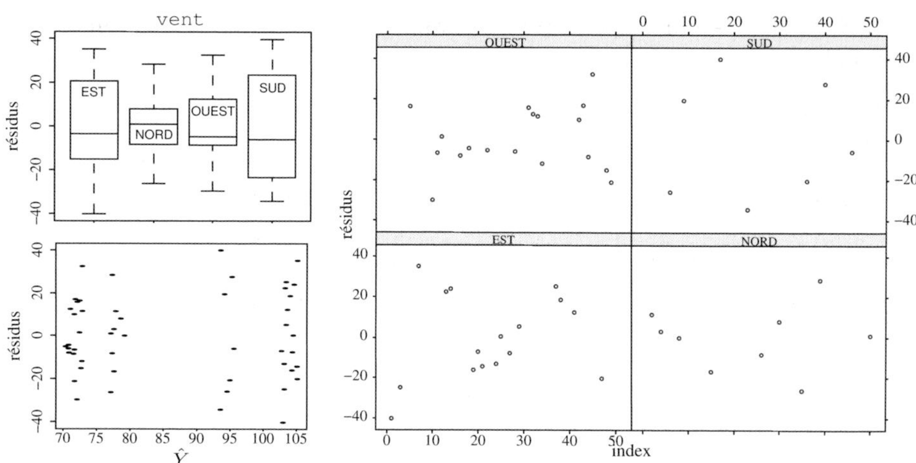

Fig. 5.10 – Trois représentations similaires des résidus.

Ainsi sur la figure 5.10 nous constatons,

5.3.7   Une décomposition directe de la variance

Une introduction très classique de l'analyse de variance consiste à décomposer la variance totale en somme de différentes parties. Rappelons les notations utilisées.

- La variable qualitative explicative admet I modalités (ou niveaux) et le nombre d'individus par niveau vaut n_i. Le nombre total d'individus est $n = \sum_{i=1}^{I} n_i$.
- y_{ij} : observation de la v.a. correspondant à l'individu j du niveau i, où $i = 1, \cdots, I$ et $j = 1, \cdots, n_i$.
- La moyenne empirique par niveau et la moyenne générale sont données par les relations suivantes :

$$\bar{y}_i \;=\; y_i. = \frac{1}{n_i} \sum_{j=1}^{n_i} y_{ij} \quad \text{moyenne par niveau } i.$$

$$\bar{y} \;=\; y.. = \frac{1}{n} \sum_{i=1}^{I} \sum_{j=1}^{n_i} y_{ij} = \frac{1}{n} \sum_{i=1}^{I} n_i \bar{y}_i.$$

Cette approche consiste à décomposer la variance totale

$$\frac{1}{n} \sum_{i=1}^{I} \sum_{j=i}^{n_i} (y_{ij} - \bar{y})^2$$

en somme de deux termes. Le premier est une variance intra due au hasard, appelée aussi variance intrastrate (ou résiduelle)

$$\frac{1}{n} \sum_{i=1}^{I} \sum_{j=1}^{n_i} (y_{ij} - \bar{y}_i)^2$$

et le second une variance inter due au facteur, appelée aussi variance interstrate (ou des écarts)

$$\frac{1}{n} \sum_{i=1}^{I} n_i (\bar{y}_i - \bar{y})^2.$$

5.4   Analyse de la variance à 2 facteurs

5.4.1   Introduction

Nous voulons maintenant modéliser la concentration en ozone par le vent (4 modalités) et la nébulosité, que nous avons scindée en 2 modalités (soleil-nuageux). Nous avons mesuré 2 observations par niveau (tableau 5.5) ;

	NORD	SUD	EST	OUEST
SOLEIL	89.6	134.2	139.0	87.4
	106.6	121.8	126.2	84.0
NUAGEUX	81.2	68.4	63.6	88.0
	78.2	113.8	79.0	41.8

Tableau 5.5 – Concentration en ozone.

En général, la première variable explicative ou premier facteur est celui indiqué en ligne (ici Nébulosité) admettant I modalités, le seconde variable explicative ou second facteur est celui indiqué en colonne (ici Vent) admettant J modalités. Les individus ne sont plus repérés par un couple (i, j) mais maintenant par un triplet (i, j, k), représentant le k^e individu admettant la modalité i de la première variable explicative et la modalité j de la seconde variable explicative. Le nombre n_{ij} correspond au nombre d'observations ayant la modalité i du premier facteur et j du second. Nous avons la définition suivante

Définition 5.1
Si $\forall (i, j)$, $n_{ij} \geq 1$, le plan est dit complet.
Si $\exists (i, j)$: $n_{ij} = 0$, le plan est dit incomplet.
Si $\forall (i, j)$, $n_{ij} = r$, le plan est dit équilibré.

5.4.2   Modélisation du problème

Les deux variables explicatives Vent et Nébulosité ne sont pas utilisables directement et nous allons donc travailler avec leur version codée notée A pour la nébulosité et B pour le vent. Le modèle le plus simple est

$$y_{ijk} = \mu + \alpha_1 A_{i1} + \alpha_2 A_{i2} + \beta_1 B_{j1} + \beta_2 B_{j2} + \beta_3 B_{j3} + \beta_4 B_{j4} + \varepsilon_{ijk}.$$

Afin d'écrire ce modèle sous forme matricielle, considérons le vecteur $Y \in \mathbb{R}^n$ des observations y_{ijk} rangées dans l'ordre lexicographique de leurs indices. Nous notons $\vec{e}_{ij} \in \mathbb{R}^n$ le vecteur dont toutes les coordonnées sont nulles sauf celles repérées par les indices ijk pour $k = 1, \cdots, n_{ij}$, qui valent 1. Ce vecteur est le vecteur d'appartenance à la cellule (i, j). Les vecteurs $\vec{e}_{ij}$ sont des vecteurs de $\mathbb{R}^n$ orthogonaux entre eux. Nous définissons

$$\vec{e}_{i.} = \sum_j \vec{e}_{ij} \quad \text{et} \quad \vec{e}_{.j} = \sum_i \vec{e}_{ij},$$

où $\vec{e}_{i.}$ est le vecteur d'appartenance à la modalité i du premier facteur et $\vec{e}_{.j}$ est le vecteur d'appartenance à la modalité j du second facteur. Le modèle s'écrit alors sous la forme suivante

$$Y = \mu \mathbb{1} + \alpha_1 \vec{e}_{1.} + \alpha_2 \vec{e}_{2.} + \beta_1 \vec{e}_{.1} + \beta_2 \vec{e}_{.2} + \beta_3 \vec{e}_{.3} + \beta_4 \vec{e}_{.4} + \varepsilon.$$

ou encore avec les notations précédentes

$$Y = \mu \mathbb{1} + A_c \alpha + B_c \beta + \varepsilon, \tag{5.10}$$

avec $A_c = (\vec{e}_{1.}, \vec{e}_{2.})$ et $B_c = (\vec{e}_{.1}, \vec{e}_{.2}, \vec{e}_{.3}, \vec{e}_{.4})$. Si nous additionnons toutes les colonnes de A_c (idem pour B_c) nous obtenons le vecteur $\mathbb{1}$. La matrice $(\mathbb{1}, A_c, B_c)$ n'est donc pas de plein rang et l'hypothèse $\mathcal{H}_1$ n'est pas vérifiée. Nous ne pouvons donc appliquer directement les résultats des trois chapitres précédents au modèle (5.10). Il faudra à nouveau imposer des contraintes.

En régression multiple, nous avons p variables explicatives $X_1, \cdots, X_p$ et nous travaillons en général avec ces p variables. Nous pouvons bien évidemment travailler avec des transformations de ces variables ou travailler avec des interactions (par exemple une nouvelle variable serait $X_1 \times X_2$), comme cela a été indiqué au chapitre 2. En analyse de la variance comme en analyse de la covariance, nous commençons toujours par traiter le modèle avec interaction. Le produit `Nébulosité` avec `Vent` est impossible à effectuer et nous codons ce produit *via* une matrice C_c dont la première colonne indique l'appartenance au croisement `SOLEIL-NORD`, la seconde colonne au croisement `SOLEIL-SUD` et ainsi de suite. Nous obtenons le modèle suivant :

$$y_{ijk} = \mu + \alpha_i + \beta_j + \gamma_{ij} + \varepsilon_{ijk}, \tag{5.11}$$

avec un effet moyen général μ, un effet différentiel α_i, un effet différentiel β_i et un terme d'interaction γ_{ij}. En utilisant les notations précédentes, l'écriture du modèle sous forme matricielle est :

$$Y = \mu \mathbb{1} + A_c \alpha + B_c \beta + C_c \gamma + \varepsilon,$$

où $C_c = (\vec{e}_{11}, \vec{e}_{12}, \vec{e}_{13}, \vec{e}_{14}, \vec{e}_{21}, \vec{e}_{22}, \vec{e}_{23}, \vec{e}_{24})$. A titre d'exemple, écrivons les matrices obtenues avec le jeu de données présenté :

$$
\begin{bmatrix}
y_{111} \\ y_{112} \\ y_{121} \\ y_{122} \\ y_{131} \\ y_{132} \\ y_{141} \\ y_{142} \\ y_{211} \\ y_{212} \\ y_{221} \\ y_{222} \\ y_{231} \\ y_{232} \\ y_{241} \\ y_{242}
\end{bmatrix}
=
\begin{bmatrix}
1 & 1 & 0 & 1 & 0 & 0 & 0 & 1 & 0 & 0 & 0 & 0 & 0 & 0 & 0 \\
1 & 1 & 0 & 1 & 0 & 0 & 0 & 1 & 0 & 0 & 0 & 0 & 0 & 0 & 0 \\
1 & 1 & 0 & 0 & 1 & 0 & 0 & 0 & 1 & 0 & 0 & 0 & 0 & 0 & 0 \\
1 & 1 & 0 & 0 & 1 & 0 & 0 & 0 & 1 & 0 & 0 & 0 & 0 & 0 & 0 \\
1 & 1 & 0 & 0 & 0 & 1 & 0 & 0 & 0 & 1 & 0 & 0 & 0 & 0 & 0 \\
1 & 1 & 0 & 0 & 0 & 1 & 0 & 0 & 0 & 1 & 0 & 0 & 0 & 0 & 0 \\
1 & 1 & 0 & 0 & 0 & 0 & 1 & 0 & 0 & 0 & 1 & 0 & 0 & 0 & 0 \\
1 & 1 & 0 & 0 & 0 & 0 & 1 & 0 & 0 & 0 & 1 & 0 & 0 & 0 & 0 \\
1 & 0 & 1 & 1 & 0 & 0 & 0 & 0 & 0 & 0 & 0 & 1 & 0 & 0 & 0 \\
1 & 0 & 1 & 1 & 0 & 0 & 0 & 0 & 0 & 0 & 0 & 1 & 0 & 0 & 0 \\
1 & 0 & 1 & 0 & 1 & 0 & 0 & 0 & 0 & 0 & 0 & 0 & 1 & 0 & 0 \\
1 & 0 & 1 & 0 & 1 & 0 & 0 & 0 & 0 & 0 & 0 & 0 & 1 & 0 & 0 \\
1 & 0 & 1 & 0 & 0 & 1 & 0 & 0 & 0 & 0 & 0 & 0 & 0 & 1 & 0 \\
1 & 0 & 1 & 0 & 0 & 1 & 0 & 0 & 0 & 0 & 0 & 0 & 0 & 1 & 0 \\
1 & 0 & 1 & 0 & 0 & 0 & 1 & 0 & 0 & 0 & 0 & 0 & 0 & 0 & 1 \\
1 & 0 & 1 & 0 & 0 & 0 & 1 & 0 & 0 & 0 & 0 & 0 & 0 & 0 & 1
\end{bmatrix}
\begin{bmatrix}
\mu \\ \alpha_1 \\ \alpha_2 \\ \beta_1 \\ \beta_2 \\ \beta_3 \\ \beta_4 \\ \gamma_{11} \\ \gamma_{12} \\ \gamma_{13} \\ \gamma_{14} \\ \gamma_{21} \\ \gamma_{22} \\ \gamma_{23} \\ \gamma_{24}
\end{bmatrix}
+
\begin{bmatrix}
\varepsilon_{111} \\ \varepsilon_{112} \\ \varepsilon_{121} \\ \varepsilon_{122} \\ \varepsilon_{131} \\ \varepsilon_{132} \\ \varepsilon_{141} \\ \varepsilon_{142} \\ \varepsilon_{211} \\ \varepsilon_{212} \\ \varepsilon_{221} \\ \varepsilon_{222} \\ \varepsilon_{231} \\ \varepsilon_{232} \\ \varepsilon_{241} \\ \varepsilon_{242}
\end{bmatrix}
$$

Remarquons que les interactions de variables continues, construites avec le produit des variables, et l'interaction de 2 facteurs, représentée ici par C, suivent la même logique de construction. En effet les colonnes de C_c sont tout simplement le résultat des produits 2 à 2 des colonnes de A_c par celles de B_c.

A nouveau la matrice $(\mathbb{1}, A, B, C)$ n'est pas de plein rang et l'hypothèse $\mathcal{H}_1$ n'est pas vérifiée. La matrice $X = (\mathbb{1}, A, B, C)$ de taille $n \times (1 + I + J + IJ)$ est de rang IJ. Il faut imposer donc $1 + I + J$ contraintes linéairement indépendantes afin qu'elle devienne inversible. Les contraintes classiques sont

1. Contrainte de type analyse par cellule

$$\mu = 0 \qquad \forall i \quad \alpha_i = 0 \qquad \forall j \quad \beta_j = 0.$$

2. Contrainte de type cellule de référence

$$\alpha_1 = 0 \qquad \beta_1 = 0 \qquad \forall i \quad \gamma_{i1} = 0 \qquad \forall j \quad \gamma_{1j} = 0.$$

3. Contrainte de type somme

$$\sum_i \alpha_i = 0 \qquad \sum_j \beta_j = 0 \qquad \forall i \quad \sum_j \gamma_{ij} = 0 \qquad \forall j \quad \sum_i \gamma_{ij} = 0.$$

Remarque

Pour les contraintes de type analyse par cellule ou cellule de référence, nous avons bien $1 + 1 + I + (J - 1)$ contraintes. En effet, la dernière contrainte $\gamma_{1j} = 0$ pour $j = 1, \cdots, J$ pourrait s'écrire $\gamma_{1j} = 0$ pour j variant de 2 à J. Le cas correspondant à $j = 1$, soit γ_{11} est déjà donné dans la contrainte précédente.

Pour la contrainte de type somme, c'est plus difficile à voir. Montrons que les $I + J$ contraintes $\forall i \sum_j \gamma_{ij} = 0$ et $\forall j \sum_i \gamma_{ij} = 0$ ne sont pas indépendantes. En effet quand $I + J - 1$ contraintes sont vérifiées la dernière restante l'est aussi.

$$
\begin{array}{|cccc|l}
\cline{1-4}
c_{11} & c_{12} & \cdots \; c_{1J-1} & c_{1J} & = 0 \\
c_{21} & c_{22} & \cdots \; c_{2J-1} & c_{2J} & = 0 \\
\vdots & \vdots & \quad \vdots & \vdots & \vdots \\
c_{I1} & c_{I2} & \cdots \; c_{IJ-1} & c_{IJ} & = 0 \\
\cline{1-4}
= 0 & = 0 & \cdots \quad = 0 & c &
\end{array}
$$

Posons que $I + J - 1$ contraintes sont vérifiées : I en ligne et $J - 1$ en colonnes (voir ci-dessus). La dernière somme c vaut 0 (voir ci-dessus).

Nous n'aborderons ici que la contrainte de type analyse par cellule et la contrainte de type somme et *nous considérerons uniquement les plans équilibrés avec r observations par cellule.*

5.4.3   Estimation des paramètres

Considérons les notations suivantes :

$$\bar{y}_{ij} = \frac{1}{r} \sum_{k=1}^{r} y_{ijk}, \quad \bar{y}_{i.} = \frac{1}{Jr} \sum_{j=1}^{J} \sum_{k=1}^{r} y_{ijk}, \quad \bar{y}_{.j} = \frac{1}{Ir} \sum_{i=1}^{I} \sum_{k=1}^{r} y_{ijk}, \quad \bar{y} = \frac{1}{n} \sum_{i,j,k} y_{ijk}.$$

Proposition 5.3
Soit le modèle d'analyse de la variance à 2 facteurs suivant :

$$y_{ijk} = \mu + \alpha_i + \beta_j + \gamma_{ij} + \varepsilon_{ijk}.$$

1. *Sous les contraintes $\mu = 0$, $\alpha_i = 0$ pour tout $i = 1, \ldots, I$ et $\beta_j = 0$ pour tout $j = 1, \ldots, J$, qui correspond au modèle $y_{ijk} = \gamma_{ij} + \varepsilon_{ijk}$, les estimateurs des moindres carrés des paramètres inconnus sont*

$$\hat{\gamma}_{ij} = \bar{y}_{ij}$$

   Les $\hat{\gamma}_{ij}$ correspondent aux moyennes par cellule.

2. *Sous les contraintes $\sum_i \alpha_i = 0$, $\sum_j \beta_j = 0$, $\forall i \sum_j \gamma_{ij} = 0$ et $\forall j \sum_i \gamma_{ij} = 0$, les estimateurs des moindres carrés des paramètres inconnus sont*

$$\begin{aligned}
\hat{\mu} &= \bar{y} \\
\hat{\alpha}_i &= \bar{y}_{i.} - \bar{y} \\
\hat{\beta}_j &= \bar{y}_{.j} - \bar{y} \\
\hat{\gamma}_{ij} &= \bar{y}_{ij} - \bar{y}_{i.} - \bar{y}_{.j} + \bar{y},
\end{aligned}$$

Dans tous les cas, la variance résiduelle σ^2 est estimée par

$$\hat{\sigma}^2 = \frac{\sum_{i=1}^{I} \sum_{j=1}^{J} \sum_{k=1}^{r} (y_{ijk} - \hat{y}_{ij})^2}{n - IJ}.$$

La preuve est à faire en exercice (cf. exercices 5.4 et 5.5).

5.4.4   Analyse graphique de l'interaction

Nous souhaitons savoir si les facteurs influent sur la variable à expliquer. La première analyse à effectuer consiste à étudier l'interaction. En effet, si l'interaction a un sens, alors les facteurs A et B influent sur la variable à expliquer car l'inter-action est le produit de A avec B. Considérons le modèle complet

$$y_{ijk} \;=\; \mu + \alpha_i + \beta_j + \gamma_{ij} + \varepsilon_{ijk},$$

que nous pouvons réécrire sous une forme simplifiée

$$y_{ijk} \;=\; m_{ij} + \varepsilon_{ijk}.$$

Considérons maintenant le modèle sans interaction

$$y_{ijk} \;=\; \mu + \alpha_i + \beta_j + \varepsilon_{ijk}.$$

La première étape consiste à tester la significativité de l'interaction. Cela revient à tester entre les deux modèles présentés. Avant d'aborder les tests, nous étudions une approche graphique de l'interaction. Si l'interaction est absente nous avons le modèle simplifié ci-dessus.

Fixons le facteur A au niveau i. Pour ce niveau donné, nous avons J cellules, cha-cune correspondant à un niveau du facteur B. Prenons l'espérance dans chacune de ces cellules, nous obtenons sous l'hypothèse que l'interaction n'est pas signifi-cative : $\mu + \alpha_i + \beta_j$, $1 \le j \le J$. En traçant en abscisse le numéro j de la cellule et en ordonnée son espérance, nous obtenons une ligne brisée appelée *profil*.

Passons au niveau α_{i+1} du facteur A. Nous pouvons tracer la même ligne brisée et ce profil sera, sous l'hypothèse de non interaction : $\mu + \alpha_{i+1} + \beta_j$, soit le profil précédent translaté verticalement de $\alpha_{i+1} - \alpha_i$.

Une absence d'interaction devrait se reflèter normalemnt dans le graphique des profils, ces derniers devant être parallèles. Or les paramètres sont inconnus, ils peuvent être estimés par les moyennes empiriques des cellules. Les profils estimés donnent alors une idée sur l'existence possible de l'interaction.

Ainsi sur l'exemple de l'ozone, nous obtenons grâce aux ordres suivants

```
> par(mfrow=c(1,2))
> with(ozone,interaction.plot(vent,NEBU,O3,col=1:2))
> with(ozone,interaction.plot(NEBU,vent,O3,col=1:4))
```

les profils suivants

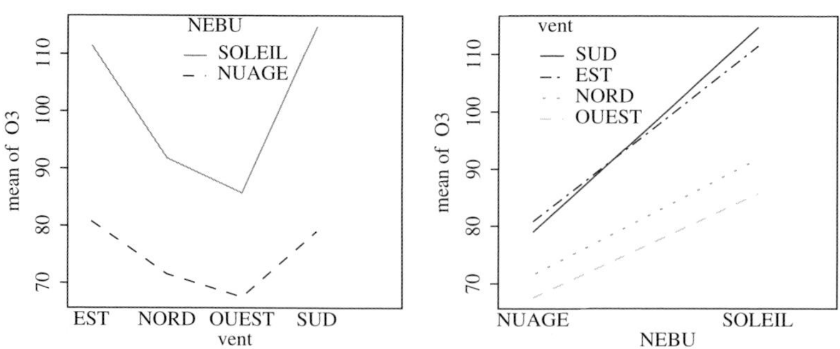

Fig. 5.11 – Examen graphique de l'interaction entre nébulosité et vent.

Les profils ne sont pas parallèles. Nous constatons que la modalité EST-SOLEIL (ou EST-NUAGE) est très éloignée de la position qu'elle aurait dû occuper si les profils étaient parallèles. Le vent d'EST associé à un temps ensoleillé semble propice à un fort pic d'ozone. Ces graphiques suggèrent donc l'existence d'une interaction entre Vent et Nébulosité, principalement entre EST et SOLEIL. Mais est-ce que cette différence locale est suffisante par rapport aux différences entre individus dues à la variabilité ε ? Afin de répondre à cette question il est nécessaire d'utiliser un test statistique et de supposer l'hypothèse gaussienne vérifiée.

5.4.5 Hypothèse gaussienne et test de l'interaction

Grâce à l'hypothèse gaussienne, nous pouvons utiliser les tests d'hypothèses vus au chapitre 3. Rappelons encore que notre principal objectif est de *savoir si les facteurs influent sur la variable à expliquer.*
Nous préconisons de tester en premier la significativité de l'interaction. En effet, si l'interaction est significative, les 2 facteurs sont influents *via* leur interaction, il n'est donc pas nécessaire de tester leur influence respective.
Ecrivons ce test de l'interaction et explicitons les hypothèses du test

$$(\mathrm{H}_0)_{AB} : \quad \forall(i,j) \quad \gamma_{ij} = 0 \quad \text{contre} \quad (\mathrm{H}_1)_{AB} : \exists(i,j) \quad \gamma_{ij} \neq 0.$$

Les modèles sous $(\mathrm{H}_0)_{AB}$ et $(\mathrm{H}_1)_{AB}$ peuvent s'écrire encore sous la forme suivante :

$$
\begin{aligned}
y_{ijk} &= \mu + \alpha_i + \beta_j + \varepsilon_{ijk} \quad \text{modèle sous} \quad (\mathrm{H}_0)_{AB} \\
y_{ijk} &= \mu + \alpha_i + \beta_j + \gamma_{ij} + \varepsilon_{ijk} \quad \text{modèle sous} \quad (\mathrm{H}_1)_{AB}.
\end{aligned}
$$

Ce test, qui permet de connaître l'influence globale de l'interaction des facteurs, est tout simplement un test entre deux modèles dont l'un est un cas particulier de l'autre (section 3.6.2, p. 55). Nous pouvons donc énoncer le théorème suivant.

Théorème 5.2
Soit un modèle d'analyse de la variance à 2 facteurs. Nous souhaitons tester la validité d'un sous-modèle. Notons l'hypothèse nulle (modèle restreint) $(\mathrm{H}_0)_{AB}$: $\forall(i,j) \quad \gamma_{ij} = 0$, qui correspond au modèle $y_{ijk} = \mu + \alpha_i + \beta_j + \varepsilon_{ijk}$, contre l'hypothèse alternative $(\mathrm{H}_1)_{AB}$: $\exists(i,j) \quad \gamma_{ij} \neq 0$ qui correspond au modèle complet $y_{ijk} = \mu + \alpha_i + \beta_j + \gamma_{ij} + \varepsilon_{ijk}$. Pour tester ces deux hypothèses, nous utilisons la statistique de test F ci-dessous qui possède comme loi sous $(\mathrm{H}_0)_{AB}$:

$$F = \frac{\|\hat{Y} - \hat{Y}_0\|^2/(IJ - I - J + 1)}{\|Y - \hat{Y}\|^2/(n - IJ)} \sim \mathcal{F}_{IJ-I-J+1,n-IJ}.$$

Lorsque le plan est équilibré, la statistique de test s'écrit

$$F = \frac{r\sum_i\sum_j(\bar{y}_{ij} - \bar{y}_{i.} - \bar{y}_{.j} + \bar{y})^2}{\sum_i\sum_j\sum_k(y_{ijk} - \bar{y}_{ij})^2} \frac{n - IJ}{I + J - 1} \sim \mathcal{F}_{IJ-I-J+1,n-IJ}.$$

L'hypothèse $(\mathrm{H}_0)_{AB}$ sera rejetée en faveur de $(\mathrm{H}_1)_{AB}$ au niveau α si l'observation de la statistique F est supérieure à $f_{IJ-I-J+1,n-IJ}(1 - \alpha)$, et nous conclurons alors à l'effet des facteurs explicatifs.

La preuve de ce théorème se fait facilement. Il suffit d'appliquer le théorème 3.2 p. 56 avec l'écriture des normes données en (5.8) et (5.9). Nous avons un premier modèle, ou modèle complet,

$$y_{ijk} = \mu + \alpha_i + \beta_j + \gamma_{ij} + \varepsilon_{ijk} \quad \text{modèle (1)}$$

et obtenons les estimations suivantes : $\hat{\mu}(1), \cdots, \hat{Y}(1)$ et $\sigma^2(1)$, le (1) précise que nous sommes dans le premier modèle.

L'interaction n'est pas significative, nous avons repoussé ce modèle (1) au profit d'un second modèle (modèle 2)

$$y_{ijk} = \mu + \alpha_i + \beta_j + \varepsilon_{ijk} \quad \text{modèle (2)}$$

dans lequel nous obtenons les estimations $\hat{\mu}(2), \cdots, \hat{Y}(2)$ et $\hat{\sigma}^2(2)$.

L'étape suivante consiste à tester l'influence des facteurs A et/ou B et donc tenter de simplifier le modèle. Testons par exemple l'influence du facteur A. Nous avons déjà le modèle (2) qui prend en compte l'effet de A, ce qui sera donc l'hypothèse alternative $(H_1)_A$. En simplifiant ce modèle pour éliminer l'influence de A nous obtenons le modèle (3) qui sera l'hypothèse nulle du test, $(H_0)_A$,

$$y_{ijk} = \mu + \beta_j + \varepsilon_{ijk} \quad \text{modèle (3)}$$

avec les estimations suivantes : $\hat{\mu}(3), \cdots, \hat{Y}(3)$ et $\sigma^2(3)$.

Pour tester l'influence du facteur A, nous cherchons à départager 2 modèles, le modèle (2) et le modèle (3) et nous avons la statistique de test

$$F = \frac{\|\hat{Y}(2) - \hat{Y}(3)\|^2/(I-1)}{\hat{\sigma}^2} \sim \mathcal{F}_{(I-1),ddl(\text{résiduelle})}.$$

Lorsque le plan est équilibré et que les contraintes choisies sont de type somme, les sous-espaces sont orthogonaux et la statistique de test peut se récrire sous la forme suivante :

$$F = \frac{\|P_{E_2}Y\|^2/(I-1)}{\hat{\sigma}^2} \sim \mathcal{F}_{(I-1),ddl(\text{résiduelle})}.$$

Quel estimateur de σ^2 choisit-on pour le dénominateur de la statistique de test ? $\hat{\sigma}^2(2)$ ou $\hat{\sigma}^2(1)$?

1. Si nous sommes dans la logique des tests entre modèles emboîtés, le premier modèle a été rejeté, nous travaillons donc avec les modèles (2) et (3), nous estimons alors σ^2 par $\hat{\sigma}^2(2)$. La statistique de test vaut

$$F = \frac{\|\hat{Y}(2) - \hat{Y}(3)\|^2/(I-1)}{\|Y - \hat{Y}(2)\|^2/(n-I-J+1)} \sim \mathcal{F}_{(I-1),(n-I-J+1)}.$$

2. Bien que l'on ait rejeté le modèle complet avec interaction, certains auteurs et utilisateurs préconisent de conserver le modèle complet pour estimer σ^2

en arguant de la précision de cet estimateur. Il est vrai que la SCR obtenue dans le modèle complet est plus petite que la SCR obtenue dans le modèle sans interaction, mais les degrés de liberté associés sont différents. Ainsi, dans le modèle complet, le ddl vaut $n - IJ$ alors que dans le modèle sans interaction, le ddl vaut $n - I - J + 1$. La précision accrue de l'estimateur peut être vue comme une précaution envers la possibilité d'une interaction, même si on l'a rejettée par le test d'hypothèse $(H_0)_{AB}$ contre $(H_1)_{AB}$.

La statistique de test vaut

$$F = \frac{\|\hat{Y}(2) - \hat{Y}(3)\|^2/(I-1)}{\|Y - \hat{Y}(1)\|^2/(n-IJ)} \sim \mathcal{F}_{(I-1),(n-IJ)}.$$

En pratique, les résultats d'une analyse de la variance sont présentés dans un tableau récapitulatif, appelé tableau d'analyse de la variance.

Variation	ddl	SC	CM	valeur du F	$\Pr(> F)$
facteur A	I-1	SC_A	$CM_A = \dfrac{SC_A}{(I-1)}$	$\dfrac{CM_A}{CMR}$	
facteur B	J-1	SC_B	$CM_B = \dfrac{SC_B}{(J-1)}$	$\dfrac{CM_B}{CMR}$	
Interaction	(I-1)(J-1)	SC_{AB}	$CM_{AB} = \dfrac{SC_{AB}}{(I-1)(J-1)}$	$\dfrac{CM_{AB}}{CMR}$	
Résiduelle	n-IJ	SCR	$CMR = \dfrac{SCR}{(n-IJ)}$		

Tableau 5.6 – Tableau d'analyse de la variance.

La première colonne indique la source de la variation, puis le degré de liberté associé à chaque effet. La somme des carrées (SCR) est donnée avant le carré moyen (CM), qui est par définition la SCR divisée par le ddl. Ainsi, dans le cas où les sous-espaces E_1, E_2, E_3 et E_4 sont orthogonaux, ce tableau donne tous les tests indiqués précédemment, en utilisant l'estimation de σ^2 donnée par le modèle avec interaction.

- La statistique de test d'interaction, $(H_0)_{AB}$ contre $(H_1)_{AB}$, est CM_{AB} / CMR.
- La statistique de test d'influence du facteur A, $(H_0)_A$ contre $(H_1)_A = (H_0)_{AB}$, est CM_A / CMR.
- La statistique de test d'influence du facteur B, $(H_0)_B$ contre $(H_1)_B = (H_0)_{AB}$, est CM_B / CMR.

Ce tableau d'analyse de variance est donc une présentation synthétique des tests d'influence des différents facteurs et interaction.

Lorsque le plan est équilibré, nous avons la proposition suivante (cf. exercice 5.6) :

Proposition 5.4
Lorsque le plan est équilibré, les quantités intervenant dans le tableau d'analyse de

la variance ont pour expression :

$$\mathrm{SCT} \;=\; \sum_i \sum_j \sum_k (y_{ijk} - \bar{y})^2$$

$$\mathrm{SC}_A \;=\; Jr \sum_i (\bar{y}_{i.} - \bar{y})^2$$

$$\mathrm{SC}_B \;=\; Ir \sum_j (\bar{y}_{.j} - \bar{y})^2$$

$$\mathrm{SC}_{AB} \;=\; r \sum_i \sum_j (\bar{y}_{ij} - \bar{y}_{i.} - \bar{y}_{.j} + \bar{y})^2$$

$$\mathrm{SCR} \;=\; \sum_i \sum_j \sum_k (y_{ijk} - \bar{y}_{ij})^2.$$

Conclusion

Résumons donc la mise en œuvre d'une analyse de la variance à deux facteurs. Il est utile de commencer par examiner graphiquement l'interaction. Ensuite nous pouvons toujours supposer l'hypothèse gaussienne vérifiée et commencer par tester l'hypothèse d'interaction $(\mathrm{H}_0)_{AB}$. Comme le test dépend de projections qui sont uniques, il est inchangé quel que soit le type de contrainte utilisé. Ensuite, si l'interaction n'est pas significative, il est possible de tester les effets principaux $(\mathrm{H}_0)_A$ et $(\mathrm{H}_0)_B$ et de conclure. Enfin l'analyse des résidus permet quant à elle de confirmer l'hypothèse d'homoscédasticité et l'hypothèse de normalité.

Pour une présentation plus complète de l'analyse de la variance nous renvoyons le lecteur intéressé au livre de Scheffé (1959). De même un traitement complet des plans d'expérience peut être trouvé dans Droesbeke *et al.* (1997).

5.4.6   Exemple : la concentration en ozone

Afin de savoir si les variables `Vent` et `Nébulosité` ont un effet sur la concentration d'ozone, nous allons utiliser une ANOVA à deux facteurs. N'ayant aucune autre connaissance *a priori*, tous les modèles incluant le vent sont possibles : avec interaction, sans interaction, sans effet du facteur `Nébulosité`. Il est conseillé de commencer par le modèle avec le plus d'interaction et ensuite d'essayer d'éliminer les interactions. Ainsi nous pouvons tester $(\mathrm{H}_0)_{AB}, \quad y_{ijk} = \alpha_i + \beta_j + \varepsilon_{ijk} \; \forall(i,j,k)$ contre $(\mathrm{H}_1)_{AB}, \quad y_{ijk} = \alpha_i + \beta_j + \gamma_{ij} + \varepsilon_{ijk} \; \forall(i,j,k)$. Ces deux modèles s'écrivent et se testent sous R de la façon suivante :

```
> mod1 <- lm(O3~vent+NEBU+vent:NEBU,data=ozone)
> mod2 <- lm(O3~vent+NEBU,data=ozone)
> anova(mod2,mod1)
Analysis of Variance Table
Model 1: O3 ~ vent + NEBU
Model 2: O3 ~ vent + NEBU + vent:NEBU
```

```
  Res.Df    RSS Df Sum of Sq       F Pr(>F)
1     45 11730
2     42 11246   3     483.62 0.602 0.6173
```

L'hypothèse de non interaction $(H_0)_{AB}$ est donc conservée. La différence constatée graphiquement (fig. 5.11) n'est pas suffisante pour repousser l'hypothèse de non interaction.

Nous souhaitons savoir si la nébulosité possède un effet sur la concentration en ozone. Nous testons alors $(H_0)_B$, $y_{ijk} = \mu + \alpha_i + \varepsilon_{ijk} \; \forall (i,j,k)$ contre $(H_1)_B$, $y_{ijk} = \mu + \alpha_i + \beta_j + \varepsilon_{ijk} \; \forall (i,j,k)$. Nous allons donc utiliser la statistique F_B mais avec quel estimateur $\hat{\sigma}^2$? Nous avons deux choix (cf. p. 118)

- Le premier consiste à utiliser $\|Y - \hat{\mu} - \hat{\alpha}_i - \hat{\beta}_j\|^2 / (n - I - J + 1)$, qui est l'estimateur classique de $\hat{\sigma}^2$ dans un test entre modèles emboîtés.
- Le second consiste à conserver l'estimateur de σ^2 utilisé lors du test précédent $(H_0)_{AB}$ (test d'existence d'interaction) où l'estimateur était : $\|Y - \hat{\mu} - \hat{\alpha}_i - \hat{\beta}_j - \hat{\gamma}_{ij}\|^2 / (n - IJ)$.

La première méthode consiste à dire, puisque le modèle sans interaction a été conservé, qu'il est donc « vrai » et on l'utilise pour estimer l'erreur. La seconde méthode consiste à dire, bien que le modèle à interaction ait été repoussé, il se peut qu'il subsiste une interaction même faible qui pourrait modifier l'estimation de σ^2. Afin d'éviter cette modification, la même estimation de σ^2 est conservée. Pour réaliser cela, nous introduisons un nouveau modèle sans effet nébulosité que nous testons ensuite selon la première procédure :

```
> mod3 <- lm(O3~vent,data=ozone)
> anova(mod3,mod2)
Model 1: O3 ~ vent
Model 2: O3 ~ vent + NEBU
  Res.Df    RSS Df Sum of Sq       F      Pr(>F)
1     46 18131
2     45 11730  1     6401.5 24.558 1.066e-05 ***
```

et nous repoussons $(H_0)_B$, il existe un effet du vent et de la nébulosité. Si l'on utilise la première procédure nous utilisons :

```
> anova(mod3,mod2,mod1)
Model 1: O3 ~ vent
Model 2: O3 ~ vent + NEBU
Model 3: O3 ~ vent + NEBU + vent:NEBU
  Res.Df    RSS Df Sum of Sq       F      Pr(>F)
1     46 18131
2     45 11730  1     6401.5 23.907 1.523e-05 ***
3     42 11246  3      483.6  0.602    0.6173
```

et nous lisons encore une fois qu'au niveau de 5 % l'hypothèse $(H_0)_B$ est rejetée (cf. ligne 2). L'analyse des résidus ne donne rien de particulier ici et sera donc omise.

5.5 Exercices

Exercice 5.1 (Questions de cours)

1. Vous faites une analyse de la variance à 1 facteur équilibrée, la variance de l'estimateur des MC est diagonale

   A oui, toujours,

   B non, jamais,

   C peut-être, cela dépend des données de X.

2. Lors d'une analyse de la variance à 2 facteurs, le modèle utilisé est $y_{ijk} = m_{ij} + \varepsilon_{ijk}$. Les paramètres estimés sont $\hat{m}_{ij}$, la région de confiance de deux paramètres est

   A une ellipse dont les axes sont parallèles aux axes du repère,

   B une ellipse dont les axes peuvent ne pas être parallèles aux axes du repère,

   C un cercle.

3. Lors d'une analyse de la variance à 2 facteurs, le modèle utilisé est $y_{ijk} = m_{ij} + \varepsilon_{ijk}$ et le plan équilibré. Les paramètres estimés sont $\hat{m}_{ij}$, la région de confiance de deux paramètres est

   A une ellipse dont les axes sont parallèles aux axes du repère,

   B une ellipse dont les axes peuvent ne pas être parallèles aux axes du repère,

   C un cercle.

4. Vous souhaitez tester l'effet d'un facteur lors d'une analyse de la variance à 2 facteurs, l'interaction est positive

   A vous effectuez l'analyse à un facteur correspondant et conluez en conséqence,

   B vous ne faites rien car il y a un effet du facteur,

   C vous regardez dans le tableau de l'ANOVA la valeur de la p-value de l'effet désiré afin de conclure.

Exercice 5.2 (Analyse de la covariance)

Nous souhaitons expliquer une variable Y par une variable continue et une variable qualitative admettant I modalités.

1. Donner la forme explicite des matrices X pour les 3 modélisations proposées.

2. Calculer ensuite l'estimateur des MC obtenu dans le modèle 5.1.

3. Montrer que cet estimateur peut être obtenu en effectuant I régressions simples.

Exercice 5.3 (†Estimateurs des MC en ANOVA à 1 facteur)

Démontrer la proposition 5.2 p. 104.

Exercice 5.4 (Estimateurs des MC en ANOVA à deux facteurs)

Démontrer la proposition 5.3 p. 115 lorsque les contraintes sont de type analyse par cellule.

Exercice 5.5 (††Estimateurs des MC en ANOVA à deux facteurs suite)

Démontrer la proposition 5.3 p. 115 lorsque les contraintes sont de type somme dans un plan équilibré.

Exercice 5.6 (†Tableau d'ANOVA à 2 facteurs équilibrée)

Démontrer la proposition 5.4 p. 119.

5.6   Note : identifiabilité et contrastes

Nous avons $X = (\mathbb{1}, A_c)$ où A_c, de taille $n \times I$ est de rang I. La matrice X de taille $n \times p$ ($p = I + 1$) n'est pas de plein rang mais de rang I et $\dim(\Im(X)) = I$ et non pas $I + 1$. Rappelons que la matrice X peut être vue comme la matrice dans les bases canoniques d'une application linéaire f de $\mathbb{R}^p$ dans $\mathbb{R}^n$. En identifiant X et f ainsi que les vecteurs de $\mathbb{R}^p$ (et $\mathbb{R}^n$) à leurs coordonnées dans la base canonique de $\mathbb{R}^p$ (et $\mathbb{R}^n$), nous avons

$$X \; : \; \mathbb{R}^p \to \mathbb{R}^n$$
$$\beta \mapsto X(\beta) = X\beta.$$

L'espace de départ $\mathbb{R}^p$ est l'espace des coefficients, l'espace d'arrivée $\mathbb{R}^n$ celui des variables. Ces espaces sont munis d'un produit scalaire, le produit scalaire euclidien. On peut décomposer chacun de ces 2 espaces en 2 espaces supplémentaires orthogonaux. Nous cherchons un vecteur de coefficients, élément de $\mathbb{R}^p$ qui se décompose en :

$$\mathbb{R}^p \;\; = \;\; \ker(X) \oplus \ker(X)^{\perp},$$

avec $\ker(X) = \{\beta \in \mathbb{R}^p \; : \; X\beta = 0\}$ le noyau de X. Donc pour un coefficient quelconque $\gamma \in \mathbb{R}^p$, nous pouvons l'écrire comme

$$\gamma \;\; = \;\; \gamma^{\dagger} + \gamma^{\ddagger}, \;\; \gamma^{\dagger} \in \ker(X) \text{ et } \gamma^{\ddagger} \in \ker(X)^{\perp}.$$

Si on prend maintenant un coefficient $\hat{\beta}$ qui minimise les MC, nous avons

$$\hat{\beta} \;\; = \;\; \hat{\beta}^{\dagger} + \hat{\beta}^{\ddagger}, \text{ avec } X\hat{\beta} = X\hat{\beta}^{\dagger} + X\hat{\beta}^{\ddagger} = X\hat{\beta}^{\ddagger}.$$

En ajoutant à $\hat{\beta}^{\ddagger}$ n'importe quel élément $\beta^{\dagger}$ de $\ker(X)$, on a toujours $\hat{\beta}^{\dagger} + \beta^{\ddagger}$ solution des MC. Il n'y a pas unicité. Si l'on souhaite un unique vecteur de coefficient solution des MC, il semble naturel de poser que $\beta^{\dagger} = 0$ et de garder $\hat{\beta}^{\ddagger} \in \ker(X)^{\perp}$ comme solution du problème. Nous cherchons donc l'élément (unique) $\hat{\beta}^{\ddagger} \in \ker(X)^{\perp}$ solution des MC.

Solution de norme minimum

Montrons que le vecteur $\hat{\beta}^{\ddagger}$, qui est le vecteur solution du problème et qui est élément de $\ker(X)^{\perp}$, est le vecteur solution des MC qui est de norme minimum.
Soit un vecteur quelconque $\hat{\beta}$ solution des MC, il se décompose en 2 parties orthogonales, et du fait de cette orthogonalité nous avons la décomposition suivante

$$\|\hat{\beta}\|^2 \;\; = \;\; \|\hat{\beta}^{\dagger} + \hat{\beta}^{\ddagger}\|^2 = \|\hat{\beta}^{\dagger}\|^2 + \|\hat{\beta}^{\ddagger}\|^2 \geq \|\hat{\beta}^{\ddagger}\|^2.$$

Nous avons donc que $\hat{\beta}^{\ddagger}$ est la solution des MC de norme minimum.
Une première approche donne directement $\hat{\beta}^{\ddagger} = (X'X)^+ X'Y$, où $(X'X)^+$ est l'inverse généralisé de Moore-Penrose (voir Golub & Van Loan, 1996, pp. 256-257).
Une autre approche consiste à utiliser une solution du problème des MC quelconque et de la projeter dans $\ker(X)^{\perp}$. Pour cela, il nous faut déterminer $\ker(X)^{\perp}$, ou plus simplement $\ker(X)$. Quelle est la dimension de $\ker(X)$?
Rappelons le théorème du rang :

$$\dim(\Im(X)) + \dim(\ker(X)) = p = I + 1,$$

où p est la dimension de l'espace de départ de l'application linéaire associée à X (ou le nombre de colonne de X). Ici nous savons que $\dim(\Im(X)) = I$ et donc $\dim(\ker(X)) = 1$.

Le sous espace vectoriel $\ker(X)$ est engendré par 1 vecteur non nul de $\mathbb{R}^p$, vecteur que nous pouvons noter $\beta^\dagger$. Nous savons donc que $\ker(X)^\perp$ est engendré par $I = p-1$ vecteurs. En termes de coefficients, cela se traduit par la phrase suivante : si l'on souhaite avoir un vecteur de coefficients unique, on ne pourra avoir que $p-1$ coefficients indépendants, le dernier se déduira des autres par une combinaison linéaire.

Trouvons maintenant un vecteur $\beta^\dagger$ non nul de $\ker(X)$, formant ainsi une base de $\ker(X)$. Si nous posons que $\beta^\dagger = (-1, 1, \ldots, 1)'$, il est bien sûr non nul. Nous savons que $X = (\mathbb{1}, A_c)$ mais aussi que la somme des colonnes de A_c vaut $\mathbb{1}$, donc lorsque l'on effectue $X\beta^\dagger$ nous trouvons O_n et donc $\beta^\dagger = (-1, 1, \ldots, 1)'$ est une base de $\ker(X)$. Tout vecteur orthogonal à $\beta^\dagger$ sera dans $\ker(X)^\perp$, et il suffit donc de projeter une solution $\hat{\beta}$ des MC dans l'orthogonal de $\beta^\dagger$ pour obtenir la solution de norme minimum $\beta^\ddagger$:

$$\beta^\ddagger \;=\; (I_n - \beta^\dagger(\beta^{\dagger\prime}\beta^\dagger)^{-1}\beta^{\dagger\prime})\hat{\beta}.$$

Cette solution offre l'intérêt d'être la plus faible en norme, cependant elle n'est pas forcément interprétable au niveau des coefficients, dans le sens où l'on ne contrôle pas la contrainte linéaire reliant les coefficients entre eux.

Contrastes

Une autre approche combine l'élégance de la solution de norme minimum (pas de choix arbitraire) à l'interprétabilité. Cette approche part du constat que souvent, le praticien n'est pas intéressé par les coefficients en soit mais par leur différence ou toute autre combinaison linéaire des coefficients. Par exemple, si nous avons $I = 3$ médicaments à tester avec 1 médicament de référence (le premier) et 2 nouveaux (les 2 suivants), l'intérêt sera certainement d'estimer l'apport des nouveaux médicaments en comparaison avec le médicament de référence et donc d'estimer 2 différences, $(\mu + \alpha_1) - (\mu + \alpha_2) = \alpha_1 - \alpha_2$ et $(\mu + \alpha_1) - (\mu + \alpha_3) = \alpha_1 - \alpha_3$. De même, si nous disposons de 2 témoins (les 2 premiers) et de 2 nouveaux médicaments (2 suivants), nous pouvons souhaiter estimer l'apport d'un nouveau médicament en comparaison avec l'effet de référence (i.e. la moyenne des 2 témoins). Cela veut dire estimer $(\alpha_1 + \alpha_2)/2 - \alpha_3$ et $(\alpha_1 + \alpha_2)/2 - \alpha_4$.

La question est donc : sous quelles conditions une combinaison linéaire des coefficients est-elle estimable de manière unique ? Nous savons qu'il faut que cette combinaison linéaire se trouve dans $\ker(X)^\perp$ mais existe t-il un critère simple qui assure cela ? C'est l'objet d'un contraste, défini ci-dessous.

Définition 5.2
$\sum_{i=1}^{I} a_i \alpha_i$ *est un contraste sur les* α_i *si* $\sum_{i=1}^{I} a_i = 0$.

La définition 5.2 permet de s'assurer que les contrastes sont estimables de manière unique. Les contrastes sont des éléments orthogonaux à $\beta^\dagger$, vecteur de base de $\ker(X)$. En effet nous n'avons pas de contrainte sur μ mais uniquement sur α, c'est-à-dire

$$0 = \sum_{i=1}^{I} a_i \times 1 = a'\mathbb{1}_I = \langle (0, a')', \beta^\dagger \rangle.$$

Tout vecteur a complété par 0 est donc élément de l'orthogonal de $\ker(X)$ et donc tout contraste est estimable de manière unique.

Nous pouvons vérifier que dans le premier exemple ci-dessus les combinaisons linéaires de coefficients $a = (1, -1, 0)'$ et $b = (1, 0, -1)'$ sont bien des contrastes et donc estimables de manière unique et de même dans le second exemple pour les combinaisons linéaires $a = (1/2, 1/2, -1, 0)'$ et $b = (1/2, 1/2, 0, -1)'$.

Chapitre 6

Choix de variables

6.1   Introduction

Dans les chapitres précédents, nous avons supposé que le modèle proposé

$$Y = X\beta + \varepsilon$$

était le bon et que toutes les variables explicatives $(X_1, \cdots, X_p)$ formant le tableau X étaient importantes dans l'explication de la variable Y.

Cependant, dans bon nombre d'études statistiques, nous disposons d'un ensemble de variables explicatives pour expliquer une variable (exemple de la concentration de l'ozone) et rien ne nous assure que toutes les variables interviennent dans l'explication. L'utilisateur a donc à sa disposition un ensemble de variables potentiellement explicatives ou variables candidates. Parmi ces variables, nous supposerons l'existence des variables transformées par des fonctions connues. Nous supposerons également dans ce chapitre que les données sont de « bonne » qualité, c'est-à-dire qu'il n'y a pas de point aberrant ou levier (voir chapitre 4). En pratique, ces conditions sont rarement satisfaites.

Nous avons p variables $(p < n)$ à notre disposition et nous supposons, comme nous l'avons toujours fait dans ce livre, que la constante (la variable $\mathbb{1}$) fait partie des variables candidates, c'est-à-dire que un des X_i vaut $\mathbb{1}$. Le statisticien peut souhaiter conserver cette variable particulière dans sa modélisation, il aura donc à analyser (2^{p-1}) modèles potentiels. Si par contre cette variable a le même statut que les autres variables de l'étude, il faudra $(2^p - 1)$ modèles.

Comment alors choisir le meilleur modèle parmi ces modèles ? Il faut donc définir un critère quantifiant la qualité du modèle. Ce critère dépend de l'objectif de la régression. Une fois le critère choisi, il faudra déterminer des procédures permettant de trouver le meilleur modèle. Considérons différents objectifs de la régression et discutons des conséquences sur le choix du modèle.

a. *Estimation des paramètres*

   Lorsque les paramètres sont estimés dans des modèles plus petits que le modèle complet (des variables explicatives sont enlevées du modèle complet), les estimateurs obtenus dans ces modèles peuvent être biaisés. En contrepartie, leur variance peut être plus faible que la variance des estimateurs obtenus dans un modèle plus « gros ». Un critère prenant en compte ces deux caractéristiques est l'erreur quadratique moyenne (EQM) que nous définirons ou encore la trace de ce critère afin de comparer directement des estimateurs dont les tailles sont différentes. Nous pouvons également comparer les modèles *via* la comparaison des valeurs ajustées $\hat{Y}$. Dans tous les cas, nous obtenons un vecteur $\hat{Y}$ de $\mathbb{R}^n$ et donc, quel que soit le modèle utilisé, nous avons le même objet à analyser.

b. *Sélectionner les variables pertinentes*
L'objectif de la sélection sera alors de déterminer au mieux l'ensemble des coefficients i tel que les β_i soient non nuls.

c. *Prévision*
Le but de l'étude est de prévoir le mieux possible des nouvelles observations. Pour comparer des modèles sur cette base, nous supposerons que nous recevrons de nouvelles observations notées $(X^\star, Y^\star)$ et nous comparerons l'erreur de prévision obtenue par chaque modèle.

Avant de présenter les différentes procédures et les différents critères de choix, il nous semble important de bien comprendre les conséquences d'un choix erroné de l'ensemble des variables sélectionnées en supposant par ailleurs que cet ensemble existe.

Les notations que nous utilisons sont :
– X est la matrice composée de toutes les variables explicatives (de taille $n \times p$).
– ξ est un sous-ensemble (d'indices) de $\{1, 2, \ldots, p\}$, son cardinal est noté $|\xi|$;
– X_ξ est la sous-matrice extraite de X dont les colonnes correspondent aux indices contenus dans ξ.
– Dans le modèle ξ sélectionnant $|\xi|$ variables, les paramètres associés aux variables sont notés β_ξ.
– Les coordonnées d'indice ξ du vecteur $\hat{\beta}$ sont notées $[\hat{\beta}]_\xi$. En général, $[\hat{\beta}]_\xi \neq \hat{\beta}_\xi$ sauf si $\Im(X_\xi) \perp \Im(X_{\bar{\xi}})$.
– Si nous disposons d'une nouvelle observation $x^{\star\prime} = [x_\xi^{\star\prime}, x_{\bar{\xi}}^{\star\prime}]$, nous avons les prévisions suivantes :

$$\hat{y}^p = x^{\star\prime}\hat{\beta} \qquad \hat{y}_\xi^p = x_\xi^{\star\prime}\hat{\beta}_\xi.$$

6.2   Choix incorrect de variables : conséquences

L'objectif de cette section est de bien comprendre les conséquences d'un mauvais choix des variables explicatives. Par « choix », nous entendons soit en prendre trop peu, soit en prendre le bon nombre mais pas les bonnes, soit en prendre trop. Nous allons analyser un exemple simple et généraliser ensuite les résultats. L'exemple que nous traitons dans cette partie est le suivant : admettons que nous ayons trois variables explicatives potentielles X_1, X_2 et X_3 et que le vrai modèle soit

$$Y \;\; = \;\; \beta_1 X_1 + \beta_2 X_2 + \varepsilon = X_{12}\beta_{12} + \varepsilon.$$

Une variable ne sert donc à rien mais ce fait n'est pas connu de l'utilisateur de la régression. Nous pouvons donc analyser sept modèles différents, trois modèles à une variable, trois modèles à deux variables et un modèle à trois variables. Nous analysons les 7 modèles mais ne précisons les calculs que lorsque $\xi = \{1\}$. Nous obtenons alors comme estimateurs :

$$\begin{aligned}
\hat{\beta}_1 &= (X_1'X_1)^{-1}X_1'Y \\
\hat{Y}_1 &= P_{X_1}Y \\
\hat{\sigma}_1^2 &= \|P_{X_1^\perp}Y\|^2/(n-1).
\end{aligned}$$

6.2.1 Biais des estimateurs

Analysons le biais de ces estimateurs en nous servant du vrai modèle $\mathbb{E}Y = \beta_1 X_1 + \beta_2 X_2 = X_{12}\beta_{12}$.

$$\begin{aligned}
\mathbb{E}\hat{\beta}_1 &= (X_1'X_1)^{-1}X_1'\mathbb{E}Y = \beta_1 + (X_1'X_1)^{-1}X_1'X_2\beta_2 \\
\mathbb{E}\hat{Y}_1 &= X_1\beta_1 + P_{X_1}X_2\beta_2.
\end{aligned}$$

Le biais est donc :

$$\begin{aligned}
B(\hat{\beta}_1) &= \mathbb{E}(\hat{\beta}_1) - \beta_1 = (X_1'X_1)^{-1}X_1'X_2\beta_2 \\
B(\hat{Y}_1) &= \mathbb{E}(\hat{Y}_1) - \mathbb{E}(Y) = P_{X_1}X_2\beta_2 - X_2\beta_2 = -P_{X_1^\perp}X_2\beta_2.
\end{aligned}$$

La matrice de projection orthogonale $P_{X_1^\perp}$ est non aléatoire (le choix de X_1 ne se fait pas en fonction des données), nous pouvons sortir cette matrice de l'espérance. La trace d'un projecteur est la dimension de l'espace sur lequel on projette, nous avons donc :

$$\begin{aligned}
\mathbb{E}\hat{\sigma}_1^2 &= \frac{1}{n-1}\mathbb{E}\,\mathrm{tr}(Y'P_{X_1^\perp}Y) = \frac{1}{n-1}\,\mathrm{tr}(P_{X_1^\perp}\mathbb{E}(YY')) \\
&= \frac{1}{n-1}\,\mathrm{tr}(P_{X_1^\perp}(V(Y)+\mathbb{E}(Y)\mathbb{E}(Y)')) = \sigma^2 + \frac{1}{n-1}\beta_{12}'X_{12}'P_{X_1^\perp}X_{12}\beta_{12} \\
&= \sigma^2 + \frac{1}{n-1}\beta_2^2\|P_{X_1^\perp}X_2\|^2.
\end{aligned}$$

Le biais vaut alors :

$$B(\hat{\sigma}_1^2) \;\; = \;\; \frac{1}{n-1}\beta_2^2\|P_{X_1^\perp}X_2\|^2.$$

En effectuant les calculs pour les 7 modèles possibles, nous avons le tableau 6.1.

modèle	estimations	propriétés
$Y_1 = X_1\beta_1 + \varepsilon$	$\hat{Y}_1 = X_1\hat{\beta}_1$ $\hat{\sigma}_1^2 = \dfrac{\|P_{X_1^\perp}Y\|^2}{n-1}$	$B(\hat{Y}_1) = -P_{X_1^\perp}X_2\beta_2$ $B(\hat{\sigma}_1^2) = \frac{1}{n-1}\beta_2^2\|P_{X_1^\perp}X_2\|^2$
$Y = X_2\beta_2 + \varepsilon$	$\hat{Y}_2 = X_2\hat{\beta}_2$ $\hat{\sigma}_2^2 = \dfrac{\|P_{X_2^\perp}Y\|^2}{n-1}$	$B(\hat{Y}_2) = -P_{X_2^\perp}X_1\beta_1$ $B(\hat{\sigma}_2^2) = \frac{1}{n-1}\beta_1^2\|P_{X_2^\perp}X_1\|^2$
$Y = X_3\beta_3 + \varepsilon$	$\hat{Y}_3 = X_3\hat{\beta}_3$ $\hat{\sigma}_3^2 = \dfrac{\|P_{X_3^\perp}Y\|^2}{n-1}$	$B(\hat{Y}_3) = -P_{X_3^\perp}X_{12}\beta_{12}$ $B(\hat{\sigma}_3^2) = \frac{1}{n-1}\beta_{12}'X_{12}'P_{X_{12}^\perp}X_{12}\beta_{12}$
$Y = X_{12}\beta_{12} + \varepsilon$	$\hat{Y}_{12} = X_{12}\hat{\beta}_{12}$ $\hat{\sigma}_{12}^2 = \dfrac{\|P_{X_{12}^\perp}Y\|^2}{n-2}$	$B(\hat{Y}_{12}) = 0$ $B(\hat{\sigma}_{12}^2) = 0$
$Y = X_{13}\beta_{13} + \varepsilon$	$\hat{Y}_{13} = X_{13}\hat{\beta}_{13}$ $\hat{\sigma}_{13}^2 = \dfrac{\|P_{X_{13}^\perp}Y\|^2}{n-2}$	$B(\hat{Y}_{13}) = -P_{X_{13}^\perp}X_{12}\beta_{12}$ $B(\hat{\sigma}_{13}^2) = \frac{1}{n-2}\beta_{12}'X_{12}'P_{X_{13}^\perp}X_{12}\beta_{12}$
$Y = X_{23}\beta_{23} + \varepsilon$	$\hat{Y}_{23} = X_{23}\hat{\beta}_{23}$ $\hat{\sigma}_{23}^2 = \dfrac{\|P_{X_{23}^\perp}Y\|^2}{n-2}$	$B(\hat{Y}_{23}) = -P_{X_{23}^\perp}X_{12}\beta_{12}$ $B(\hat{\sigma}_{23}^2) = \frac{1}{n-2}\beta_{12}'X_{12}'P_{X_{23}^\perp}X_{12}\beta_{12}$
$Y = X_{123}\beta_{123} + \varepsilon$	$\hat{Y}_{123} = X_{123}\hat{\beta}_{123}$ $\hat{\sigma}_{123}^2 = \dfrac{\|P_{X_{123}^\perp}Y\|^2}{n-3}$	$B(\hat{Y}_{123}) = 0$ $B(\hat{\sigma}_{123}^2) = 0$

Tableau 6.1 – Biais des différents estimateurs.

Nous constatons alors que dans les modèles « trop petits » (ici à 1 variable), c'est-à-dire admettant moins de variables que le modèle « correct » inconnu du statisticien, les estimateurs obtenus sont biaisés. A l'inverse, lorsque les modèles sont « trop grands » (ici à 3 variables), les estimateurs ne sont pas biaisés. Il semblerait donc qu'il vaille mieux travailler avec des modèles « trop grands ». Nous pouvons énoncer un résultat général (voir exercice 6.2) :

Proposition 6.1

  1. *$\hat{\beta}_\xi$ et $\hat{y}_\xi$ sont en général biaisés.*

  2. *$\hat{\sigma}_\xi^2$ est en général biaisé positivement, c'est-à-dire que, en moyenne, l'espérance de $\hat{\sigma}_\xi^2$ vaut σ^2 plus une quantité positive.*

L'estimation du biais est difficile car $x'\beta$ est inconnue. Analysons la variance des estimateurs afin de montrer que le biais et la variance varient en sens contraire.

6.2.2   Variance des estimateurs

Les dimensions des estimateurs varient avec la taille du modèle. Cependant, en nous servant de la formule d'inverse par bloc donnée en annexe, nous pouvons montrer que les estimateurs des composantes communes ont des variances plus faibles dans le modèle le plus petit :

$$\mathrm{V}(\hat{\beta}_1) \leq \mathrm{V}([\hat{\beta}_{12}]_1) \leq \mathrm{V}([\hat{\beta}_{123}]_1).$$

où

$$Y = X_1\beta_1 + \varepsilon \qquad V(\hat{\beta}_1) = (X_1'X_1)^{-1}\sigma^2$$

$$Y = X_{12}\beta_{12} + \varepsilon \qquad V(\hat{\beta}_{12}) = \begin{pmatrix} X_1'X_1 & X_1'X_2 \\ & X_2'X_2 \end{pmatrix}\sigma^2$$

$$Y = X_{123}\beta_{123} + \varepsilon \quad V(\hat{\beta}_{123}) = \begin{pmatrix} X_1'X_1 & X_1'X_2 & X_1'X_3 \\ & X_2'X_2 & X_2'X_3 \\ & & X_3'X_3 \end{pmatrix}\sigma^2.$$

Si nous travaillons avec les valeurs ajustées, nous avons le même phénomène :

$$Y = X_1\beta_1 + \varepsilon \qquad V(\hat{Y}_1) = P_{X_1}\sigma^2$$

$$Y = X_{12}\beta_{12} + \varepsilon \qquad V(\hat{Y}_{12}) = P_{X_{12}}\sigma^2 = P_{X_1}\sigma^2 + P_{X_2 \cap X_1^{\perp}}\sigma^2$$

$$Y = X_{123}\beta_{123} + \varepsilon \quad V(\hat{Y}_{123}) = P_{X_{123}}\sigma^2 = P_{X_1}\sigma^2 + P_{X_{23} \cap X_1^{\perp}}\sigma^2.$$

Nous pouvons énoncer un résultat général (voir exercice 6.3) :

Proposition 6.2

1. $V([\hat{\beta}]_\xi) - V(\hat{\beta}_\xi)$ *est une matrice semi-définie positive, ce qui veut dire que les composantes communes aux deux modèles sont mieux estimées (moins variables) dans le modèle le plus petit.*

2. *La variance des données ajustées dans le modèle le plus petit est plus faible que celle des données ajustées dans le modèle plus grand* $V(\hat{Y}) \geq V(\hat{Y}_\xi)$.

Si le critère de choix de modèle est la variance, l'utilisateur choisira des modèles admettant peu de paramètres à estimer ! En général, il est souhaitable d'obtenir un modèle précis en moyenne (faible biais) et ayant une variance faible. Nous venons de voir qu'un moyen simple d'atteindre le premier objectif consiste à conserver toutes les variables dont nous disposons alors que le second sera atteint en éliminant beaucoup de variables. L'erreur quadratique moyenne (EQM) va concilier ces deux objectifs.

6.2.3   Erreur quadratique moyenne

L'erreur quadratique moyenne (EQM) d'un estimateur $\hat{\theta}$ de θ de dimension p est

$$\begin{aligned} \mathrm{EQM}(\hat{\theta}) &= \mathbb{E}((\theta - \hat{\theta})(\theta - \hat{\theta})') \\ &= \mathbb{E}(\theta - \hat{\theta})\mathbb{E}(\theta - \hat{\theta})' + V(\hat{\theta}), \end{aligned}$$

c'est-à-dire le biais « au carré » plus la variance. Un estimateur biaisé peut être meilleur qu'un estimateur non biaisé si sa variance est plus petite. Illustrons, sur un exemple simple, l'équilibre biais variance.

Supposons que nous connaissions la valeur du paramètre θ, ici $\theta = 0$ ainsi que la loi de deux estimateurs $\hat{\theta}_1$ et $\hat{\theta}_2$: $\hat{\theta}_1 \sim \mathcal{N}(-0.5, 1)$ et $\hat{\theta}_2 \sim \mathcal{N}(0, 3^2)$. Nous savons donc que $\hat{\theta}_1$ est biaisé, car $\mathbb{E}(\hat{\theta}_1) = -0.5 \neq \theta$ mais pas $\hat{\theta}_2$. A *priori*, nous serions tentés de prendre $\hat{\theta}_2$, puisqu'en moyenne il « tombe » sur le vrai paramètre θ. Comparons plus attentivement ces deux estimateurs en traçant leur densité. La figure 6.1 présente les densités de ces deux estimateurs et un intervalle de confiance à 95 % de ceux-ci. Si nous choisissons $\hat{\theta}_1$, la distance entre le vrai paramètre et une estimation est, en moyenne, plus faible que pour le choix de $\hat{\theta}_2$. La moyenne de cette distance euclidienne peut être calculée et c'est l'EQM. Ici l'EQM de $\hat{\theta}_1$ vaut 1.25 (biais au carré + variance) et celui de $\hat{\theta}_2$ vaut 3 donc le choix de $\hat{\theta}_1$ est plus raisonnable que $\hat{\theta}_2$: en moyenne il ne vaudra pas la valeur du paramètre, il est biaisé, mais en général il « tombe » moins loin du paramètre car il est moins variable (faible variance).

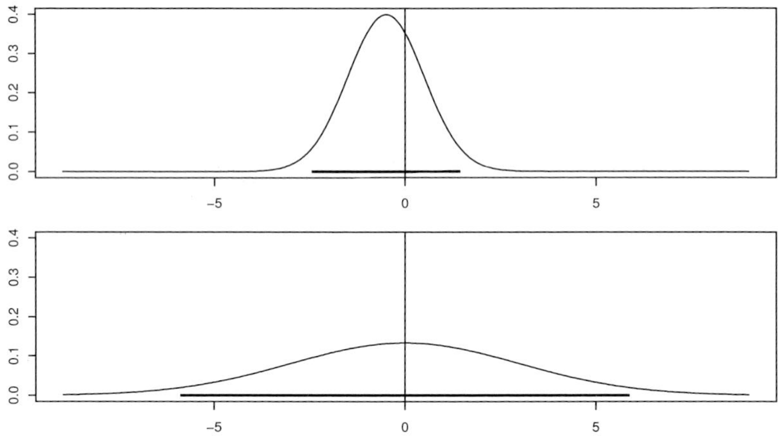

Fig. 6.1 – Estimateurs biaisé et non biaisé. En trait plein est figurée la densité de l'estimateur biaisé (en haut) et non biaisé (en bas). La droite verticale représente la valeur du paramètre réel à estimer. Le segment horizontal épais figure l'étendue correspondant à 95 % de la probabilité.

L'EQM permet donc de comparer les estimateurs d'un même paramètre. Il est le résultat d'un équilibre entre le biais et la variance, qui réagissent en général en sens contraire.

Revenons au problème de la régression où nous avons plusieurs ensembles de variables ξ. Nous allons utiliser l'EQM comme mesure de comparaison. Nous pouvons comparer soit des estimateurs $\hat{\beta}_\xi \in \mathbb{R}^{|\xi|}$, soit des valeurs ajustées $x'_\xi \hat{\beta}_\xi \in \mathbb{R}$, où x'_ξ correspond à une ligne de la matrice X_ξ, soit des valeurs prévues $x^{\star}_\xi{}' \hat{\beta}_\xi \in \mathbb{R}$, où $x^{\star}_\xi \in \mathbb{R}^{|\xi|}$ est une nouvelle observation. Il est classique de traiter le choix de variables *via* l'analyse de la valeur ajustée ou de la valeur prévue et non pas *via* les estimateurs $\hat{\beta}_\xi$ dont les dimensions varient avec $|\xi|$. Les définitions que nous allons introduire de l'EQM et de l'EQM de prévision, notée EQMP, seront adaptées à notre problème.

Définition 6.1 (EQM)
Considérons le modèle de régression $Y = X\beta + \varepsilon$ où β, le paramètre inconnu du modèle, peut avoir des coordonnées nulles. Soit $x \in \mathbb{R}^p$ le vecteur colonne d'une

observation, nous avons $x_\xi \in \mathbb{R}^{|\xi|}$ et $\hat{\beta}_\xi$ l'estimateur des MC obtenus avec ces $|\xi|$ variables. L'erreur quadratique moyenne est définie par

$$\mathrm{EQM}(\hat{y}_\xi) = \mathbb{E}((x_\xi' \hat{\beta}_\xi - x'\beta)^2) = \mathrm{V}(x_\xi' \hat{\beta}_\xi) + B^2(x_\xi' \hat{\beta}_\xi),$$

où $B(x_\xi' \hat{\beta}_\xi) = \mathbb{E}(x_\xi' \hat{\beta}_\xi) - x'\beta$ est le biais de $x_\xi' \hat{\beta}_\xi$.

Si nous possédons n observations x_ξ regroupées dans une matrice X_ξ et $\hat{\beta}_\xi$ l'estimateur des MC obtenu avec ces $|\xi|$ variables, nous définissons la trace de la matrice de l'EQM par

$$\mathrm{tr}(\mathrm{EQM}(\hat{Y}_\xi)) = \mathrm{tr}(\mathrm{V}(X_\xi \hat{\beta}_\xi)) + B(X_\xi \hat{\beta}_\xi)' B(X_\xi \hat{\beta}_\xi).$$

Nous pouvons développer le calcul de la décomposition de l'EQM pour les valeurs ajustées avec le modèle ξ

$$\begin{aligned}
\mathrm{tr}(\mathrm{EQM}(\hat{Y}_\xi)) &= \mathrm{tr}(\mathrm{V}(X_\xi \hat{\beta}_\xi)) + B(X_\xi \hat{\beta}_\xi)' B(X_\xi \hat{\beta}_\xi) \\
&= \mathrm{tr}(\mathrm{V}(P_{X_\xi} Y)) + (\mathbb{E}(X_\xi \hat{\beta}_\xi) - X\beta)'(\mathbb{E}(X_\xi \hat{\beta}_\xi) - X\beta) \\
&= |\xi|\sigma^2 + \|(I - P_{X_\xi})X\beta\|^2. \qquad (6.1)
\end{aligned}$$

Afin de pouvoir sortir P_{X_ξ} de la variance, il faut que P_{X_ξ} soit fixe et donc que *le choix du modèle X_ξ ne dépende pas des données sur lesquelles on évalue le projecteur.* Si le choix des variables a été effectué sur le même jeu de données que celui qui sert à estimer les paramètres, nous devrions considérer un terme de biais supplémentaire appelé biais de sélection. Nous reviendrons sur ce concept à la fin du chapitre.

Revenons à l'exemple et calculons l'EQM des 7 modèles

$$Y = \beta_1 X_1 + \beta_2 X_2 + \varepsilon = X_{12}\beta_{12} + \varepsilon.$$

Considérons le modèle avec une variable X_1, nous avons pour le terme $\mathrm{tr}(\mathrm{EQM})$, utilisant $\mathcal{H}_2$ et des propriétés des projecteurs (symétrie, idempotence et trace) :

$$\begin{aligned}
\mathrm{tr}(\mathrm{EQM}(X_1 \hat{\beta}_1)) &= \mathrm{tr}(\mathrm{V}(X_1 \hat{\beta}_1)) + B(X_1 \hat{\beta}_1)' B(X_1 \hat{\beta}_1) \\
&= \mathrm{tr}(\mathrm{V}(P_{X_1} Y)) + \|\mathbb{E}(X_1 \hat{\beta}_1) - X_{12}\beta_{12}\|^2 \\
&= \sigma^2 \mathrm{tr}(P_{X_1}) + \|\mathbb{E}(P_{X_1}(X_{12}\beta_{12} + \varepsilon)) - X_{12}\beta_{12}\|^2 \\
&= \sigma^2 + \|P_{X_1^\perp} X_{12}\beta_{12}\|^2.
\end{aligned}$$

Nous avons donc :

$$\begin{aligned}
\mathrm{tr}(\mathrm{EQM}(X_1 \hat{\beta}_1)) &= \sigma^2 + \|P_{X_1^\perp} X_{12}\beta_{12}\|^2 \\
\mathrm{tr}(\mathrm{EQM}(X_2 \hat{\beta}_2)) &= \sigma^2 + \|P_{X_2^\perp} X_{12}\beta_{12}\|^2 \\
\mathrm{tr}(\mathrm{EQM}(X_3 \hat{\beta}_3)) &= \sigma^2 + \|P_{X_3^\perp} X_{12}\beta_{12}\|^2 \\
\mathrm{tr}(\mathrm{EQM}(X_{12} \hat{\beta}_{12})) &= 2\sigma^2 \\
\mathrm{tr}(\mathrm{EQM}(X_{13} \hat{\beta}_{13})) &= 2\sigma^2 + \|P_{X_{13}^\perp} X_{12}\beta_{12}\|^2 \\
\mathrm{tr}(\mathrm{EQM}(X_{13} \hat{\beta}_{13})) &= 2\sigma^2 + \|P_{X_{13}^\perp} X_{12}\beta_{12}\|^2
\end{aligned}$$

$$\begin{aligned}
\mathrm{tr}(\mathrm{EQM}(X_{23}\hat{\beta}_{23})) &= 2\sigma^2 + \|P_{X_{23}^{\perp}}X_{12}\beta_{12}\|^2 \\
\mathrm{tr}(\mathrm{EQM}(X_{123}\hat{\beta}_{123})) &= 3\sigma^2.
\end{aligned}$$

Le choix du modèle ayant la plus petite tr(EQM) parmi les sept modèles initiaux revient à analyser la tr(EQM) des quatre modèles suivants :

$$\mathrm{tr}(\mathrm{EQM}(X_1\hat{\beta}_1)), \quad \mathrm{tr}(\mathrm{EQM}(X_2\hat{\beta}_2)), \quad \mathrm{tr}(\mathrm{EQM}(X_3\hat{\beta}_3)) \quad \text{et} \quad \mathrm{tr}(\mathrm{EQM}(X_{12}\hat{\beta}_{12})).$$

Supposons maintenant que nous connaissons les autres quantités inconnues et que la plus petite norme soit celle de $\|P_{X_1^{\perp}}X_{12}\beta_{12}\|^2$. Il nous faut donc choisir entre

$$\mathrm{tr}(\mathrm{EQM}(X_1\hat{\beta}_1)) = \sigma^2 + \|P_{X_1^{\perp}}X_{12}\beta_{12}\|^2 \quad \text{et} \quad \mathrm{tr}(\mathrm{EQM}(X_{12}\hat{\beta}_{12})) = 2\sigma^2.$$

Afin de choisir le modèle ayant la plus petite tr(EQM), il faut comparer σ^2 à $\|P_{X_1^{\perp}}X_{12}\beta_{12}\|^2$. Cela sera donc le modèle X_1 ou le modèle X_{12}, tout dépendra de la valeur de σ^2 et de $\|P_{X_1^{\perp}}X_{12}\beta_{12}\|^2$. Dans l'exemple de la figure 6.2, nous sélectionnons le modèle 2 (le vrai modèle) car dans ce cas $\|P_{X_1^{\perp}}X_{12}\beta_{12}\|^2 > \sigma^2$. Si au contraire $\|P_{X_1^{\perp}}X_{12}\beta_{12}\|^2 < \sigma^2$, nous choisissons le modèle 1, c'est-à-dire un modèle un peu faux (le terme de biais) mais plus précis (la variance est plus faible) que le vrai modèle.

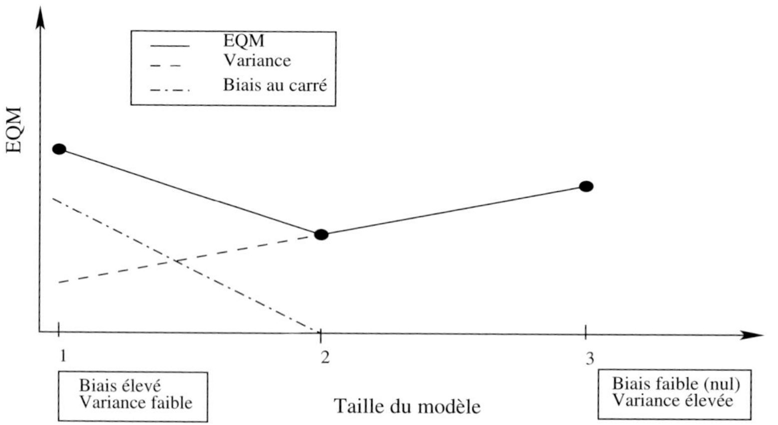

Fig. 6.2 – Compromis biais^2/variance dans la cas où $\mathrm{tr}\,\mathrm{EQM}(1) > 2\sigma^2$.

Il est en général difficile d'estimer le biais car la valeur du paramètre est inconnue, il est par contre plus facile d'estimer la variance. Nous verrons dans la suite de ce chapitre des procédures pour estimer l'EQM, mais dans un premier temps il semble plus facile de considérer l'EQM de prévision ou sa trace.

6.2.4   Erreur quadratique moyenne de prévision

L'EQM ou sa trace est un critère classique en statistique, mais il ne fait pas intervenir de nouvelles observations $Y^\star$. Si l'on souhaite donc évaluer l'EQM de prévision de ces nouvelles observations $Y^\star$ nous avons la définition suivante :

Définition 6.2 (EQMP)

Considérons $x^\star \in \mathbb{R}^p$, une nouvelle observation, et $x_\xi^\star$ ses composantes correspondant à ξ. L'erreur quadratique moyenne de prévision est définie par

$$\mathrm{EQMP}(\hat{y}_\xi^p) = \mathbb{E}((x_\xi^{\star\prime}\hat{\beta}_\xi - y^\star)^2) = \mathrm{EQM}(x_\xi^{\star\prime}\hat{\beta}_\xi) + \sigma^2 - 2\mathbb{E}([x_\xi^{\star\prime}\hat{\beta}_\xi - x^{\star\prime}\beta]\varepsilon^\star).$$

Si $\varepsilon^\star$ n'est pas corrélé avec les ε, nous avons alors

$$\mathrm{EQMP}(\hat{y}_\xi^p) = \mathrm{EQM}(x_\xi^\star\hat{\beta}_\xi) + \sigma^2.$$

*Si nous possédons $n^\star$ nouvelles observations $x^\star$ regroupées dans une matrice $X^\star$ nous utilisons la trace de l'*EQMP

$$\mathrm{tr}(\mathrm{EQMP}(\hat{Y}_\xi^p)) = \mathrm{tr}(\mathrm{EQM}(X_\xi^\star\hat{\beta})) + n^\star\sigma^2 - 2\mathbb{E}((X_\xi^\star\hat{\beta}_\xi - X^\star\beta)'\varepsilon^\star).$$

Si $\varepsilon^\star$ n'est pas corrélé avec les ε, nous avons alors

$$\mathrm{tr}(\mathrm{EQMP}(\hat{y}_\xi^p)) = \mathrm{tr}(\mathrm{EQM}(x_\xi^\star\hat{\beta}_\xi)) + n^\star\sigma^2.$$

– Nous pouvons constater que si les données sur lesquelles se fait la prévision sont indépendantes des données sur lesquelles sont calculées les estimations (deux jeux de données différents), alors l'EQM et l'EQMP sont identiques à la variance de l'erreur près.

Reprenons l'exemple précédent

$$Y = \beta_1 X_1 + \beta_2 X_2 + \varepsilon = X_{12}\beta_{12} + \varepsilon$$

et supposons que nous ayons $n^\star$ nouvelles observations concaténées dans la matrice $X^\star$. Nous avons alors

$$\begin{aligned}
\mathrm{tr}(\mathrm{EQMP}(X_1^\star\hat{\beta}_1)) &= (n^\star + 1)\sigma^2 + \|P_{X_1^\perp} X_{12}^\star\beta_{12}\|^2 \\
\mathrm{tr}(\mathrm{EQMP}(X_2^\star\hat{\beta}_2)) &= (n^\star + 1)\sigma^2 + \|P_{X_2^\perp} X_{12}^\star\beta_{12}\|^2 \\
\mathrm{tr}(\mathrm{EQMP}(X_3^\star\hat{\beta}_3)) &= (n^\star + 1)\sigma^2 + \|P_{X_3^\perp} X_{12}^\star\beta_{12}\|^2 \\
\mathrm{tr}(\mathrm{EQMP}(X_{12}^\star\hat{\beta}_{12})) &= (n^\star + 2)\sigma^2 \\
\mathrm{tr}(\mathrm{EQMP}(X_{13}^\star\hat{\beta}_{13})) &= (n^\star + 2)\sigma^2 + \|P_{X_{13}^\perp} X_{12}^\star\beta_{12}\|^2 \\
\mathrm{tr}(\mathrm{EQMP}(X_{23}^\star\hat{\beta}_{23})) &= (n^\star + 2)\sigma^2 + \|P_{X_{23}^\perp} X_{12}^\star\beta_{12}\|^2 \\
\mathrm{tr}(\mathrm{EQMP}(X_{123}^\star\hat{\beta}_{123})) &= (n^\star + 3)\sigma^2.
\end{aligned}$$

– Si nous appliquons la formule de l'EQMP aux données X, nous obtenons

$$\begin{aligned}
\mathrm{tr}(\mathrm{EQMP}(\hat{Y})) &= \mathbb{E}\|\hat{Y} - Y\|^2 \\
&= \mathrm{tr}(\mathrm{EQM}(X\hat{\beta})) + n\sigma^2 - 2\mathbb{E}(\langle X\hat{\beta} - X\beta, \varepsilon\rangle) \\
&= \mathrm{tr}(\mathrm{EQM}(X\hat{\beta})) + n\sigma^2 - 2\mathbb{E}(\langle X\hat{\beta}, \varepsilon\rangle) \\
&= \mathrm{tr}(\mathrm{EQM}(X\hat{\beta})) + n\sigma^2 - 2\mathbb{E}(\varepsilon' P_X \varepsilon) \\
&= \mathrm{tr}(\mathrm{EQM}(X\hat{\beta})) + n\sigma^2 - 2p\sigma^2.
\end{aligned}$$

– Si nous calculons la tr(EQMP) théorique des trois modèles, nous obtenons

$$
\begin{aligned}
\mathrm{tr}(\mathrm{EQMP}(\hat{Y}(X_1))) &= \|P_{X_1^\perp} X\beta\|^2 + \sigma^2(n-1) \\
\mathrm{tr}(\mathrm{EQMP}(\hat{Y}(X_{12}))) &= \sigma^2(n-2) \\
\mathrm{tr}(\mathrm{EQMP}(\hat{Y}(X_{123}))) &= \sigma^2(n-3).
\end{aligned}
$$

La tr(EQMP) préconise d'utiliser le modèle ayant le plus de variables explicatives. En fait ce critère n'a pas de sens lorsqu'il est utilisé sur les données qui ont servi à estimer les paramètres.

Nous pouvons maintenant résumer toutes les conclusions tirées au cours de cette section en une démarche à suivre pour la sélection de variables.

6.3   La sélection de variables en pratique

Deux jeux de données ou beaucoup d'observations

Si nous disposons de deux jeux de données, l'un d'apprentissage (X, Y) pour estimer le modèle et l'autre de validation $(X^\star, Y^\star)$, nous pouvons estimer l'EQMP en utilisant l'erreur de prévision (ou MSEP)

$$
\mathrm{tr}(\widehat{\mathrm{EQMP}}(\hat{Y}_\xi^p)) = \frac{1}{n^\star}\|Y^\star - \hat{Y}_\xi^p\|^2 = \frac{1}{n^\star}\|Y^\star - X_\xi^\star \hat{\beta}_\xi\|^2, \tag{6.2}
$$

où $\hat{\beta}_\xi$ est l'estimateur des coefficients utilisant le jeu de données d'apprentissage uniquement. Nous avons un estimateur de tr(EQMP).

Il suffit donc, pour tous les ensembles ξ de variables explicatives, de calculer la trace de l'EQM. Les variables sélectionnées $\tilde{\xi}$ sont celles dont la trace de l'EQM associé est minimale.

Deux problèmes importants sont à noter.

1. Il faut posséder suffisamment d'observations, tant dans le jeu d'apprentissage que dans le jeu de validation. Il faut suffisamment de données pour pouvoir bien estimer le modèle dans le jeu d'apprentissage et suffisamment dans le jeu de validation pour avoir une bonne idée du comportement « moyen » du modèle.

   De plus, nous avons rarement deux jeux de données. Une possibilité consiste alors à séparer le jeu initial en deux parties, l'une réservée à l'apprentissage, l'autre à la validation. Cela nécessite donc beaucoup d'observations.

   Évidemment il n'est pas possible de donner de règle quant à la taille minimum n requise. De même, pour les tailles respectives n_a et n_v des jeux d'apprentissage et de validation, sont souvent énoncées les proportions $3/4, 1/4$ ou $1/2, 1/2$ sans aucune véritable justification.

2. Le second problème réside dans l'obligation de calculer la trace de l'EQM pour tous les ensembles ξ possibles. Cela nécessite de l'ordre de 2^p calculs

de la trace de l'EQM. Dès que p est grand ($p > 6$), cela devient presque impossible. Des algorithmes adaptés sont alors nécessaires mais aucun logiciel, à notre connaissance, n'en propose.

Nous proposons toujours de travailler avec un échantillon d'apprentissage et un échantillon de validation. Sur l'échantillon d'apprentissage, le statisticien choisit des modèles en utilisant les critères et les algorithmes de sélection que nous allons présenter dans les sections suivantes. Ces méthodes sont implémentées dans tous les logiciels. Selon le critère de sélection choisi (AIC, BIC, C_p, test entre modèles, voir section 6.4) et l'algorithme utilisé, l'utilisateur aura un ou plusieurs modèles candidats. Parmi ce nombre restreint de modèles candidats, il suffit alors d'utiliser l'échantillon de validation pour choisir le modèle qu'il va conserver et étudier. Bien entendu, cette démarche ne permet pas d'envisager tous les modèles, mais elle reste la méthode pratique recommandée dès que cela est possible, c'est-à-dire dès que n est suffisamment grand.

Un seul jeu de données et peu d'observations

En général, le statisticien ne dispose que d'un jeu de données. Quand le nombre n d'observations est trop faible pour pouvoir séparer le jeu de données en 2 parties, un critère de choix de modèle doit être utilisé. La section suivante discute des critères classiques. Le grand avantage de ces critères réside dans le fait qu'ils sont disponibles dans tous les logiciels de statistiques.

Une autre solution, proche de la méthode de la section précédente, existe. Ici, le nombre d'observations étant trop faible pour avoir suffisamment de données dans le jeu de validation et dans le jeu d'apprentissage, nous séparons le jeu de données en B blocs disjoints. Chaque bloc possède n_v observations sauf un dont la taille est ajustée sur les observations restantes ($n - (B-1)n_v$). Un bloc k est mis de côté et il sert de jeu de validation. Les autres $B - 1$ blocs servent d'apprentissage. Sur ces $B - 1$ blocs restants, on estime, pour tous les ensembles ξ de variables, les paramètres notés $\hat{\beta}_\xi$. On calcule ensuite la trace de l'EQMP sur le k^e bloc (de validation)

$$\mathrm{tr}(\widehat{\mathrm{EQMP}^{(k)}}(\hat{Y}_\xi^p)) \;=\; \frac{1}{n_k}\|Y^{(k)} - \hat{Y}_\xi^p\|^2 = \frac{1}{n_k}\|Y^{(k)} - X_\xi^{(k)}\hat{\beta}_\xi\|^2,$$

où $\hat{\beta}_\xi$ est l'estimateur des coefficients utilisant les $B - 1$ blocs d'apprentissage uniquement et $(X^{(k)}, Y^{(k)})$ sont les données du k^e bloc. Le k^e bloc possède n_k observations (qui vaut en général n_v sauf pour le dernier bloc). Cette procédure est réitérée pour tous les blocs k variant entre 1 et B et on calcule donc pour tous les ensembles ξ possibles la moyenne $\sum_{k=1}^{B} \mathrm{tr}(\widehat{\mathrm{EQMP}^{(k)}}(\hat{Y}_\xi^p))/B$. Le modèle sélectionné est bien sûr le modèle $\tilde{\xi}$ qui minimise cette moyenne. La procédure est une procédure de validation croisée de taille B (*B-fold cross-validation*).

Nous sommes toujours confrontés aux mêmes problèmes, à savoir le choix de B (et donc de la proportion de l'apprentissage par rapport à la validation). En général, l'ordre de grandeur de B est 10, si le nombre d'observations par bloc est suffisant. Le second problème réside dans le fait qu'il faille calculer le critère de choix, sur tous les ensembles de variables ξ. Cette procédure n'étant pas implémentée dans les logiciels, la démarche pratique consiste à sélectionner un petit nombre de modèles candidats par des critères de sélection classique, puis à les comparer par la procédure de validation croisée de taille B.

6.4   Critères classiques de choix de modèles

Nous allons nous intéresser aux méthodes classiques de sélection de modèle. Les principaux critères de choix sont le R^2, le R_a^2, le C_p, l'AIC, le BIC et leurs extensions. D'un autre côté, le test F entre modèles emboîtés permet de comparer selon une approche de type test classique les modèles entre eux. Quand ceux-ci ne sont pas emboîtés l'un dans l'autre, une approche basée sur des intervalles de confiance peut être utilisée. Cette approche, moins répandue, n'est pas en général implémentée dans les logiciels. Néanmoins le lecteur intéressé pourra consulter la description de Miller (2002).

Nous allons présenter différents critères de choix de modèles et les appliquer aux données de l'ozone. Il y a donc $n = 50$ observations, la constante sera toujours dans le modèle et nous avons 9 variables explicatives potentielles. Sur ce jeu de données, nous pouvons analyser 512 (2^9) modèles (la constante est dans tous les modèles).

6.4.1   Tests entre modèles emboîtés

Si les modèles concurrents sont emboîtés les uns dans les autres, il est alors possible d'utiliser une procédure de test (3.2 p. 56). Notons le modèle ξ à $|\xi|$ variables et le modèle ξ_{+1} correspondant au modèle ξ auquel on a rajouté une variable supplémentaire. Afin de choisir entre ces deux modèles emboîtés, nous avons la statistique de test suivante (voir p. 56) :

$$F = \frac{\mathrm{SCR}(\xi) - \mathrm{SCR}(\xi_{+1})}{\hat{\sigma}^2}.$$

Afin que F suive une loi Fisher, l'estimation de $\hat{\sigma}^2$ doit suivre une loi du χ^2 indépendante du numérateur. Classiquement σ^2 est estimé de deux manières différentes :

1. Estimation de σ^2 par $\mathrm{SCR}(\xi_{+1})/(n - |\xi| - 1)$.
   L'estimateur utilisé de σ^2 est celui provenant du modèle le plus « grand », soit le modèle (ξ_{+1}). Cette solution est en général utilisée par les logiciels de statistiques ;

2. Estimation de σ^2 par $\mathrm{SCR}(p)/(n - p)$.
   L'estimateur utilisé provient de l'estimateur trouvé pour le modèle complet.

Nous avons donc le théorème suivant.

Théorème 6.1 (Tests entre modèles emboîtés)

Soient deux modèles, le modèle ξ et le modèle ξ_{+1}. La statistique de test permettant de tester l'hypothèse H_0 : $\quad \mathbb{E}Y \in \mathcal{M}_{X_\xi}$ contre l'hypothèse H_1 : $\quad \mathbb{E}Y \in \mathcal{M}_{X_{\xi_{+1}}}$, est

1. *La variance σ^2 est estimée par $\mathrm{SCR}(\xi_{+1})/(n-|\xi|-1)$. Si*

$$F_1 = \frac{\mathrm{SCR}(\xi) - \mathrm{SCR}(\xi_{+1})}{\mathrm{SCR}(\xi_{+1})} \times (n-|\xi|-1) > f_{1,n-|\xi|-1}(1-\alpha)$$

   alors le modèle ξ est repoussé, au niveau α du test, au profit du modèle (ξ_{+1}), une variable est rajoutée au modèle.

2. *La variance σ^2 est estimée par $\mathrm{SCR}(p)/(n-p)$. Si*

$$F_2 = \frac{\mathrm{SCR}(\xi) - \mathrm{SCR}(\xi_{+1})}{\mathrm{SCR}(p)} \times (n-p) > f_{1,n-p}(1-\alpha).$$

   alors le modèle ξ est repoussé, au niveau α du test, au profit du modèle (ξ_{+1}), une variable est rajoutée au modèle.

Il est difficile de comparer ces deux manières de procéder car σ^2 n'est pas estimée de la même manière.

6.4.2 Le R^2

Le R^2 est défini *via* la SCR, en effet

$$\mathrm{R}^2(\xi) = \frac{\|\hat{Y}(|\xi|) - \bar{y}\mathbf{1}\|^2}{\|Y - \bar{y}\mathbf{1}\|^2} = 1 - \frac{\mathrm{SCR}(\xi)}{\mathrm{SCT}}.$$

Il s'agit d'un critère relié directement à la $\mathrm{SCR}(\xi)$). Le R^2 augmente toujours avec le nombre de variables $|\xi|$. Comparons la variation du $\mathrm{R}^2(\xi)$ obtenu avec les ξ variables et le R^2 obtenu avec les mêmes ξ variables plus une autre variable, soit $\mathrm{R}^2(\xi_{+1})$.

$$
\begin{aligned}
\mathrm{R}^2(\xi_{+1}) - \mathrm{R}^2(\xi) &= \frac{\|P_{X_\xi^\perp} Y\|^2 - \|P_{X_{\xi_{+1}}^\perp} Y\|^2}{\|Y - \bar{y}\mathbf{1}\|^2} \\
&= \frac{\|P_{X_\xi^\perp} P_{X_{\xi_{+1}}^\perp} Y + P_{X_\xi^\perp} P_{X_{\xi_{+1}}} Y\|^2 - \|P_{X_{\xi_{+1}}^\perp} Y\|^2}{\|Y - \bar{y}\mathbf{1}\|^2} \\
&= \frac{\|P_{X_\xi^\perp} P_{X_{\xi_{+1}}} Y\|^2}{\|Y - \bar{y}\mathbf{1}\|^2} \geq 0.
\end{aligned}
$$

Nous avons le graphique général suivant :

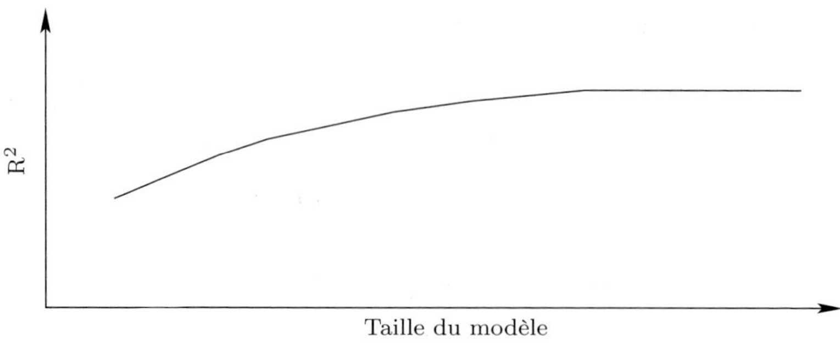

Fig. 6.3 – R^2 théorique.

Bien entendu le même résultat est obtenu avec la définition du R^2 quand les deux modèles ne contiennent pas la constante (2.3, p. 39).

En général, il ne faut donc pas utiliser le R^2 comme critère de choix de modèle car ce critère va toujours augmenter avec le nombre de variables. Il peut cependant servir à comparer des modèles ayant le même nombre de variables explicatives.

Voyons cela sur l'exemple de l'ozone :

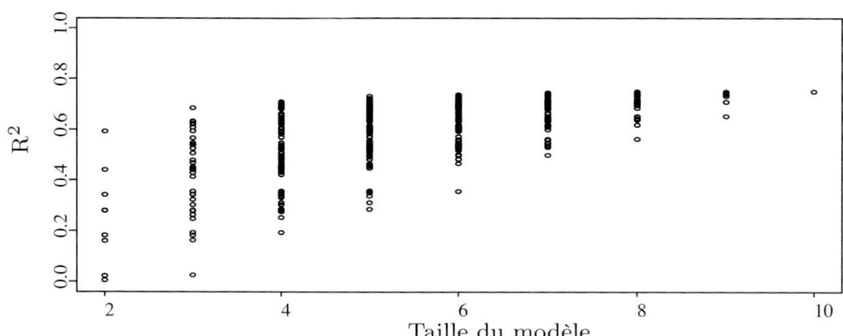

Fig. 6.4 – R^2 pour les 511 modèles possibles de l'exemple de l'ozone.

Nous savons que cette quantité croît avec le nombre de variables inclues dans le modèle et ce résultat se retrouve sur le graphique (fig. 6.4). Le R^2 ne permet pas de choisir entre différents modèles. De manière classique on parle alors d'ajustement de qualité croissante des données : le R^2 augmente, la SCR diminue, donc l'erreur estimée est de plus en plus petite et donc les ajustements $\hat{Y}$ sont de plus en plus proches de Y. On ne parle pas de prévision puisqu'on a utilisé les Y pour estimer $\hat{Y}$. Par contre, à taille fixée, le R^2 permet de comparer les modèles entre eux et de sélectionner celui qui donne le meilleur ajustement.

En considérant le graphique 6.4, le meilleur modèle au sens du R^2 est donc celui avec 10 variables. Cependant, la valeur du R^2 obtenue pour le meilleur modèle à 5 variables est relativement proche de la valeur du R^2 obtenue avec le modèle complet. L'utilisateur pourra peut-être considérer ce modèle.

6.4.3 Le R^2 ajusté

Le R^2 ajusté est défini par

$$\begin{aligned}
R_a^2(\xi) &= 1 - \frac{n-1}{n-|\xi|}\left(1 - R^2(\xi)\right)\\
&= 1 - \frac{n-1}{n-|\xi|}\frac{\mathrm{SCR}(\xi)}{\mathrm{SCT}}\\
&= 1 - \frac{n-1}{\mathrm{SCT}}\frac{\mathrm{SCR}(\xi)}{n-|\xi|}.
\end{aligned}$$

Le R_a^2 est donc fonction des carrés moyens définis comme la somme des carrés divisée par le nombre de degrés de liberté. Le but est de maximiser le R_a^2, ce qui revient à minimiser $\mathrm{SCR}(\xi)$ divisée par son degré de liberté. La SCR et $n-|\xi|$ diminuent lorsque $|\xi|$ augmente. Le carré moyen résiduel $\mathrm{CMR}(\xi)$ peut augmenter lorsque la réduction de la SCR, obtenue en ajoutant une variable dans le modèle, ne suffit pas à compenser la perte d'un ddl du dénominateur. Nous obtenons alors en général le graphique suivant pour la SCR $/ddl$ et le R_a^2 ajusté :

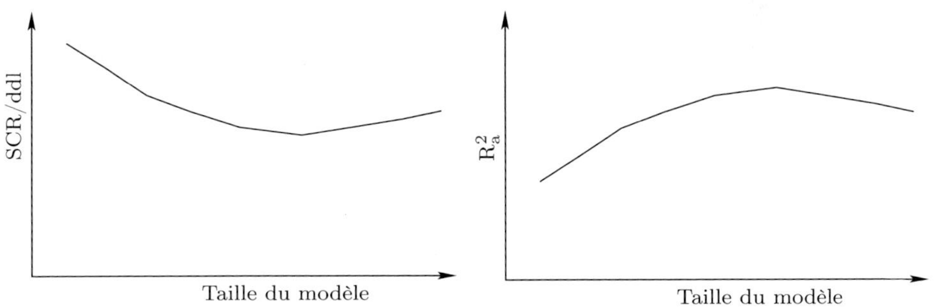

Fig. 6.5 – CMR et R_a^2.

Voyons maintenant le critère du R_a^2 sur l'exemple de l'ozone :

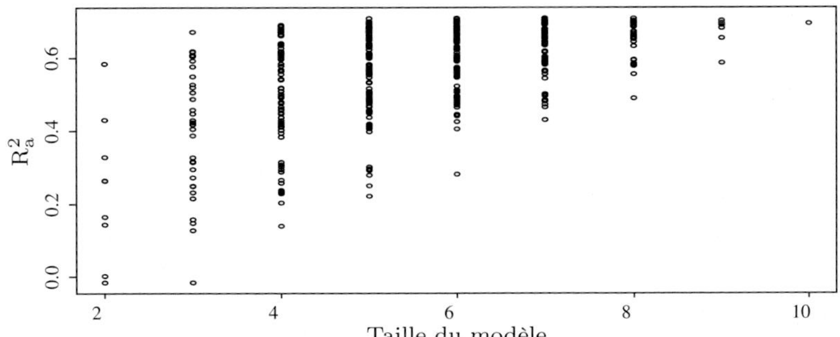

Fig. 6.6 – R^2 ajusté pour l'exemple de l'ozone.

Sur le graphique précédent, l'utilisation du R_a^2 nous conduirait à choisir un modèle à 5 ou 6 variables.

6.4.4   Le C_p de Mallows

La définition du C_p de Mallows (1973) est la suivante :

Définition 6.3
Le $C_p(\xi)$ d'un modèle à ξ variables explicatives est défini par

$$C_p(\xi) = \frac{\text{SCR}(\xi)}{\hat{\sigma}^2} - n + 2|\xi|, \tag{6.3}$$

où SCR est la valeur de la SCR(ξ) *dans le sous-modèle caractérisé par ξ alors que $\hat{\sigma}^2$ est un estimateur sans biais de σ^2. En général $\hat{\sigma}^2$ a été estimé dans le modèle complet à p variables.*

Remarque
Si P_{X_ξ} est non aléatoire, nous avons montré (équation (6.1)) que

$$\text{tr}(\text{EQM}(\hat{Y}_\xi)) \;\; = \;\; |\xi|\sigma^2 + \|(I - P_{X_\xi})X\beta\|^2.$$

Calculons l'espérance de la somme des carrés résiduels :

$$
\begin{aligned}
\mathbb{E}(\text{SCR}(\xi)) \;\; &= \;\; \mathbb{E}(\|Y - \hat{Y}_\xi\|^2) \\
&= \;\; \mathbb{E}(\|(I - P_{X_\xi})X\beta + (I - P_{X_\xi})\varepsilon\|^2) \\
&= \;\; \|(I - P_{X_\xi})X\beta\|^2 + (n - |\xi|)\sigma^2.
\end{aligned}
$$

En remplaçant, nous obtenons

$$\text{tr}(\text{EQM}(\hat{Y}_\xi)) \;\; = \;\; \mathbb{E}(\text{SCR}(\xi)) - (n - 2|\xi|)\sigma^2$$

A modèle fixé, $\hat{\sigma}^2\, C_p$ est un estimateur sans biais de la trace de l'EQM. Intuitivement le modèle avec le $\hat{\sigma}^2\, C_p$ le plus faible sera (en moyenne du moins) le modèle avec la tr(EQM) la plus faible et donc la tr(EQMP) la plus faible. Cependant, outre les hypothèses classiques (indépendance du bruit, homoscédasticité et X fixé) afin d'avoir l'égalité $\mathbb{E}(P_{X_\xi}Y) = P_{X_\xi}\mathbb{E}(Y)$ utilisée dans le calcul, il faudrait que *le choix du modèle X_ξ ne dépende pas des données sur lesquelles on évalue le* C_p. Autrement dit, pour que le C_p ou plus exactement $\hat{\sigma}^2\, C_p$ soit un bon estimateur de l'EQM, il faut que l'estimation des paramètres et le choix des modèles ne dépendent pas de données sur lesquelles on calcule le $\hat{\sigma}^2\, C_p$. Cela est rarement fait en pratique et donc l'estimateur du C_p est biaisé. Ce biais est appelé **biais de sélection** et nous étudierons en détail ce phénomène en fin de chapitre.

Dessiner le $C_p(\xi)$

En général, nous dessinons en abscisse la valeur de $|\xi|$ et en ordonnée la valeur correspondante de $C_p(\xi)$ pour tous les modèles. Ce dessin est en général peu lisible et on préfère retenir le meilleur modèle à ξ variables et dessiner les p valeurs de $C_p(\xi)$ en fonction de $|\xi|$ (fig. 6.7).

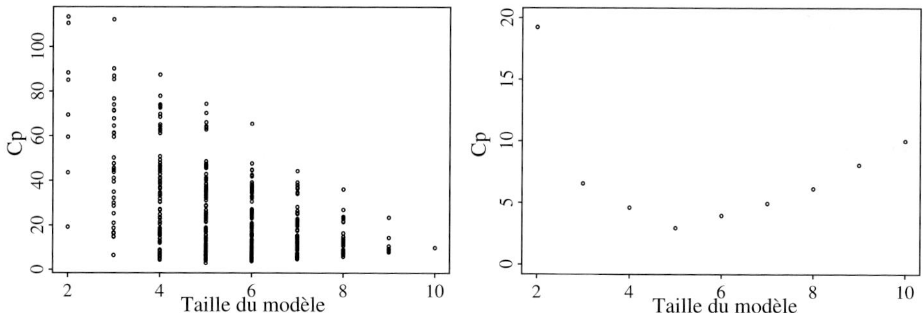

Fig. 6.7 – Choix du C_p pour l'exemple de l'ozone, 511 modèles, ou meilleur modèle pour chaque taille possible.

Choisir le modèle grâce au $C_p(\xi)$ et interpréter

Classiquement, il est recommandé de choisir le modèle admettant

$$C_p(\xi) \leq |\xi|.$$

Le choix du modèle *via* le $C_p(\xi)$ sera le modèle dont la valeur du $C_p(\xi)$ sera proche de la première bissectrice ($y = |\xi|$).

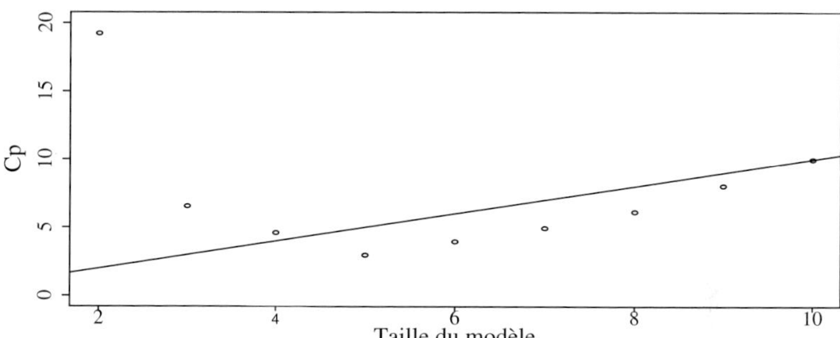

Fig. 6.8 – Choix du C_p pour l'exemple de l'ozone.

Au vu de ce graphique, les modèles admettant plus de 4 variables sont susceptibles d'être sélectionnés.

Interprétation

Plus le modèle est explicatif, plus la quantité $SCR(\xi)$ est faible. Cette quantité diminue si l'on ajoute des variables à un modèle donné puisque l'on projette sur des sous-espaces de taille croissante. Le critère C_p permet donc un équilibre entre un faible nombre de variables ($|\xi|$ faible) et une $SCR(\xi)$ faible. Il est possible de généraliser le C_p en remplaçant le coefficient 2 qui assure la « balance » par une fonction des données notée $f(n)$ qui soit différente de 2.

Si le modèle est correct (si les variables intervenant dans le modèle ont été sé-lectionnées sans utiliser les données), alors $SCR(\xi)$ est un estimateur sans biais de $(n - |\xi|)\sigma^2$ et $C_p(\xi)$ vaudra approximativement $|\xi|$. Cette interprétation n'est valable que si le $C_p(\xi)$ est calculé avec d'autres données que celles qui permettent le choix de ξ. A la fin de ce chapitre, une note présente en détail ce problème.

Si nous rajoutons des variables qui n'interviennent pas dans le modèle, la SCR ne va pas beaucoup diminuer mais $|\xi|$ va augmenter, nous aurons alors un $C_p(\xi)$ qui sera plus grand que $|\xi|$.

Si nous avons omis des variables importantes, la SCR sera un estimateur de $(n - |\xi|)\sigma^2$ et d'une quantité positive. Le $C_p(\xi)$ sera donc plus grand que $|\xi|$.

6.4.5 Vraisemblance et pénalisation

Sous l'hypothèse de normalité des résidus, la log-vraisemblance de l'échantillon vaut (section 3.1 p. 47)

$$\log \mathcal{L}(Y, \beta, \sigma^2) \quad = \quad -\frac{n}{2}\log \sigma^2 - \frac{n}{2}\log 2\pi - \frac{1}{2\sigma^2}\|Y - X\beta\|^2.$$

Le calcul de la log-vraisemblance (évaluée à l'estimateur du maximum de vraisemblance) pour le modèle admettant $|\xi|$ variables vaut alors

$$\log \mathcal{L}(\xi) \quad = \quad -\frac{n}{2}\log \frac{\text{SCR}(\xi)}{n} - \frac{n}{2}(1 + \log 2\pi).$$

Choisir un modèle en maximisant la vraisemblance revient à choisir le modèle ayant la plus petite SCR. Il faut donc introduire une pénalisation. Afin de minimiser un critère, on travaille avec l'opposée de la log-vraisemblance et les critères s'écrivent en général

$$-2\log \mathcal{L}(\xi) + 2|\xi|f(n),$$

où $f(n)$ est une fonction de pénalisation dépendant de n.

L'Akaike Information Criterion (AIC)

Ce critère, introduit par Akaike en 1973 est défini pour un modèle contenant les variables indicées par ξ :

$$\text{AIC}(\xi) = -2\log \mathcal{L}(\xi) + 2|\xi|.$$

Par définition $f(n)$ vaut 1. L'AIC est une pénalisation de la log-vraisemblance par deux fois le nombre de paramètres $|\xi|$. Nous obtenons une définition équivalente

$$\text{AIC}(\xi) = cte + n\log \frac{\text{SCR}(\xi)}{n} + 2|\xi|$$

L'utilisation de ce critère est simple : il suffit de le calculer pour tous les modèles ξ concurrents et de choisir celui qui possède l'AIC le plus faible.

Le critère Bayesian Information Criterion (BIC)

Le BIC (Schwarz, 1978) est défini comme

$$\mathrm{BIC}(\xi) = -2\log\mathcal{L}(\xi) + |\xi|\log n = cte + n\log\frac{\mathrm{SCR}(\xi)}{n} + |\xi|\log n.$$

L'utilisation de ce critère est identique à celle de l'AIC et nous pouvons constater qu'il revient aussi à pénaliser la log-vraisemblance par le nombre de paramètres $|\xi|$ multiplié par une fonction des observations (et non plus 2). Par définition, $f(n)$ vaut ici $\log n/2$. Ainsi, plus le nombre d'observations n augmente, plus la pénalisation est faible. Cependant, cette pénalisation est en général plus grande que 2 (dès que $n > 7$) et donc le *BIC a tendance à sélectionner des modèles plus petits que l'AIC*.

D'autres critères

A titre d'exemple, Bozdogan (1987) a proposé $2f(n) = \log n + 1$, Hannan & Quinn (1979) ont proposé $f(n) = c\log\log n$ où c est une constante plus grande que 1. Il existe de très nombreuses pénalisations dans la littérature mais les deux les plus répandues sont le BIC et l'AIC.

6.4.6   Liens entre les critères

Avec la procédure de test, nous conservons le modèle à ξ variables si

$$\frac{\mathrm{SCR}(\xi) - \mathrm{SCR}(\xi_{+1})}{\mathrm{SCR}(\xi_{+1})/(n - |\xi| - 1)} < 4,$$

où 4 est une approximation pour n grand du fractile $f_{1,n-|\xi|-1}(.95)$. Qu'en est-il des autres critères ?

Commençons par le $\mathrm{R}_{\mathrm{a}}^2$. Si nous choisissons le modèle à ξ variables c'est que nous avons

$$\mathrm{R}_{\mathrm{a}}^2(\xi) > \mathrm{R}_{\mathrm{a}}^2(\xi_{+1}).$$

En récrivant ces termes en fonction des SCR, nous avons

$$\frac{\mathrm{SCR}(\xi)}{n - |\xi|} < \frac{\mathrm{SCR}(\xi_{+1})}{n - |\xi_{+1}|}$$

$$\frac{(n - |\xi| - 1)\,\mathrm{SCR}(\xi)}{\mathrm{SCR}(\xi_{+1})} < n - |\xi| - 1 + 1$$

$$\frac{\mathrm{SCR}(\xi) - \mathrm{SCR}(\xi_{+1})}{\mathrm{SCR}(\xi_{+1})/(n - |\xi| - 1)} < 1.$$

Nous retrouvons donc une procédure de type test, mais la valeur seuil ici ne vaut pas $f_{1,n-|\xi|-1}(1-\alpha)$ mais la valeur 1. L'utilisation du $\mathrm{R}_{\mathrm{a}}^2$ et de la valeur seuil 1 est plus facilement atteinte que la valeur seuil issue du test (car $f_{1,n-|\xi|-1}(1-\alpha) > 3.84$ en général lorsque $n-|\xi|-1$ est grand). La procédure du R_a^2 ajusté conduit à choisir des modèles ayant un nombre de variables plus important qu'avec la procédure des tests.

De la même façon, si nous choisissons le modèle à ξ variables avec le C_p, c'est que la relation suivante est satisfaite :

$$C_p(\xi) < C_p(\xi_{+1}).$$

En récrivant ces termes, nous avons

$$\frac{\text{SCR}(\xi) - \text{SCR}(\xi_{+1})}{\text{SCR}(p)/(n-p)} \leq 2.$$

Le dénominateur du C_p est calculé avec toutes les variables initiales. Il faudrait comparer alors avec la procédure de test F_2. Dans ce cas, nous retrouvons l'observation de la statistique de test F qui suit une loi $F(1, n-p)$ et la valeur seuil est choisie arbitrairement égale à 2. Là encore, le C_p aura tendance à choisir des modèles plus grands que ceux choisis avec un test entre modèles emboîtés et une erreur de première espèce $\alpha = 5\,\%$, mais uniquement si l'on choisit comme estimateur de σ^2, la valeur $\text{SCR}(p)/(n-p)$.

Pour finir, analysons le résultat obtenu avec un critère de vraisemblance pénalisée. Si nous choisissons le modèle à ξ variables, nous avons

$$-2\log\mathcal{L}(\xi) + 2|\xi|f(n) \quad \leq \quad -2\log\mathcal{L}(\xi_{+1}) + 2|\xi|f(n) + 2f(n).$$

En remplaçant, nous obtenons

$$\begin{aligned}
\log\frac{\text{SCR}(\xi)}{n} &\leq \log\frac{\text{SCR}(\xi_{+1})}{n} + 2\frac{f(n)}{n} \\
\text{SCR}(\xi) &\leq \text{SCR}(\xi_{+1})\exp\frac{2f(n)}{n} \\
\text{SCR}(\xi) &\leq \text{SCR}(\xi_{+1})\left[\exp\frac{2f(n)}{n} - 1\right] + \text{SCR}(\xi_{+1}).
\end{aligned}$$

Nous obtenons alors

$$\frac{\text{SCR}(\xi) - \text{SCR}(\xi_{+1})}{\text{SCR}(\xi_{+1})/(n-|\xi|-1)} \leq (n-|\xi|-1)\left[\exp\frac{2f(n)}{n} - 1\right].$$

Si $2f(n)/n$ est proche de 0, nous approximons la quantité précédente après un développement limité à l'ordre 1 par

$$\frac{\text{SCR}(\xi) - \text{SCR}(\xi_{+1})}{\text{SCR}(\xi_{+1})/(n-|\bar{\xi}|-1)} \leq 2f(n)\left(1 - \frac{|\xi|+1}{n}\right).$$

Nous avons alors les valeurs suivantes :

$$\hat{F}_{test} < 4$$

$$\hat{F}_{R_a^2} < 1$$

$$\hat{F}_{C_p} < 2$$

$$\hat{F}_{AIC} < 2\left(1 - \frac{|\xi| + 1}{n}\right)$$

$$\hat{F}_{BIC} < \log n\left(1 - \frac{|\xi| + 1}{n}\right).$$

En fonction du nombre d'individus n et du nombre de variables sélectionnées, nous pouvons résumer les critères et la taille du modèle dans le tableau suivant :

Critères classiques	Taille $|\xi|$ du modèle
TEST ou BIC	faible
AIC	$\downarrow$
R_a^2	forte

Tableau 6.2 – Comparaison des tailles $|\xi|$ des modèles sélectionnés avec $n > 7$.

Il est délicat d'intégrer le $C_p(\xi)$ dans ce tableau car lorsque nous avons écrit le $C_p(\xi)$ sous forme de test, nous avions vu que le dénominateur est calculé avec la $SCR(p)/(n-p)$. En supposant que les estimateurs de σ^2 (dans un cas $SCR(p)/(n-p)$ et dans l'autre $SCR(\xi_{+1})/(n - |\xi| - 1)$) soient presque identiques, la borne du $C_p(\xi)$ vaut 2 et celle de l'AIC vaut $2(1 - (|\xi| + 1)/n)$, *l'AIC tend à sélectionner des modèles de taille plus grande que le* C_p.

6.5   Procédure de sélection

La sélection de modèle peut être vue comme la recherche du modèle optimal, au sens d'un critère choisi, parmi toutes les possibilités. Cela peut donc être vu comme une optimisation d'une fonction objectif (le critère). Pour cela, et à l'image des possibilités en optimisation, on peut soit faire une recherche exhaustive car le nombre de modèles possibles est fini, soit partir d'un point de départ et utiliser une méthode d'optimisation de la fonction objectif (recherche pas à pas).
Remarquons qu'en général trouver le minimum global de la fonction objectif n'est pas garanti dans les recherches pas à pas et que seul un optimum local dépendant du point de départ choisi sera trouvé. Si les variables explicatives sont orthogonales, alors l'optimum trouvé sera toujours l'optimum global.

6.5.1   Recherche exhaustive

Lorsque tous les modèles avec p variables sont possibles, il y a $2^p - 1$ possibilités et donc cette méthode n'est pas envisageable si p est grand. Des techniques algorithmiques permettent cependant de minimiser le nombre de calculs à effectuer et permettent d'envisager cette possibilité dans des cas de taille modérée (Miller, 2002).

Remarquons que ce type de recherche n'a aucun sens lorsque l'on souhaite utiliser des tests puisque cette procédure compare uniquement deux modèles emboîtés l'un dans l'autre.

Pour obtenir ce type de recherche avec le logiciel R, nous effectuons

```
> library(leaps)
> choix <- regsubsets(Y~X,int=T,nbest= ,nvmax= ,method="exh")
> resume.choix <- summary(choix)
```

Cette procédure évalue tous les modèles possibles, et conserve les `nbest` (valeur précisée par l'utilisateur), meilleurs modèles pour 1 variable explicative, 2 variables explicatives, ..., `nvmax` (valeur précisée par l'utilisateur) variables explicatives. Pour obtenir les différents graphiques, nous utilisons les commandes suivantes :

```
> taille <- as.real(rownames(resume.choix$wh))+1
```

puis en fonction du critère utilisé :

```
> plot(taille,resume.choix$r2)
> plot(taille,resume.choix$adjr2)
> plot(taille,resume.choix$cp)
> plot(taille,resume.choix$bic)
```

6.5.2   Recherche pas à pas

Ce type de recherche est obligatoire pour les tests puisque l'on ne peut tester que des modèles emboîtés. En revanche, elle ne permet en général que de trouver un optimum local. Il est bon de répéter cette procédure à partir de différents points de départ. Pour les autres critères, ce type de recherche n'est à conseiller que lorsque la recherche exhaustive n'est pas possible (n grand, p grand, etc.).

Méthode ascendante (*forward selection*)

A chaque pas, une variable est ajoutée au modèle.
- Si la méthode ascendante utilise un test F, nous rajoutons la variable X_i dont la probabilité critique (*p-value*) associée à la statistique partielle de test de Fisher qui compare les 2 modèles est minimale. Nous nous arrêtons lorsque toutes les variables sont intégrées ou lorsque la probabilité critique est plus grande qu'une valeur seuil.
- Si la méthode ascendante utilise un critère de choix, nous ajoutons la variable X_i dont l'ajout au modèle conduit à l'optimisation du critère de choix. Nous nous arrêtons lorsque toutes les variables sont intégrées ou lorsqu'aucune variable ne permet l'optimisation du critère de choix (voir aussi fig. 6.9).

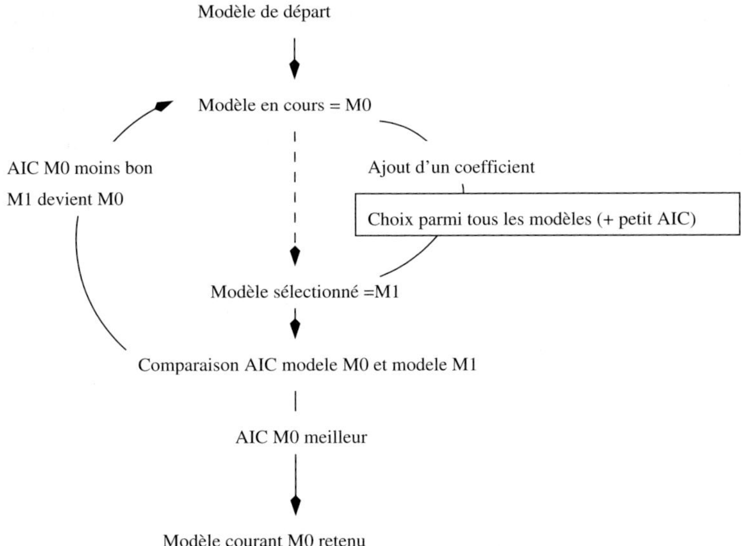

Fig. 6.9 – Technique ascendante utilisant l'AIC.

Méthode descendante (*backward selection*)

A la première étape, toutes les variables sont intégrées au modèle.
- Si la méthode descendante utilise un test F, nous éliminons ensuite la variable X_i dont la *p-value*, associée à la statistique partielle de test de Fisher, est la plus grande. Nous nous arrêtons lorsque toutes les variables sont retirées du modèle ou lorsque la valeur *p-value* est plus petite qu'une valeur seuil.
- Si la méthode descendante utilise un critère de choix, nous retirons la variable X_i qui conduit à l'amélioration la plus grande du critère de choix. Nous nous arrêtons lorsque toutes les variables sont retirées ou lorsqu'aucune variable ne permet l'augmentation du critère de choix.

Méthode progressive (*stepwise selection*)

C'est le même principe que pour la méthode ascendante, sauf que l'on peut éliminer des variables déjà introduites. En effet, il peut arriver que des variables introduites en début ne soient plus significatives après introduction de nouvelles variables. Remarquons qu'en général la variable « constante », constituée de 1 et associée au coefficient « moyenne générale », est en général traitée à part et elle est toujours présente dans le modèle.

6.6   Exemple : la concentration en ozone

Nous continuons à analyser le jeu de données de l'ozone et ne retenir que les variables quantitatives. Le logiciel permet d'effectuer une recherche exhaustive lorsque le nombre de variables explicatives n'est pas trop important. Au-delà de

50 variables, l'argument `really.big=TRUE` doit être ajouté, au risque d'un temps de calcul prohibitif. Nous allons donc effectuer cette recherche. Le logiciel propose également de retenir *via* l'argument `nbest`, un nombre défini par l'utilisateur de modèles ayant 1, puis 2, puis 3 ... variables. Nous fixons ce niveau à 1.

```
> recherche.ex <- regsubsets(O3~T12+T15+Ne12+N12+S12+E12+W12+Vx+O3v,
+    int=T,nbest=1,nvmax=10,method="exhaustive",data=ozone)
```

Pour pouvoir utiliser les résultats de cette procédure, le graphique est l'outil le plus approprié. Le logiciel propose 4 critères de choix : le BIC, le C_p, le R_a^2 et le R^2. Nous allons donc dessiner ces résultats avec les 4 critères.

Minimisation du BIC

```
> plot(recherche.ex,scale="bic")
```

Nous obtenons le graphique suivant :

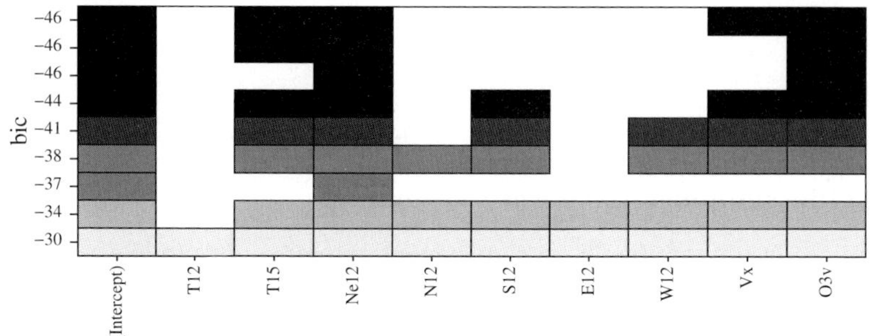

Fig. 6.10 – Méthode exhaustive, critère du BIC.

Le modèle retenu alors serait le modèle à 5 variables

$$O3 = \beta_1 + \beta_2 T15 + \beta_3 Ne12 + \beta_4 Vx + \beta_5 O3v + \varepsilon.$$

Minimisation du C_p

```
> plot(recherche.ex,scale="Cp")
```

Nous obtenons le graphique suivant :

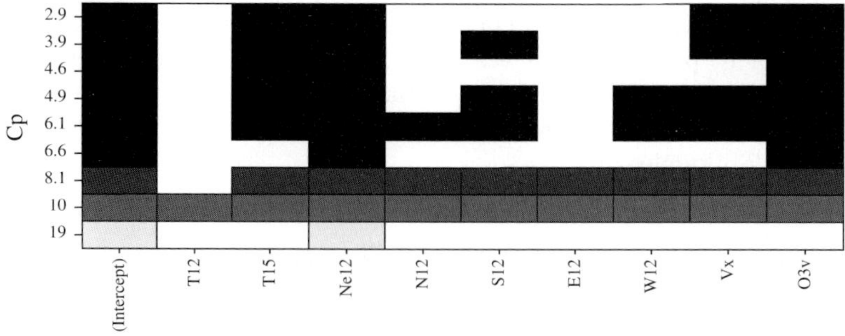

Fig. 6.11 – Méthode exhaustive, critère du C_p.

Le modèle retenu est identique au modèle retenu par le critère du BIC.

Maximisation du R_a^2

```
> plot(recherche.ex,scale="adjr2")
```

Nous obtenons le graphique suivant :

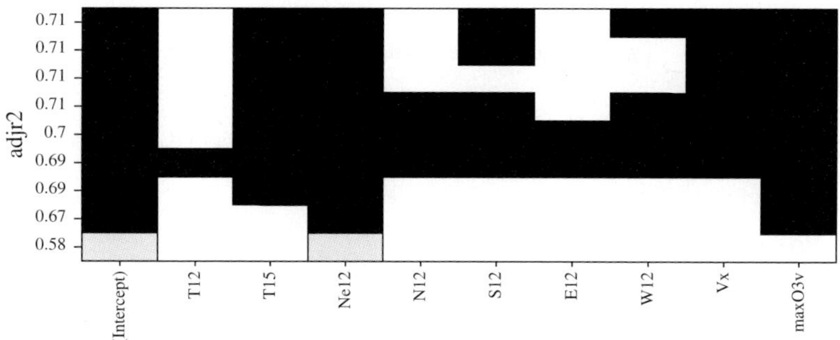

Fig. 6.12 – Méthode exhaustive, critère du R_a^2.

Le modèle retenu admet plus de variables que les modèles retenus avec les critères précédents. Nous avons

$$03 = \beta_1 + \beta_2 \text{T15} + \beta_3 \text{Ne12} + \beta_4 \text{S12} + \beta_5 \text{W12} + \beta_6 \text{Vx} + \beta_7 \text{O3v} + \varepsilon.$$

Maximisation du R^2

```
> plot(recherche.ex,scale="r2")
```

Nous obtenons le graphique suivant :

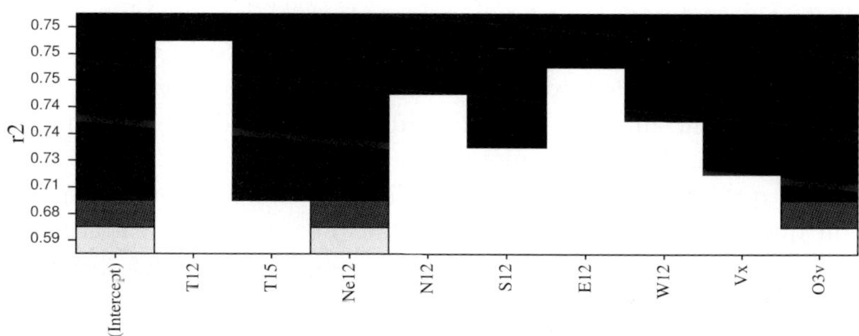

Fig. 6.13 – Méthode exhaustive, critère du R^2.

Comme prévu, nous conservons avec ce critère toutes les variables du modèle.

6.7 Sélection et shrinkage

Dans cette partie, afin de simplifier le problème et de bien comprendre les idées, nous allons supposer que les variables explicatives sont orthogonales et de norme unité. La matrice X est donc une matrice orthogonale et $X'X = I_p$. Nous supposerons également σ^2 connue. L'estimateur des moindres carrés s'écrit alors

$$\hat{\beta} \;=\; (X'X)^{-1}X'Y = X'(X\beta + \varepsilon) = \beta + X'\varepsilon,$$

et la somme des résidus

$$\mathrm{SCR} = \sum_{i=1}^{n}\left(y_i - \hat{\beta}_1 x_{i1} \ldots - \hat{\beta}_p x_{ip}\right)^2 = \sum_{i=1}^{n} y_i^2 - \sum_{j=1}^{p} \hat{\beta}_j^2.$$

Dans ces cas-là, les procédures de choix de variables réécrites en terme de SCR deviennent

$$\frac{\mathrm{SCR}(\xi) - \mathrm{SCR}(\xi_{+1})}{\mathrm{SCR}(\xi_{+1})/(n - |\bar{\xi}| - 1)} = \frac{\hat{\beta}_l^2}{\sigma^2}.$$

Nous conservons la variable l dans le modèle si son coefficient estimé associé vaut

$$
\begin{aligned}
\text{Test} \quad & |\hat{\beta}_l| > 2\sigma \\[4pt]
\mathrm{R}_\mathrm{a}^2 \quad & |\hat{\beta}_l| > \sigma \\[4pt]
\mathrm{C}_\mathrm{p} \quad & |\hat{\beta}_l| > \sqrt{2}\sigma \\[6pt]
\text{AIC} \quad & |\hat{\beta}_l| > \sqrt{2\left(1 - \frac{|\xi| + 1}{n}\right)}\,\sigma \\[6pt]
\text{BIC} \quad & |\hat{\beta}_l| > \sqrt{\log n \left(1 - \frac{|\xi| + 1}{n}\right)}\,\sigma.
\end{aligned}
$$

Si le coefficient est plus faible que la valeur donnée, la variable n'est pas sélectionnée, cela revient à donner la valeur 0 au coefficient. Si la valeur du coefficient est plus grande que la valeur donnée, la variable est conservée et le coefficient également. Il y a donc un effet de seuillage. Au-dessus d'une certaine valeur, on conserve la valeur, en dessous on met zéro.

Nous avons vu qu'il peut être intéressant d'avoir des estimateurs biaisés (un peu) à condition que leur variance soit plus faible. Lorsque les variables sont orthonormales, nous obtenons une forme simplifiée pour l'estimateur des MC (qui est toujours de variance minimale parmi les estimateurs linéaires sans biais)

$$
\begin{aligned}
\mathbb{E}\hat{\beta}_i &= \beta_i \\
\mathrm{V}(\hat{\beta}_i) &= \sigma^2 \\
\mathrm{EQM}(\hat{\beta}_i) &= \sigma^2.
\end{aligned}
$$

Au lieu de seuiller des coefficients, analysons l'effet d'un rétrécissement et considérons les estimateurs

$$\tilde{\beta}_i \;=\; \frac{1}{1 + \lambda}\hat{\beta}_i,$$

où λ est une constante positive à déterminer. Nous avons les propriétés suivantes :

$$\begin{aligned}
\mathbb{E}\tilde{\beta}_i &= \frac{1}{1+\lambda}\beta_i \\
\mathrm{V}(\tilde{\beta}_i) &= \frac{1}{(1+\lambda)^2}\sigma^2 \\
\mathrm{EQM}(\tilde{\beta}_i) &= \frac{1}{(1+\lambda)^2}(\lambda^2\beta_i^2 + \sigma^2).
\end{aligned}$$

James et Stein ont proposé l'estimateur de James-Stein défini par (Lehmann & Casella, 1998, pp. 359 et 368)

$$\hat{\beta}_{JS,i} = \left(1 - \frac{(p-2)\sigma^2}{\|\hat{\beta}\|^2}\right)\hat{\beta}_i.$$

Ils ont démontré que la trace de l'EQM de l'estimateur $\hat{\beta}_{JS}$ était plus petite que la trace de l'EQM de l'estimateur des MC $\hat{\beta}$ lorsque p est plus grand que 2.

Enfin, si l'on prend uniquement la partie positive du premier terme, on obtient un estimateur de James-Stein tronqué

$$\hat{\beta}_{JST,i} = \max\left(0, \left[1 - \frac{(p-2)\sigma^2}{\|\hat{\beta}\|^2}\right]\hat{\beta}_i\right),$$

et l'estimateur est encore amélioré en terme d'EQM. Cet estimateur combine le rétrécissement et le seuillage. En effet lorsque $(p-2)\sigma^2/\|\hat{\beta}\|^2$ est plus grand que 1, le coefficient associé vaut alors 0.

Remarquons que, selon la définition de ces deux estimateurs, ils reviennent tous deux à « rétrécir » les coordonnées de $\hat{\beta}$ vers 0 d'une même grandeur et donc à contraindre la norme de $\hat{\beta}$. En suivant cette idée, il est intéressant d'envisager de contraindre la norme de l'estimation afin d'obtenir des estimateurs possédant un meilleur pouvoir prédictif. Nous avons vu que l'estimateur de James-Stein (tronqué ou non) est un de ces estimateurs. Nous allons détailler d'autres types de contraintes classiques : l'estimateur des moindres carrés sous contrainte de norme, tels que la régression ridge (Hoerl & Kennard, 1970), ou le lasso (Tibshirani, 1996) dans le chapitre 8.

Tout d'abord, si l'on souhaite contraindre la norme du coefficient à estimer, il est naturel de supposer que cette norme est inférieure à un nombre δ fixé. Le problème de régression s'écrit alors comme la recherche de $\tilde{\beta}$ tel que

$$\tilde{\beta} = \operatorname*{argmin}_{\beta\in\mathbb{R}^p,\,\|\beta\|^2\leq\delta} \|Y - X\beta\|^2.$$

Cette méthode revient à la régression ridge (Hastie *et al.*, 2001) dont le principe sera exposé à la section 8.1 (p. 170). Géométriquement, cela revient à chercher dans un boulde de contrainte de rayon δ le coefficient $\tilde{\beta}$ le plus proche au sens des moindres carrés.

Les méthodes de régression PLS et de régression sur composantes principales, projetant sur un sous-espace de $\Im(X)$ reviennent aussi à contraindre la norme de $\hat{Y}$. Il est aussi possible de montrer que la méthode PLS revient à contraindre la norme de $\hat{\beta}$ vers 0 (De Jong, 1995). Ces deux méthodes sont exposées au chapitre 9. A l'image de la régression ridge, il est possible de contraindre non plus la norme euclidienne (au carré) $\|\beta\|^2$, mais la norme de type l^1, à savoir $\|\beta\|_1 = \sum_{i=1}^{p} |\beta_i|$. Si l'on utilise cette contrainte, la méthode, appelée Lasso, revient à trouver le minimum $\tilde{\beta}$ défini par

$$\tilde{\beta} = \underset{\beta \in \mathbb{R}^p, \|\beta\|_1 \leq \delta}{\text{argmin}} \|Y - X\beta\|^2.$$

Notons enfin que ces méthodes permettent à la fois d'obtenir une prévision fiable (moins variable) et de sélectionner des variables. Classiquement elles sont particulièrement indiquées lorsque les variables explicatives sont colinéaires ou presque (voir chapitre 8). Cependant, nous avons vu que le MSE de la prévision est diminué par l'estimateur de James-Stein, et ce dans tous les cas, lorsque l'hypothèse de normalité est vérifiée. Il semble donc assez cohérent de penser que les estimateurs contraignant la norme du coefficient à estimer β donneront de meilleures prévisions que l'estimateur des moindres carrés et ce dans de nombreux cas de figure.

6.8   Exercices

Exercice 6.1 (Questions de cours)
1. Un modèle à p variables a été estimé donnant un R^2 noté $R^2(p)$. Une nouvelle variable explicative est rajoutée au modèle précédent, après estimation un nouvel R^2 noté $R^2(p+1)$ est obtenu.
   A. $R^2(p+1)$ est toujours plus grand que $R^2(p)$,
   B. $R^2(p+1)$ est parfois plus petit parfois plus grand cela dépend de la variable rajoutée,
   C. $R^2(p+1)$ est toujours plus petit que $R^2(p)$.

2. Le R^2 permet-il de sélectionner des modèles ?
   A. Jamais,
   B. toujours,
   C. oui si les modèles admettent le même nombre de variables explicatives.

3. Vous travaillez avec un modèle restreint ξ par rapport au vrai modèle (des variables sont omises), l'estimateur $\hat{\beta}_\xi$ de β_ξ dans ce nouveau modèle est :
   A. toujours biaisé,
   B. parfois biaisé,
   C. jamais biaisé.

Exercice 6.2 (Analyse du biais)
Démontrer la proposition 6.1 p. 128.

Exercice 6.3 († Variance des estimateurs)
Démontrer la proposition 6.2 p. 129.

Exercice 6.4 (Utilisation du R^2)

Soit $Z_{(n,q)}$ une matrice de rang q et soit $X_{(n,p)}$ une matrice de rang p composée des q vecteurs de Z et de $p - q$ autres vecteurs linéairement indépendants. Nous avons les deux modèles suivants :

$$
\begin{aligned}
Y &= Z\beta + \varepsilon \\
Y &= X\beta^* + \eta.
\end{aligned}
$$

Comparer les R^2 dans les deux modèles. Discuter de l'utilisation du R^2 pour le choix de variables.

Exercice 6.5 (Choix de variables)

Nous considérons le modèle de régression multiple avec p variables explicatives. Nous avons un modèle avec 4 variables explicatives et avons fait toutes les régressions possibles. En utilisant la première question, choisissez votre modèle. Les différentes méthodes que vous avez présentées donnent-elles le même modèle ?

Voici les résultats numériques avec $n = 10$ et entre parenthèses la valeur absolue de la statistique de test. Prenez pour fractile de la loi de Student ($ddl < 10$) la valeur 2.3.

	modèle	R^2	AIC	BIC
M1	$\hat{Y} = -1.24_{(3.3)} + 0.12_{(41.9)}x_1$	.996	-2.18	-2.12
M2	$\hat{Y} = 2.11_{(2.6)} + 0.33_{(15.3)}x_2$	.967	-0.20	-0.14
M3	$\hat{Y} = -38.51_{(9.2)} + 0.52_{(12.5)}x_3$	.952	0.18	0.24
M4	$\hat{Y} = -53.65_{(14.8)} + 0.66_{(18.6)}x_4$	.977	-0.58	-0.52
M12	$\hat{Y} = -1.59_{(2.6)} + 0.13_{(6.9)}x_1 - 0.04_{(0.7)}x_2$	.996	-2.06	-1.97
M13	$\hat{Y} = 1.40_{(0.3)} + 0.12_{(8.4)}x_1 - 0.04_{(0.5)}x_3$	.996	-2.03	-1.94
M14	$\hat{Y} = -8.37_{(1.0)} + 0.10_{(5.6)}x_1 + 0.09_{(0.9)}x_4$	.996	-2.09	-2.00
M23	$\hat{Y} = -13.29_{(1.3)} + 0.21_{(2.6)}x_2 + 0.19_{(1.5)}x_3$	.975	-0.27	-0.18
M24	$\hat{Y} = -31.2_{(3.2)} + 0.14_{(2.4)}x_2 + 0.39_{(3.5)}x_4$	.988	-0.99	-0.90
M34	$\hat{Y} = -58_{(8.21)} - 0.16_{(0.7)}x_3 + 0.87_{(3)}x_4$	.979	-0.46	-0.37
M123	$\hat{Y} = 0.95_{(0.2)} + 0.14_{(5.6)}x_1 - 0.04_{(0.7)}x_2 - 0.03_{(0.5)}x_3$	.996	-1.90	-1.78
M124	$\hat{Y} = -7.4_{(0.8)} + 0.11_{(3.5)}x_1 - 0.03_{(0.5)}x_2 + 0.07_{(0.6)}x_4$	.996	-1.93	-1.80
M134	$\hat{Y} = -12.7_{(1.9)} + 0.1_{(7.5)}x_1 - 0.19_{(2.5)}x_3 + 0.31_{(2.6)}x_4$	.998	-2.59	-2.47
M234	$\hat{Y} = -34.9_{(4.2)} + 0.16_{(3.3)}x_2 - 0.3_{(2)}x_3 - 0.7_{(3.8)}x_4$	.993	-1.30	-1.18
M1234	$\hat{Y} = -13.5_{(1.8)} + 0.1_{(3.7)}x_1 + 0.02_{(0.3)}x_2$ $-0.2_{(2.2)}x_3 + 0.34_{(2.3)}x_4$	.998	-2.40	-2.25

6.9 Note : C_{p} et biais de sélection

Dans la section consacrée au $C_{\mathrm{p}}(\xi)$, nous avons insisté sur le caractère non aléatoire de P_{X_ξ} et évoqué le problème de **biais de sélection**. L'objectif de cette note est, au travers d'un exemple simple, de mettre en évidence cette notion.

Soient $X_1, X_2, \ldots, X_p$ des variables orthogonales de norme unité. La matrice X est donc une matrice orthogonale et $X'X = I_p$. L'estimateur des moindres carrés s'écrit alors

$$
\hat{\beta} = (X'X)^{-1}X'Y = X'(X\beta + \varepsilon) = \beta + X'\varepsilon.
$$

Si l'hypothèse de normalité des résidus est vérifiée, alors $X'\varepsilon$ suit une loi normale de moyenne nulle et de variance $\sigma^2 I_n$. Nous avons, alors $\hat{\beta} \sim \mathcal{N}(\beta, \sigma^2 I_n)$. Pour reformuler le C_p nous devons nous intéresser à la valeur de $\mathrm{SCR}(\xi)$:

$$\begin{aligned}
\mathrm{SCR}(\xi) &= \|Y - \hat{Y}_\xi\|^2 = \|P_{X^\perp}Y + P_X Y - P_{X_\xi}Y\|^2 \\
&= \|P_{X^\perp}Y\|^2 + \|P_X Y - P_{X_\xi}Y\|^2 = (n-p)\hat{\sigma}^2 + \|P_X Y - P_{X_\xi}Y\|^2 \\
&= (n-p)\hat{\sigma}^2 + \|P_{X_\xi^\perp}P_X Y + P_{X_\xi}P_X Y - P_{X_\xi}Y\|^2.
\end{aligned}$$

Notons $\bar{\xi}$ l'ensemble des indices des variables non incluses dans le modèle ξ (le complémentaire par rapport à $\{1, 2, \ldots, p\}$), nous avons, en nous rappelant que $P_X Y = X\hat{\beta}$ et que toutes les variables sont orthogonales :

$$\begin{aligned}
\mathrm{SCR}(\xi) &= (n-p)\hat{\sigma}^2 + \|P_{X_\xi^\perp}X\hat{\beta} + P_{X_\xi}Y - P_{X_\xi}Y\|^2 = (n-p)\hat{\sigma}^2 + \|X_{\bar{\xi}}\hat{\beta}_{\bar{\xi}}\|^2 \\
&= (n-p)\hat{\sigma}^2 + \hat{\beta}_{\bar{\xi}}' X_{\bar{\xi}}' X_{\bar{\xi}}\hat{\beta}_{\bar{\xi}} \\
&= (n-p)\hat{\sigma}^2 + \sum_{j \notin \xi} \hat{\beta}_j^2.
\end{aligned} \qquad (6.4)$$

La définition du $C_p(\xi)$ (équation 6.3) donne

$$\hat{\sigma}^2\, C_p(\xi) = \mathrm{SCR}(\xi) - (n - 2|\xi|)\hat{\sigma}^2.$$

En remplaçant dans cette équation la quantité $\mathrm{SCR}(\xi)$, nous avons

$$\begin{aligned}
\hat{\sigma}^2\, C_p(\xi) &= (n-p)\hat{\sigma}^2 + \sum_{j \notin \xi} \hat{\beta}_j^2 - (n - 2|\xi|)\hat{\sigma}^2 \\
&= \sum_{j \notin \xi} \hat{\beta}_j^2 + (2|\xi| - p)\hat{\sigma}^2 \\
&= \sum_{j=1}^{p} \hat{\beta}_j^2 - \sum_{j \in \xi} \hat{\beta}_j^2 - p\hat{\sigma}^2 + 2|\xi|\hat{\sigma}^2.
\end{aligned}$$

Nous avons $p\hat{\sigma}^2$ que nous mettons dans la première somme de p termes et $2|\xi|\hat{\sigma}^2$ que nous mettons dans la seconde somme de $|\xi|$ termes. Cela donne

$$\hat{\sigma}^2\, C_p(\xi) = \sum_{j=1}^{p}(\hat{\beta}_j^2 - \hat{\sigma}^2) - \sum_{j \in \xi}(\hat{\beta}_j^2 - 2\hat{\sigma}^2).$$

Choix de variables, $|\xi|$ fixé

Si nous souhaitons, grâce au critère du $\hat{\sigma}^2\, C_p$, sélectionner parmi les ensembles ξ de cardinal $|\xi|$ fixé, nous allons donc devoir chercher l'ensemble de $\mathrm{SCR}(\xi)$ minimum, soit celui dont les normes $\hat{\beta}_j^2, j \in \xi$, sont maximales (ou minimales dans le complémentaire). La procédure conduit donc à sélectionner les $|\xi|$ variables dont les coefficients estimés sont les plus grands en valeur absolue.

Choix de variables, $|\xi|$ non fixé

Maintenant, nous considérons que le cardinal $|\xi|$ est variable. Si ce cardinal est 1, alors nous choisissons la variable dont le coefficient estimé est le plus grand et le $C_p(1)$ vaut

$$C_p(1) = \sum_{j=1}^{p}(\hat{\beta}_j^2 - \hat{\sigma}^2) - (\hat{\beta}_{(1)}^2 - 2\hat{\sigma}^2),$$

où $\hat{\beta}_{(1)}$ est le coefficient associé à la variable admettant la plus grande valeur des $\hat{\beta}_i$. Maintenant, comme le $|\xi|$ est variable, nous souhaitons savoir si des ensembles ξ de cardinal 2 conduisent à une diminution du C_p. Nous savons que l'une des deux variables est la même que celle sélectionnée quand $|\xi| = 1$. La deuxième variable est ajoutée au modèle optimal de cardinal $|\xi| = 1$. Si l'ajout de cette variable permet une diminution du $\hat{\sigma}^2 C_p$ alors le modèle optimum de cardinal 2 est préféré à celui de cardinal 1. Le $C_p(2)$ vaut

$$C_p(2) = \sum_{j=1}^{p}(\hat{\beta}_j^2 - \hat{\sigma}^2) - (\hat{\beta}_{(1)}^2 - 2\hat{\sigma}^2) - (\hat{\beta}_{(2)}^2 - 2\hat{\sigma}^2).$$

La différence des C_p vaut

$$\Delta_{1-2} = C_p(1) - C_p(2) = \hat{\beta}_{(2)}^2 - 2\hat{\sigma}^2.$$

Si $\Delta_{1-2} > 0$, c'est-à-dire $\hat{\beta}_{(2)}^2 > 2\hat{\sigma}^2$, alors le modèle de cardinal 2 est préféré à celui de cardinal 1. De même pour le passage du cardinal 2 à celui du cardinal 3 ; à chaque fois la différence de $\hat{\sigma}^2 C_p$ diminue car par définition $\hat{\beta}_{(j)}^2$ diminue quand j augmente. *Au final, le modèle retenu sera celui dont les carrés des coefficients estimés sont tous plus grands que $2\hat{\sigma}^2$.*

Espérance du C_p

Si maintenant nous nous intéressons à ce que donne cette sélection en moyenne, calculons l'espérance de $\hat{\sigma}^2 C_p$. Simplifions les calculs en supposant tous les β_j nuls. Nous savons que $\mathbb{E}(\hat{\beta}_j^2) = \beta_j^2 + \sigma^2 = \sigma^2$ et que $\hat{\sigma}^2$ est un estimateur sans biais de σ^2. Le premier terme $\sum_{j=1}^{p}(\hat{\beta}_j^2 - \hat{\sigma}^2)$ a une espérance nulle. Si nous nous intéressons au second terme $\sum_{j\in\xi}(\hat{\beta}_j^2 - 2\hat{\sigma}^2)$, nous savons que tous les $\hat{\beta}_j$ sélectionnés dans ξ sont tels que $\hat{\beta}_j^2 > 2\hat{\sigma}^2$, donc ce terme est toujours positif et donc son espérance aussi. En conclusion, $\hat{\sigma}^2 C_p$ est donc en moyenne négatif, alors qu'il est censé donner une idée de la qualité d'approximation *via* l'EQM, qui est une quantité positive ! *Le C_p va donc sous-estimer en moyenne l'EQM, il sera trop optimiste.*

Espérance de la taille du modèle $|\xi|$

Analysons en moyenne la dimension du modèle sélectionné par C_p. La taille $|\xi|$ est le nombre de coefficients $\hat{\beta}_j$ qui sont tels que $\hat{\beta}_j^2 > 2\hat{\sigma}^2$, ce qui s'écrit :

$$
\begin{aligned}
\mathbb{E}(|\xi|) &= \sum_{j=1}^{p}\mathbb{E}(\mathbb{1}_{\{\hat{\beta}_j^2 > 2\hat{\sigma}^2\}}) = \sum_{j=1}^{p}\mathbb{E}(\mathbb{1}_{\{\hat{\beta}_j^2/\hat{\sigma}^2 > 2\}}) \\
&= p\,\mathrm{Pr}(\hat{\beta}_j^2/\hat{\sigma}^2 > 2) = p\,\mathrm{Pr}(|\hat{\beta}_j/\hat{\sigma}| > \sqrt{2}) = 2p\,\mathrm{Pr}(\hat{\beta}_j/\hat{\sigma} > \sqrt{2}),
\end{aligned}
$$

avec $\mathrm{Pr}(.)$ dénotant la probabilité. Or $\hat{\beta}_j \sim \mathcal{N}(0, \sigma^2)$, $(n-p)\hat{\sigma}^2/\sigma^2 \sim \chi^2(n-p)$ et ces deux variables aléatoires sont indépendantes, donc $\sigma\hat{\beta}_j/\hat{\sigma} \sim t(n-p)$ et donc $\mathbb{E}(|\xi|) = 2p\, t_{\sqrt{2}\sigma}(n-p) > 0$. Si nous supposons pour fixer les idées que $\hat{\sigma}^2 = \sigma^2$, nous avons alors une loi normale centrée réduite et $\mathbb{E}(|\xi|) = 2p\, z_{\sqrt{2}} \approx 0.16p$. Rappelons que tous les coefficients β_j sont supposés égaux à 0 et donc que la taille $|\xi|$ idéale est 0. *La taille sélectionnée est donc en moyenne toujours trop grande.*

Conclusion

Le C_p, quand il est utilisé de manière classique sur le même jeu de données que celui utilisé pour estimer les paramètres, conduit à sélectionner les variables associées à de grandes valeurs de paramètres. Lorsque l'on considère la moyenne sur tous les échantillons sur lesquels on applique la procédure de sélection/estimation, les variables sélectionnées seront celles qui auront des valeurs élevées pour leur coefficient. Si l'on applique la même procédure d'estimation, suivie de la sélection du modèle par Cp, alors en moyenne cela conduit à des modèles dont les coefficients sont trop élevés en valeur absolue. Certains cas de figure vont être exclus par la procédure de sélection. Nous ne pourrons jamais obtenir de modèle avec la variable 1 sélectionnée quand le coefficient estimé est inférieur à celui de la variable 2 (fig. 6.14). L'exclusion de ces cas conduit à des coefficients biaisés vers de plus grandes valeurs absolues. Ce biais est quelquefois appelé biais de sélection (Miller, 2002).

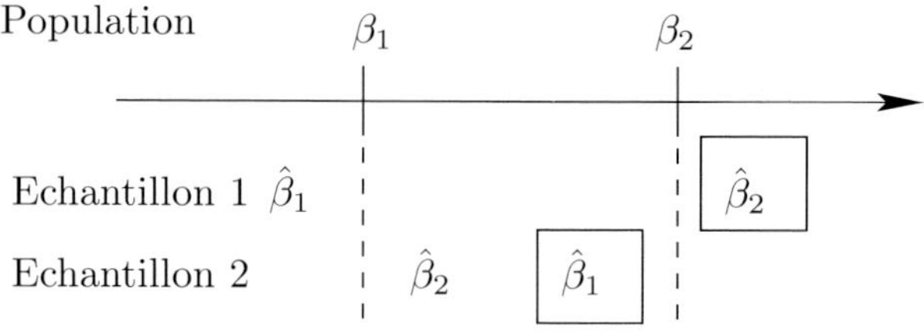

Fig. 6.14 – Biais de sélection dans un modèle à une variable sélectionnée. Le coefficient encadré est celui de la variable sélectionnée.

Ces conclusions sont valides dans le cas où les variables sont orthogonales. Pour généraliser ces résultats, l'équation (6.4) devient $(n - p)\hat{\sigma}^2 + \|P_{X_\xi}^\perp X\hat{\beta}\|^2$, ce qui conduit, avec la définition de $\hat{\sigma}^2\,C_p$, à l'équation suivante :

$$\hat{\sigma}^2\,C_p \;=\; \|P_{X_\xi}^\perp X\hat{\beta}\|^2 + (2|\xi| - p)\hat{\sigma}^2.$$

Ici la matrice X n'est pas orthogonale, donc les normes des variables explicatives ne sont pas toutes identiques et égales à 1, en d'autres termes les échelles (ou dispersions) sont différentes. De plus, les variables explicatives sont peut-être corrélées. La sélection par le C_p va donc favoriser les variables qui mènent à un terme $\|P_{X_\xi}^\perp X\hat{\beta}\|^2$ faible. Ceci dépend donc de la valeur des coefficients estimés, de la norme de la variable mais aussi des corrélations qu'une variable entretient avec les autres variables. Ainsi prenons le cas où toutes les variables explicatives ont la même norme et deux variables, numérotées par exemple 3 et 4, sont très fortement corrélées. Si l'on en prend une, par exemple la 3, dans l'ensemble ξ, alors pour la seconde, même si son coefficient $\hat{\beta}_4$ est élevé par rapport aux autres, la projection dans l'orthogonal de $\Im(X_\xi)$ de $X_4\hat{\beta}_4$ sera de norme peu élevée puisque X_3 et X_4 sont très corrélées. Ainsi la variable 4 ne sera pas forcément sélectionnée.

Chapitre 7

Moindres carrés généralisés

7.1 Introduction

Dans les chapitres précédents, nous avons supposé que le modèle de régression

$$Y \;=\; X\beta + \varepsilon$$

était valide et que la variance de ε était $\mathrm{V}(\varepsilon) = \sigma^2 I$ (hypothèse $\mathcal{H}_2$).
Cependant, il existe des cas fréquents où cette hypothèse n'est pas satisfaite. Les cas rencontrés dans la pratique peuvent être regroupés en deux catégories :

1. La variance des erreurs n'est pas constante, la matrice de variance de ε reste diagonale mais les termes de la diagonale sont différents les uns des autres, on parle alors d'hétéroscédasticité par opposition au cas classique d'homoscédasticité où la variance des erreurs est identique et égale à σ^2.

2. Les erreurs sont corrélées entre elles, la matrice de variance de ε n'est plus diagonale.

Notons la matrice de variance-covariance des erreurs $\Sigma_\varepsilon = \sigma^2\Omega$. Cette matrice Ω est symétrique définie positive[1] et de rang n. Nous allons tout d'abord analyser, en supposant Ω connue, l'impact de cette modification sur les propriétés des estimateurs des MC. L'estimateur des MC est toujours défini par $\hat{\beta} = (X'X)^{-1}X'Y$ et reste sans biais

$$\mathbb{E}(\hat{\beta}) = (X'X)^{-1}X'\mathbb{E}(Y) = \beta,$$

mais sa variance a changé et vaut

$$\mathrm{V}(\hat{\beta}) = (X'X)^{-1}X'\,\mathrm{V}(Y)X(X'X)^{-1} = \sigma^2(X'X)^{-1}X'\Omega X(X'X)^{-1}$$

et dépend donc de Ω. L'estimateur n'est plus de variance minimale parmi les estimateurs linéaires sans biais.

---

[1] Une matrice de variance-covariance est toujours définie positive.

De même, nous avons toujours un estimateur $\hat{\sigma}^2$ de σ^2, mais son biais dépend aussi de Ω. En effet :

$$\frac{1}{n-p}\mathbb{E}(\varepsilon' P_X \varepsilon) = \frac{1}{n-p}\mathbb{E}(\mathrm{tr}(P_X \varepsilon \varepsilon')) = \frac{1}{n-p}\,\mathrm{tr}(P_X \Sigma_\varepsilon) = \frac{\sigma^2}{n-p}\,\mathrm{tr}(P_X \Omega)$$

L'estimateur $\hat{\sigma}^2$ ne semble pas adapté puisqu'il est biaisé.

Au cours de ce chapitre, nous allons construire des estimateurs adaptés au problème. Dans un premier temps, nous allons nous intéresser au cas le plus simple, celui de l'hétéroscédasticité et obtenir un estimateur par moindres carrés pondérés. Nous généraliserons ensuite au cas où Ω est définie positive, donnant ainsi la méthode des moindres carrés généralisés.

7.2   Moindres carrés pondérés

Considérons donc le modèle

$$Y = X\beta + \varepsilon, \quad \mathbb{E}(\varepsilon) = 0 \quad \text{et} \quad \mathrm{V}(\varepsilon) = \sigma^2 \Omega = \sigma^2 \,\mathrm{diag}(\omega_1^2, \cdots, \omega_n^2).$$

Une ligne de cette écriture matricielle s'écrit alors

$$y_i = \beta_1 x_{i1} + \cdots + \beta_p x_{ip} + \varepsilon_i.$$

Une méthode pour obtenir un estimateur sans biais de variance minimale consiste à se ramener à $\mathcal{H}_2$ et à utiliser l'estimateur des MC. Il faudrait donc avoir une variance des résidus constante. En divisant chaque ligne par ω_i nous obtenons

$$\begin{aligned}
\frac{y_i}{\omega_i} &= \beta_1 \frac{x_{i1}}{\omega_i} + \cdots + \beta_p \frac{x_{ip}}{\omega_i} + \frac{\varepsilon_i}{\omega_i} \\
y_i^* &= \beta_1 x_{i1}^* + \cdots + \beta_p x_{ip}^* + \varepsilon_i^*.
\end{aligned}$$

La variance de ε^* est constante et vaut σ^2. Nous pouvons donc appliquer les moindres carrés ordinaires sur les variables transformées. Nous obtiendrons un estimateur linéaire sans biais de variance minimale.

Ecrivons cette transformation en écriture matricielle. Définissons $\Omega^{1/2}$ la matrice diagonale des racines carrées des éléments de Ω. Nous avons bien évidemment $\Omega^{1/2}\Omega^{1/2} = \Omega$. L'inverse de la matrice $\Omega^{1/2}$ est une matrice diagonale dont les termes diagonaux sont les inverses des termes diagonaux de $\Omega^{1/2}$, nous noterons cette matrice $\Omega^{-1/2}$, c'est-à-dire

$$\Omega = \begin{pmatrix} \omega_1^2 & & \\ & \ddots & \\ & & \omega_n^2 \end{pmatrix} \quad \text{et} \quad \Omega^{-1/2} = \begin{pmatrix} \frac{1}{\omega_1} & & \\ & \ddots & \\ & & \frac{1}{\omega_n} \end{pmatrix}.$$

L'écriture matricielle de la transformation proposée ci-dessus est donc

$$\begin{aligned}
\Omega^{-1/2}Y &= \Omega^{-1/2}X\beta + \Omega^{-1/2}\varepsilon \\
Y^* &= X^*\beta + \varepsilon^*.
\end{aligned}$$

Afin de simplifier certaines explications, nous nous référerons à cette modélisation sous le terme « modèle (*) ». La variance de ε^* vaut

$$V(\varepsilon^*) = \sigma^2 \Omega^{-1/2} \Omega \Omega^{-1/2} = \sigma^2 \Omega^{-1/2} \Omega^{1/2} \Omega^{1/2} \Omega^{-1/2} = \sigma^2 I_n.$$

Les hypothèses classiques sont vérifiées, nous pouvons estimer β par la méthode des moindres carrés, nous obtenons

$$\hat{\beta}_\Omega^* \;=\; (X^{*\prime} X^*)^{-1} X^{*\prime} Y^* = (X'\Omega^{-1}X)^{-1} X'\Omega^{-1}Y.$$

Théorème 7.1 (Gauss-Markov)

L'estimateur $\hat{\beta}_\Omega^*$ est sans biais de variance $\sigma^2(X'\Omega^{-1}X)^{-1}$ et meilleur que tout estimateur linéaire sans biais au sens où sa variance est minimale.

Nous démontrerons ce théorème dans la partie suivante.

Les valeurs ajustées $\hat{Y}$ sont obtenues par

$$\hat{Y} \;=\; X\hat{\beta}_\Omega.$$

Les résidus valent donc

$$\hat{\varepsilon} \;=\; Y - \hat{Y}.$$

Remarque

En pratique, il est impossible d'utiliser cette méthode sans connaître les $\{\omega_i\}$. En effet, pour passer au modèle (*), nous supposons les $\{\omega_i\}$ connus. Si les ω_i sont inconnus, nous allons devoir les estimer ainsi que les p paramètres inconnus du modèle. Il est impossible d'estimer $n + p$ paramètres avec n observations. Il existe cependant deux cas pratiques classiques où cette méthode prend tout son sens.

Cas pratique 1 : régression sur données agrégées par groupes

Supposons que les données individuelles suivent le modèle classique de régression

$$Y = X\beta + \varepsilon \quad \mathbb{E}(\varepsilon) = 0 \quad V(\varepsilon) = \sigma^2 I_n.$$

Cependant, ces données ne sont pas disponibles et nous disposons seulement de moyennes de groupe d'observations : moyenne d'un site, moyenne de différents groupes ou autre... Suite à cette partition en I classes (notées $C_1, \ldots, C_I$) d'effectifs $n_1, \cdots, n_I$ avec $n_1 + \ldots + n_I = n$, nous observons les moyennes par classe :

$$\bar{y}_j = \frac{1}{n_j} \sum_{i \in C_j} y_i, \quad \bar{x}_{jl} = \frac{1}{n_j} \sum_{i \in C_j} x_{il}.$$

Bien évidemment, nous n'observons pas les résidus, mais nous noterons

$$\bar{\varepsilon}_j \;=\; \frac{1}{n_j} \sum_{i \in C_j} \varepsilon_i.$$

Le modèle devient alors

$$\bar{Y} = \bar{X}\beta + \bar{\varepsilon} \quad \mathbb{E}(\bar{\varepsilon}) = 0 \quad \mathrm{V}(\bar{\varepsilon}) = \sigma^2\Omega = \sigma^2 \operatorname{diag}(\frac{1}{n_1}, \cdots, \frac{1}{n_I}).$$

Les résultats précédents nous donnent

$$\hat{\beta}_\Omega = (\bar{X}'\Omega^{-1}\bar{X})^{-1}\bar{X}'\Omega^{-1}\bar{Y}.$$

Lorsque les données sont agrégées par groupes, il est toujours possible d'utiliser l'estimateur des MC. Cependant, cet estimateur n'est pas de variance minimale et l'estimateur de σ^2 obtenu est en général biaisé. Il faut donc utiliser les moindres carrés pondérés et leur estimateur ci-dessus.

Les logiciels ne permettent pas toujours de modifier la matrice de variance-covariance des erreurs, l'objectif de ce second cas pratique est de montrer le lien entre hétéroscédasticité et régression pondérée. La régression pondérée est implémentée dans la plupart des logiciels de statistiques.

Cas pratique 2 : régression pondérée

Nous connaissons ici $\Omega = \operatorname{diag}(\omega_1^2, \omega_2^2, \ldots, \omega_n^2)$. Nous venons de voir que, si nous travaillons dans le modèle (*), nous pouvons appliquer les MC classiques. Le problème de minimisation est donc

$$
\begin{aligned}
S(\beta) &= \min \sum_{i=1}^{n} \left(y_i^* - \sum_{j=1}^{p} \beta_j x_{ij}^* \right)^2 \\
&= \min \sum_{i=1}^{n} \left(\frac{y_i}{w_i} - \sum_{j=1}^{p} \beta_j \frac{x_{ij}}{wi} \right)^2 \\
&= \min \sum_{i=1}^{n} \frac{1}{w_i^2} \left(y_i - \sum_{j=1}^{p} \beta_j x_{ij} \right)^2 \\
&= \min \sum_{i=1}^{n} p_i \left(y_i - \sum_{j=1}^{p} \beta_j x_{ij} \right)^2
\end{aligned}
$$

Les p_i sont appelés poids et dans les logiciels ces poids sont en général nommés *weight*. Il suffit donc de remplacer les poids par les $1/w_i^2$ et d'appliquer le programme de minimisation pour obtenir l'estimateur

$$\hat{\beta}_\Omega = (X'\Omega^{-1}X)^{-1}X'\Omega^{-1}Y,$$

où

$$\Omega = \begin{pmatrix} \omega_1^2 & & \\ & \ddots & \\ & & \omega_n^2 \end{pmatrix} = \begin{pmatrix} \frac{1}{p_1} & & \\ & \ddots & \\ & & \frac{1}{p_n} \end{pmatrix}.$$

7.3 Estimateur des moindres carrés généralisés

Nous supposons dans cette partie que le modèle est

$$Y = X\beta + \varepsilon \tag{7.1}$$

et que les hypothèses suivantes sont vérifiées :
   $\mathcal{H}_1 : \mathrm{rang}(X) = p,$
   $\mathcal{H}'_2 : \mathbb{E}(\varepsilon) = 0, \quad \mathrm{V}(\varepsilon) = \sigma^2\,\Omega,$ avec $\mathrm{rang}(\Omega) = n.$
L'hypothèse classique $\mathcal{H}_2$ des MC a été modifiée en $\mathcal{H}'_2$. Afin de démontrer aisément pour les estimateurs des moindres carrés généralisés (MCG) toutes les propriétés obtenues pour les estimateurs des MC, à savoir la formule de l'estimateur, son espérance, sa variance, nous allons poser un changement de variables.
La matrice Ω est symétrique définie positive, il existe donc une matrice P inversible de rang n telle que $\Omega = PP'$. Notons que cette matrice P n'est pas unique car il suffit, par exemple, de prendre une matrice orthogonale Q et l'on a une nouvelle matrice $Z = PQ$ qui vérifie $\Omega = ZZ'$ car $PP' = PQQ'P' = ZZ'$. Cependant, le choix de P ne va pas intervenir dans les résultats qui suivent. Posons $Y^* = P^{-1}Y$ et multiplions à gauche par P^{-1} l'équation (7.1) :

$$\begin{aligned} P^{-1}Y &= P^{-1}X\beta + P^{-1}\varepsilon \\ Y^* &= X^*\beta + \varepsilon^*, \end{aligned}$$

où $X^* = P^{-1}X$ et $\varepsilon^* = P^{-1}\varepsilon$. Dans ce nouveau modèle appelé modèle $(*)$, l'hypothèse concernant le rang de X^* est conservée, $\mathrm{rang}(X^*) = p$. Les hypothèses d'espérance et de variance du bruit ε^* deviennent

$$\begin{aligned} \mathbb{E}(\varepsilon^*) &= 0 \\ \mathrm{V}(\varepsilon^*) &= \mathrm{V}(P^{-1}\varepsilon) = \sigma^2 P^{-1}\Omega P = \sigma^2 I. \end{aligned}$$

Le modèle $(*)$ est donc un modèle linéaire qui satisfait les hypothèses des MC. Pour obtenir toutes les propriétés souhaitées sur le modèle des MCG, il suffira donc d'utiliser les propriétés du modèle $(*)$ et de remplacer X^* par $P^{-1}X$ et Y^* par $P^{-1}Y$.

7.3.1 Estimateur des MCG et optimalité

Ainsi, l'estimateur des MC du modèle $(*)$ vaut

$$\hat{\beta} = (X^{*\prime}X^*)^{-1}X^{*\prime}Y^*,$$

donnant l'estimateur des MCG

$$\hat{\beta}_{MCG} = (X^{*\prime}X^*)^{-1}X^{*\prime}Y^* = (X'\Omega^{-1}X)^{-1}X'\Omega^{-1}Y.$$

Nous avons donc la définition suivante :

Définition 7.1
L'estimateur des MCG (ou estimateur d'Aitken) est

$$\hat{\beta}_{MCG} = (X'\Omega^{-1}X)^{-1}X'\Omega^{-1}Y.$$

Remarques
- Nous pouvons réinterpréter l'estimateur des MCG avec la notion de métrique particulière de $\mathbb{R}^n$. En effet, il existe une multitude de produits scalaires dans $\mathbb{R}^n$, chacun issu d'une matrice symétrique définie positive M, grâce à

$$\langle u, v \rangle_M = u'Mv.$$

Avec cette remarque, l'estimateur des MCG peut être défini comme le vecteur de $\mathbb{R}^p$ qui minimise la norme $\|Y - X\alpha\|_{\Omega^{-1}}$, définie au sens de la métrique Ω^{-1}. Donc ce vecteur $\hat{\beta}_{MCG}$ est tel que $P_X Y = X\hat{\beta}_{MCG}$, où $P_X = X(X'\Omega^{-1}X)^{-1}X'\Omega^{-1}$ est le projecteur Ω^{-1}-orthogonal sur $\Im(X)$. Il est bien sûr possible de retrouver ce résultat par le calcul en considérant l'orthogonalité entre $Y - X\hat{\beta}_{MCG}$ et un élément de $\Im(X)$. Pour tout vecteur $\alpha \in \mathbb{R}^p$, nous avons

$$\begin{aligned}
\langle X\alpha, Y - X\hat{\beta}_{MCG}\rangle_{\Omega^{-1}} &= 0 \\
\alpha'X'\Omega^{-1}(Y - X\hat{\beta}_{MCG}) &= 0,
\end{aligned}$$

d'où le résultat.
- Il est possible d'utiliser comme matrice P la matrice $\Omega^{1/2}$ définie par $U\Lambda^{1/2}V'$ où $U\Lambda V'$ est la décomposition en valeurs singulières de Ω.

Les propriétés concernant l'espérance, la variance de l'estimateur des MCG, i.e. le théorème de Gauss-Markov, peuvent être déduites du modèle (*) et conduisent au théorème suivant dont la preuve est laissée à titre d'exercice (voir exercice 7.3).

Théorème 7.2 (Gauss-Markov)
L'estimateur $\hat{\beta}_{MCG}$ est sans biais de variance $\sigma^2(X'\Omega^{-1}X)^{-1}$ et meilleur que tout estimateur linéaire sans biais, au sens où sa variance est minimale.

Sous l'hypothèse $\mathcal{H}_2'$, l'estimateur des MC, $\hat{\beta}_{MC} = (X'X)^{-1}X'Y$, est toujours linéaire en y et sans biais, mais n'est plus de variance minimale.

7.3.2 Résidus et estimateur de σ^2

Les résidus sont définis par $\hat{\varepsilon} = Y - X\hat{\beta}_{MCG}$. Remarquons qu'à l'image du vrai bruit où nous avons $\varepsilon^* = P^{-1}\varepsilon$, nous avons pour l'estimation $\hat{\varepsilon}^* = P^{-1}\hat{\varepsilon}$.
Un estimateur de σ^2 est donné par

$$\hat{\sigma}^2_{MCG} = \frac{\|Y - X\hat{\beta}_{MCG}\|^2_{\Omega^{-1}}}{n - p}.$$

Proposition 7.1
L'estimateur $\hat{\sigma}^2_{MCG}$ est un estimateur sans biais de σ^2.

Preuve

$$\begin{aligned}
(n-p)\hat{\sigma}^2_{MCG} &= \langle Y - X\hat{\beta}_{MCG}, Y - X\hat{\beta}_{MCG}\rangle_{\Omega^{-1}} \\
&= (Y - X\hat{\beta}_{MCG})'\Omega^{-1}(Y - X\hat{\beta}_{MCG}) \\
&= (PP^{-1}(Y - X\hat{\beta}_{MCG}))'\Omega^{-1}(PP^{-1}(Y - X\hat{\beta}_{MCG})) \\
&= (Y^* - X^*\hat{\beta}_{MCG})'P'\Omega^{-1}P(Y^* - X^*\hat{\beta}_{MCG}) \\
&= \hat{\varepsilon}^{*'}\hat{\varepsilon}^*.
\end{aligned}$$

Dans le modèle (*), $\hat{\sigma}^2_{MCG}$ est un estimateur sans biais de σ^2, d'où le résultat. $\square$

7.3.3   Hypothèse gaussienne

Nous supposons dorénavant que les résidus suivent une loi normale de moyenne nulle et de variance $\sigma^2\Omega$. Nous avons alors les propriétés classiques suivantes (dont la démonstration consiste à se ramener au modèle (*) et à faire comme pour les MC).

Proposition 7.2
i) $\hat{\beta}_{MCG}$ est un vecteur gaussien de moyenne β et de variance $\sigma^2(X'\Omega^{-1}X)^{-1}$.
ii) $\hat{\sigma}^2_{MCG}$ vérifie $(n-p)\hat{\sigma}^2_{MCG}/\sigma^2 \sim \chi^2_{n-p}$.
iii) $\hat{\beta}_{MCG}$ et $\hat{\sigma}^2_{MCG}$ sont indépendants.

Nous pouvons aussi tester une hypothèse linéaire quelconque.

Théorème 7.3
Soit un modèle de régression à p variables $Y = X\beta + \varepsilon$ satisfaisant $\mathcal{H}_1$ et $\mathcal{H}_3$. Nous souhaitons tester dans le cadre de ce modèle la validité d'une hypothèse linéaire quelconque $H_0 : \quad R\beta = r$, avec le rang de R égal à q, contre $H_1 : \quad R\beta \neq r$. Soit $\Im_0$ le sous-espace de $\Im_X$ de dimension $(p-q)$ engendré par la contrainte $R\beta = r$ (ou H_0) et $\Im_X$ le sous-espace de dimension p associé à H_1.
Pour tester ces deux hypothèses nous utilisons la statistique de test F :

$$F = \frac{\|r - R\hat{\beta}_{MCG}\|^2_{[R(X'\Omega^{-1}X)^{-1}R']^{-1}}}{\|Y - X\hat{\beta}_{MCG}\|^2_{\Omega^{-1}}}\frac{n-p}{q},$$

qui sous H_0 suit la loi $\mathcal{F}_{q,n-p}$. L'hypothèse H_0 sera repoussée en faveur de H_1, au niveau α du test, si l'observation de la statistique F est supérieure à $f_{q,n-p}(1-\alpha)$.

Les applications sont identiques à celles rencontrées en régression ordinaire et l'on peut citer par exemple les tests de Student de nullité d'un coefficient ou les tests de Fisher de nullité simultanée de q coefficients.

7.3.4   Matrice Ω inconnue

Dans les problèmes rencontrés, la matrice Ω est souvent inconnue. Il faut donc l'estimer puis remplacer dans les calculs Ω par son estimateur $\hat{\Omega}$. Cependant, si nous n'avons aucune information sur Ω, il est impossible d'estimer les termes de Ω car il faut estimer $(n^2 - n)/2$ termes non diagonaux et n termes diagonaux. Il est cependant possible d'estimer Ω dans certains cas particuliers :
– Ω diagonale de forme particulière (voir 7.2, p. 159) ;
– Ω admet une expression particulière paramétrable avec seulement quelques paramètres (σ^2, θ) à estimer.

En règle générale, pour estimer θ, on maximise la vraisemblance $\mathcal{L}(\beta, \sigma^2, \theta)$. Cependant, nous allons détailler un premier exemple classique où l'estimation de θ est conduite par une procédure beaucoup plus simple.

Corrélation temporelle

Considérons le modèle

$$Y = X\beta + \varepsilon$$

où l'erreur est supposée suivre un processus autorégressif $\varepsilon_t = \rho\varepsilon_{t-1} + \eta_t$ avec $0 < \rho < 1$ et où $\mathrm{Cov}(\eta_i, \eta_j) = \sigma^2 \delta_{ij}$. La matrice de variance Ω des erreurs ε s'écrit alors

$$\sigma^2 \Omega = \frac{\sigma^2}{1 - \rho^2} \begin{pmatrix} 1 & \rho & \rho^2 & \cdots & \rho^{n-1} \\ & 1 & \rho & \cdots & \rho^{n-2} \\ & & \ddots & & \\ & & & \ddots & \\ & & & & 1 \end{pmatrix}.$$

Cette matrice est donc fonction de deux paramètres inconnus, σ^2 et ρ. Le calcul de son inverse donne

$$\Omega^{-1} = \begin{pmatrix} 1 & -\rho & 0 & \cdots & \cdots & 0 \\ 1+\rho^2 & -\rho & 0 & \cdots & & 0 \\ & \ddots & \ddots & & & \\ & & \ddots & \ddots & & 0 \\ & & & 1+\rho^2 & -\rho \\ & & & & 1 \end{pmatrix}.$$

Nous venons de calculer Ω^{-1} dans ce cas précis. Afin de calculer l'estimateur d'Aitken de β, il faut estimer Ω^{-1} et donc estimer ρ. Pour pouvoir estimer ρ, il faudrait disposer des ε_t et ce n'est évidemment pas le cas.
Dans la pratique, nous calculons $\hat{\beta}_{MC} = (X'X)^{-1}X'Y$, et calculons les résidus $\hat{\varepsilon} = Y - X\hat{\beta}_{MC}$. Nous supposons ensuite que $\hat{\varepsilon}_t = \rho\hat{\varepsilon}_{t-1} + \eta_t$, nous pouvons donc

estimer ρ par les MC, cela nous donne

$$\hat{\rho}_{MC} = \frac{\sum_{t=2}^{n} \hat{\varepsilon}_t \hat{\varepsilon}_{t-1}}{\sum_{t=2}^{n} \hat{\varepsilon}_{t-1}^2}.$$

A partir de cet estimateur, nous estimons Ω par $\hat{\Omega}$ puis appliquons l'estimateur d'Aitken :

$$\hat{\beta}_{MCG} = (X'\hat{\Omega}^{-1}X)^{-1}X'\hat{\Omega}^{-1}Y.$$

Remarque

Cet estimateur a été calculé en deux étapes (*two stages*), estimation des résidus par MC puis, à partir des résidus estimés, calcul de β_{MCG}. Cet estimateur est appelé $\hat{\beta}_{TS}$ pour *two stages*. Un autre estimateur peut être trouvé en itérant ce processus jusqu'à convergence, l'estimateur est alors qualifié d'itéré (*iterated*).

Corrélation spatiale

Revenons à l'exemple tiré du livre de Upton & Fingleton (1985) : explication du nombre de plantes endémiques observées par trois variables : la surface de l'unité de mesure, l'altitude et la latitude. Nous avons vu au chapitre sur les résidus qu'une structuration spatiale semblait présente. Nous allons donc introduire dans les résidus ε une dépendance entre sites. Nous considérons donc le modèle

$$Y = X\beta + \varepsilon \quad \text{avec} \quad \varepsilon = \rho M\varepsilon + \eta, \quad \eta \sim \mathcal{N}(0, \sigma^2 I_n), \qquad (7.2)$$

où M est une matrice *connue* de dépendance entre sites avec $M_{ii} = 0$ et définie par la distance en miles entre sites grâce à

$$M_{ij} = \frac{D_{ij}}{\sum_{j=1}^{n} D_{ij}}$$

où les termes de la matrice D sont définis par

$$D_{ij} = \begin{cases} \frac{1}{d(i,j)^2} \text{si } d(i,j) < 187.5 \text{ miles,} \\ 0 \quad \text{si } d(i,j) \geq 187.5 \text{ ou si } i \text{ ou } j \text{ est une île} \end{cases}$$

où $d(i,j)$ est la distance en miles entre le site i et le site j.
Lorsque l'on récrit cette équation pour un site i, nous avons

$$\varepsilon_i = \rho \sum_{j \neq i, j=1}^{n} M_{ij}\varepsilon_j + \eta_i,$$

l'erreur du modèle est la somme d'une erreur classique η_i et des erreurs aux autres sites. Rappelons que l'erreur n'est pas uniquement l'erreur de mesure en soit, mais contient tout ce qui n'est pas modélisé dans la moyenne. Nous avons donc une autorégression des résidus de manière simultanée. Ce modèle est souvent noté SAR pour *simultaned autoregressive*. Nous pouvons tirer de (7.2) que

$$
\begin{aligned}
(I_n - \rho M)\varepsilon &= \eta \\
\varepsilon &= (I_n - \rho M)^{-1}\eta = A^{-1}\eta.
\end{aligned}
$$

Par hypothèse, la variable η suit une loi normale $\mathcal{N}(0, \sigma^2 I_n)$, la variable ε suit une loi multinormale d'espérance nulle et de variance $\sigma^2\Omega = \sigma^2 A^{-1}A'^{-1}$. La vraisemblance s'écrit alors

$$
\mathcal{L}(Y, \beta, \sigma^2, \rho) = (2\pi\sigma^2)^{-\frac{n}{2}}|\Omega|^{-\frac{1}{2}}\exp\left\{-\frac{1}{2\sigma^2}(Y - X\beta)'\Omega^{-1}(Y - X\beta)\right\},
$$

et la log-vraisemblance s'écrit à une constante près

$$
\begin{aligned}
\mathcal{L} &= -n\log\sigma - \frac{1}{2}\log|\Omega| - \frac{1}{2\sigma^2}(Y - X\beta)'\Omega^{-1}(Y - X\beta) \\
&= -n\log\sigma + \frac{1}{2}\log|A|^2 - \frac{1}{2\sigma^2}(Y - X\beta)'A'A(Y - X\beta).
\end{aligned}
$$

En dérivant la log-vraisemblance et en annulant les dérivées au point $(\hat{\beta}, \hat{\sigma}^2, \hat{\rho})$ nous pouvons exprimer $\hat{\beta}$ en fonction de $(\hat{\sigma}^2, \hat{\rho})$

$$
\begin{aligned}
\hat{\beta} &= (X'\hat{\Omega}^{-1}X)^{-1}X'\hat{\Omega}^{-1}Y \\
&= (X'\hat{A}'\hat{A}X)^{-1}X'\hat{A}'\hat{A}Y.
\end{aligned}
$$

Comme $\hat{A} = I_n - \hat{\rho}M$, $\hat{\beta}$ est une fonction de $\hat{\rho}$ uniquement. Si nous connaissons $\hat{\rho}$ nous connaissons $\hat{\beta}$.

Nous pouvons faire de même pour le paramètre σ et son estimation vaut

$$
\hat{\sigma}^2 = \frac{1}{n}(Y - X\hat{\beta})\hat{A}'\hat{A}(Y - X\hat{\beta}).
$$

Nous en déduisons qu'une fois estimé ρ par $\hat{\rho}$, nous pouvons déterminer $\hat{\beta}$ puis $\hat{\sigma}$. Nous pouvons donc récrire la vraisemblance comme fonction uniquement de ρ en remplaçant (β, σ) par $(\hat{\beta}, \hat{\sigma})$ puisque nécessairement, à l'optimum, ils seront de cette forme. Nous avons donc la log-vraisemblance, dite concentrée, qui s'écrit comme

$$
\begin{aligned}
h(\rho) &= -\frac{n}{2}\log\hat{\sigma}^2 + \frac{1}{2}\log|A|^2 - \frac{1}{2\sigma^2}(Y - X\hat{\beta})'A'A(Y - X\hat{\beta}) \\
&= -\frac{n}{2}\log\hat{\sigma}^2 + \frac{1}{2}\log|A|^2 - \frac{n\hat{\sigma}^2}{2\hat{\sigma}^2} \\
&= -n\log Y'(I - X(X'\hat{A}'\hat{A}X)^{-1}X'\hat{A}'\hat{A})'\hat{A}'\hat{A}(I - X(X'\hat{A}'\hat{A}X)^{-1}X'\hat{A}'\hat{A})Y \\
&\quad + \frac{1}{2}\log|A|^2 + cte.
\end{aligned}
$$

Cette fonction peut être optimisée par un algorithme de minimisation sous R en utilisant les commandes suivantes :

```
> n <- nrow(don)
> X <- cbind(rep(1,n),data.matrix(don[,-1]))
> y <- data.matrix(don[,1])
> concentree <- function(rho,MM,nn,yy,XX) {
+    AA <- diag(nn)-rho*MM
+    PP <- AA%*%(diag(nn)-XX%*%
+            solve(crossprod(AA%*%XX))%*%t(XX)%*%crossprod(AA))%*%yy
+    res <- 0.5*nn*log(crossprod(PP))-0.5*(log(det(crossprod(AA))))
+    return(res)
+ }
> resconc <- optimize(concentree,c(-1,1),MM=M,nn=n,yy=y,XX=X)
```

Ensuite les paramètres estimés sont obtenus grâce aux commandes suivantes :

```
> rhoconc <- resconc$minimum
> A <- diag(n)-rhoconc*M
> betaconc <- solve(crossprod(A%*%X))%*%t(X)%*%crossprod(A)
+             %*%(as.matrix(don[,"nbe.plante"]))
> sigmaconc <- sqrt(as.vector(crossprod(A%*%
+             (as.matrix(don[,"nbe.plante"])-X%*%betaconc)))/n)
```

Nous obtenons alors le tableau suivant :

	σ	ρ	coef cst	surface	altitude max.	latitude
Valeur	135	0.754	-856.6	0.148	0.102	26.9
Ecart-type	19.1	0.133	382	0.0378	0.0246	11.5

Tableau 7.1 – Estimation selon un modèle linéaire avec résidus SAR.

Si nous souhaitons des intervalles de confiance, nous pouvons utiliser la théorie du maximum de vraisemblance (e.g. Scheffé, 1959, p. 423) et approximer un intervalle de confiance de niveau $(1-\alpha)$ par

$$IC_\alpha(\theta_j) = [\hat{\theta}_j - u_{1-\alpha/2}\hat{\sigma}_{\hat{\theta}_j}; \hat{\theta}_j + u_{1-\alpha/2}\hat{\sigma}_{\hat{\theta}_j}]$$

où $\hat{\theta} = (\hat{\sigma},\hat{\rho},\hat{\beta}')'$, $u_{1-\alpha/2}$ représente le fractile de niveau $(1-\alpha/2)$ de la loi normale $\mathcal{N}(0,1)$ et $\hat{\sigma}^2_{\hat{\theta}_j}$ est égal à $\left[I(\hat{\theta})\right]^{-1}_{jj}$, où $\left[I(\hat{\theta})\right]^{-1}_{jj}$ est l'élément (j,j) de l'inverse de la matrice d'information de Fisher, c'est-à-dire l'inverse de $-\mathbb{E}(d^2\mathcal{L}/d\theta^2)$ évalué au point $\hat{\theta}$.

En notant $\{\lambda_i\}$ les valeurs propres de A, et en notant que $|A| = \prod_i(1-\rho\lambda_i)$, nous avons après quelques calculs qui sont détaillés dans Upton & Fingleton (1985)

$$\frac{I(\theta)}{\sigma^2} = \begin{bmatrix} 2n & 2\sigma\,tr(MA^{-1}) & 0 \\ 2\sigma\,tr(MA^{-1}) & \sigma^2 tr(MA^{-1}MA^{-1})+\sum_i \frac{\sigma^2\lambda_i^2}{(1-\rho\lambda_i)^2} & 0 \\ 0 & 0 & (X'A'AX)^{-1} \end{bmatrix}^{-1}.$$

Les écarts-types des paramètres figurant au tableau 7.1 sont calculés grâce à la fonction suivante :

```
> ecarttype <- function(rhoo,sigmaa,XX,MM,vprr) {
+    AA <- diag(nrow(MM))-rhoo*MM
+    V <- sigmaa^2*solve(rbind(cbind(matrix(c(2*nrow(MM),2*sigmaa*
+    sum(diag(MM%*%solve(AA))),2*sigmaa*sum(diag(MM%*%solve(AA))),
+    sigmaa^2*sum(diag(t(MM%*%solve(AA))%*%MM%*%solve(AA)))+sigmaa^2*
+    sum(vprr^2/(1-rhoo*vprr)^2)),2,2),matrix(0,2,4)),
+    cbind(matrix(0,4,2),crossprod(AA%*%XX))))
+    return(sqrt(diag(V)))
+ }
```

7.4   Exercices

Exercice 7.1 (Questions de cours)
1. Nous utilisons les MCG car l'hypothèse suivante n'est pas satisfaite :
   A. $\mathcal{H}_1$ le rang du plan d'expérience,
   B. $\mathcal{H}_2$ l'espérance et la variance des résidus,
   C. $\mathcal{H}_3$ la normalité des résidus.

2. La matrice de variance de ε est Ω. Nous calculons $\hat{\beta}_{MCG}$ et $\hat{\beta}_{MC}$. Avons-nous ?
   A. $V(\hat{\beta}_{MCG}) \leq V(\hat{\beta}_{MC},$
   B. $V(\hat{\beta}_{MCG}) \geq V(\hat{\beta}_{MC},$
   C. les variances ne peuvent pas être comparées.

Exercice 7.2 (Régression pondérée)
Nous voulons effectuer une régression pondérée, c'est-à-dire que nous voulons minimiser

$$\hat{\beta}_{pond} = \underset{\beta}{\text{argmin}} \sum_{i=1}^{n} \left(y_i - \sum_{j=1}^{p} \beta_j x_{ij} \right)^2 p_i,$$

où p_i est un réel positif (le poids).

1. Afin de trouver $\hat{\beta}_{pond}$, trouver un changement de variable dans lequel le critère à minimiser s'écrit comme les moindres carrés classiques avec les nouvelles variables $X^\star$ et $Y^\star$.

2. En appliquant le changement de variable précédent, trouver l'estimateur $\hat{\beta}_{pond}$.

3. Montrer que lorsque la seule variable explicative est la constante, la solution est

$$\hat{\beta}_1 \;=\; \frac{\sum p_i y_i}{\sum p_i}.$$

4. Retrouver un estimateur connu si les p_i sont constants pour $i = 1, \cdots, n$?

Exercice 7.3 (Gauss-Markov)
Démontrer le Théorème 7.2.

Chapitre 8

Ridge et Lasso

Dans les premiers chapitres de cet ouvrage, nous avons supposé que le modèle de régression

$$Y \;=\; X\beta + \varepsilon$$

était valide et que la matrice X était de plein rang (hypothèse $\mathcal{H}_1$). Cependant, il existe des cas fréquents où cette hypothèse n'est pas satisfaite et en particulier :

1. si $n < p$, le nombre de variables est supérieur au nombre d'observations ;

2. si $n \geq p$ mais $\{X_1, \ldots, X_p\}$ est une famille liée de $\mathbb{R}^n$. Cela correspond à une (ou plusieurs) variable(s) linéairement redondante(s), c'est-à-dire

$$\exists j \quad : \quad X_j = \sum_{i \neq j} \alpha_i X_i.$$

En général, on traite le cas voisin $X_j \approx \sum_{i \neq j} \alpha_i X_i$ souvent énoncé comme, « les variables (explicatives) sont très corrélées (empiriquement[1]) ».

Si $\mathcal{H}_1$ n'est pas vérifiée, la matrice $X'X$ possède un déterminant nul et donc elle n'est plus inversible. La relation donnant $\hat{\beta}$ n'a plus de sens. Nous pouvons toujours projeter Y sur $\Im(X)$ mais $\hat{Y}$ n'admet plus une décomposition unique sur les colonnes de X, il existe alors une infinité de $\hat{\beta}$. Les coefficients ne sont pas uniques et le modèle n'est pas identifiable. De plus la variance de $\hat{\beta}$ dépend directement du rang de X car

$$\mathrm{V}(\hat{\beta}) \;=\; \sigma^2 (X'X)^{-1}.$$

La précision des estimateurs va diminuer dès que $X'X$ va se rapprocher d'une matrice non inversible. Pour cette raison, nous étendrons l'étude au cas où le déterminant de $X'X$ est de 0. Pour que les estimations aient un sens et soient

---

[1] Il ne s'agit pas à proprement parler de corrélation, puisque la corrélation empirique simple ne concerne que deux variables (voir exercice 8.2).

précises, il est donc nécessaire d'utiliser des méthodes adaptées à la déficience de rang. Dans ce chapitre, nous allons nous intéresser aux méthodes introduisant une contrainte sur la norme des coefficients.

Avant d'aborder ces méthodes, notons que la matrice $(X'X)$ est une matrice symétrique, nous pouvons donc écrire

$$X'X = P\Lambda P',$$

où P est la matrice des vecteurs propres normalisés de $(X'X)$, c'est-à-dire que P est une matrice orthogonale $(P'P = I)$ et $\Lambda = \mathrm{diag}(\lambda_1, \lambda_2, \ldots, \lambda_p)$ est la matrice diagonale des valeurs propres classées par ordre décroissant, $\lambda_1 \geq \lambda_2 \geq \cdots \geq \lambda_p$. De plus, $X'X$ est semi-définie positive, ses valeurs propres sont donc positives ou nulles, nous avons alors $\lambda_1 \geq \lambda_2 \geq \cdots \lambda_p \geq 0$.

Nous pouvons reformuler le problème de la défience du rang et donc du déterminant de $X'X$ en terme de valeurs propres. Si ce déterminant est nul, il existera, à partir d'un certain rang r, une (ou des) valeur(s) propre(s) nulle(s). Si ce déterminant est proche de 0, les plus petites valeurs propres seront proches de 0.

8.1   Régression ridge

Les matrices $X'X$ et $(X'X + \kappa I_p)$ ont les mêmes vecteurs propres mais des valeurs propres différentes, à savoir $\{\lambda_j\}_{j=1}^{p}$ et $\{\lambda_j + \kappa\}_{j=1}^{p}$ (voir exercice 8.3). En revenant à la définition de $\hat{\beta}$, remplacer $(X'X)^{-1}$ par $(X'X + \kappa I)^{-1}$ permettrait d'augmenter toutes les valeurs propres et donc celles qui sont (quasi) nulles et d'obtenir un vecteur de coefficient $\hat{\beta}$ unique et stable. Cette méthode, appelée régression ridge, a été proposée par Hoerl & Kennard (1970) et consiste à utiliser comme estimateur :

$$\hat{\beta}_{\mathrm{ridge}}(\kappa) = (X'X + \kappa I)^{-1} X'Y,$$

où κ est une constante positive à déterminer. Cela constitue le point le plus délicat de cette méthode. Si $\kappa \to \infty$, alors $\hat{\beta}_{\mathrm{ridge}}(\kappa) \to 0$; mais pour toute valeur finie de κ, $\hat{\beta}_{\mathrm{ridge}}(\kappa)$ est non nul. Si par contre $\kappa \to 0$, alors $\hat{\beta}_{\mathrm{ridge}} \to \hat{\beta}$.

Remarquons que si X est orthogonale $(X'X = I)$ et la régression ridge revient à diviser $\hat{\beta} = X'Y$ l'estimateur des MC par $(1 + \kappa)$ et donc à « diminuer » les coefficients d'une même valeur, à l'image de l'estimateur de James-Stein (6.7 p. 151).

8.1.1   Equivalence avec une contrainte sur la norme des coefficients

Cette méthode équivaut à résoudre le problème de minimisation suivant :

$$\tilde{\beta} = \operatorname*{argmin}_{\beta \in \mathbb{R}^p, \|\beta\|^2 \leq \delta} \|Y - X\beta\|^2. \tag{8.1}$$

Nous supposerons que l'estimateur $\hat{\beta}$ des MC ne satisfait pas la contrainte sinon bien évidemment $\tilde{\beta} = \hat{\beta}$ et ce cas n'a pas d'intérêt puisque l'on se retrouve dans le cadre des MC. Si par contre δ est « petit » et tel que $\|\hat{\beta}\|^2 > \delta$, il faut calculer l'estimateur obtenu. Pour cela, introduisons le lagrangien du problème

$$\mathcal{L}(\beta, \tau) \;=\; \|Y - X\beta\|^2 + \tau(\|\beta\|^2 - \delta).$$

Une condition nécessaire d'optimum est donnée par l'annulation de ses dérivées partielles au point optimum $(\hat{\beta}_{\mathrm{ridge}}, \tilde{\tau})$, ce qui donne

$$-2X'(Y - X\hat{\beta}_{\mathrm{ridge}}) + 2\tilde{\tau}\hat{\beta}_{\mathrm{ridge}} \;=\; 0 \tag{8.2}$$
$$\|\hat{\beta}_{\mathrm{ridge}}\|^2 - \hat{\delta} \;=\; 0.$$

La première équation donne l'estimateur ridge $\hat{\beta}_{\mathrm{ridge}} = (X'X + \tilde{\tau}I)^{-1}X'Y$ qui est forcément un optimum du problème. Afin de calculer la valeur de $\tilde{\tau}$, pré-multiplions (8.2) à gauche par $\hat{\beta}'_{\mathrm{ridge}}$, cela donne $\tilde{\tau} = (\hat{\beta}_{\mathrm{ridge}}X'Y - \hat{\beta}'_{\mathrm{ridge}}X'X\hat{\beta}_{\mathrm{ridge}})/\|\hat{\beta}_{\mathrm{ridge}}\|^2$. On peut également vérifier que ce couple est bien un minimum de la fonction en remarquant que le hessien[2] est bien une matrice symétrique de la forme $A'A$, donc semi-définie positive.

Géométriquement, la régression ridge revient à chercher dans une boule de $\mathbb{R}^p$ de rayon δ, le coefficient $\hat{\beta}_{\mathrm{ridge}}$ le plus proche au sens des moindres carrés. En nous plaçant maintenant dans l'espace des observations $\mathbb{R}^n$, l'image de la sphère de contrainte par X est un ellipsoïde de contrainte. Puisque l'ellipsoïde est inclus dans $\Im(X)$, dans le cas où δ est « petit », le coefficient optimum $\hat{\beta}_{\mathrm{ridge}}$ est tel que $X\hat{\beta}_{\mathrm{ridge}}$ est la projection de $X\hat{\beta}$ sur cet ellipsoïde de contrainte (voir fig. 8.1). Dans le cas contraire où $\|\hat{\beta}\|^2 \leq \delta$, $\hat{\beta}$ est dans ou sur l'ellipsoïde et donc sa projection reste égale à $\hat{\beta}$.

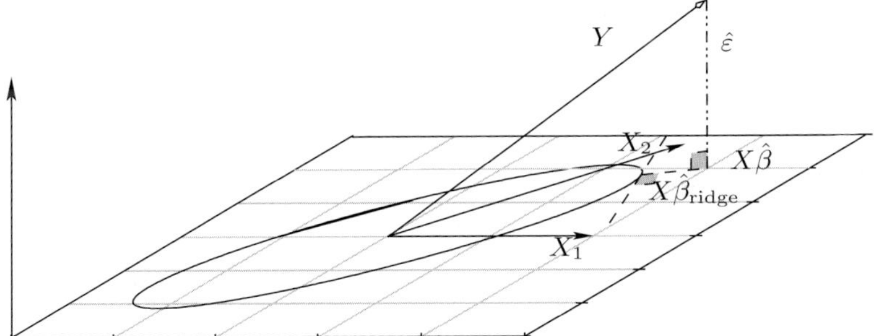

Fig. 8.1 – Contrainte sur les coefficients et régression ridge : $\hat{\beta}_{\mathrm{ridge}}$ représente l'estimateur ridge et $\hat{\beta}$ représente l'estimateur des MC.

8.1.2   Propriétés statistiques de l'estimateur ridge $\hat{\beta}_{\mathrm{ridge}}$

Revenons aux définitions des estimateurs ridge et MC :

$$\hat{\beta}_{\mathrm{ridge}} \;=\; (X'X + \kappa I)^{-1}X'Y$$
$$\hat{\beta} \;=\; (X'X)^{-1}X'Y.$$

---

[2]Matrice des dérivées secondes de la fonction.

En pré-multipliant la seconde égalité à gauche par $X'X$, nous avons $X'X\hat{\beta} = X'Y$, cela donne alors

$$\hat{\beta}_{\mathrm{ridge}} \;=\; (X'X + \kappa I)^{-1} X'X \hat{\beta}.$$

Cette écriture permet de calculer facilement les propriétés de biais et de variance de l'estimateur ridge. Le calcul de l'espérance de l'estimateur ridge donne

$$\begin{aligned}
\mathbb{E}(\hat{\beta}_{\mathrm{ridge}}) &= (X'X + \kappa I)^{-1} (X'X) \mathbb{E}(\hat{\beta}) \\
&= (X'X + \kappa I)^{-1} (X'X) \beta \\
&= (X'X + \kappa I)^{-1} (X'X + \kappa I - \kappa I) \beta \\
&= \beta - \kappa (X'X + \kappa I)^{-1} \beta.
\end{aligned}$$

Le biais de l'estimateur ridge vaut donc

$$B(\hat{\beta}_{\mathrm{ridge}}) \;=\; -\kappa (X'X + \kappa I)^{-1} \beta. \tag{8.3}$$

En général cette quantité est non nulle, l'estimateur ridge est biaisé et la régression est dite biaisée. Calculons la variance de l'estimateur ridge :

$$\begin{aligned}
V(\hat{\beta}_{\mathrm{ridge}}) &= \mathrm{V}((X'X + \kappa I)^{-1} X'Y) \\
&= (X'X + \kappa I)^{-1} X' \mathrm{V}(Y) X (X'X + \kappa I)^{-1} \\
&= \sigma^2 (X'X + \kappa I)^{-1} X'X (X'X + \kappa I)^{-1}. \tag{8.4}
\end{aligned}$$

L'estimateur ridge est biaisé, ce qui constitue un handicap par rapport à l'estimateur des MC. En revanche, sa variance fait intervenir $(X'X + \kappa I)^{-1}$ et non pas $(X'X)^{-1}$. Or l'introduction de κI permet d'augmenter les valeurs propres de $(X'X + \kappa I)$, donc la variance sera plus faible.

Après avoir calculé le biais et la variance de cet estimateur, nous allons calculer son EQM (voir p. 129) et le comparer à celui de l'estimateur des MC :

$$\begin{aligned}
\mathrm{EQM}(\hat{\beta}) &= \sigma^2 (X'X)^{-1} \\
\mathrm{EQM}(\hat{\beta}_{\mathrm{ridge}}) &= \mathbb{E}(\hat{\beta}_{\mathrm{ridge}} - \beta) \mathbb{E}(\hat{\beta}_{\mathrm{ridge}} - \beta)' + V(\hat{\beta}_{\mathrm{ridge}}) \\
&= \kappa^2 (X'X + \kappa I)^{-1} \beta\beta' (X'X + \kappa I)^{-1} \\
&\quad + \sigma^2 (X'X + \kappa I)^{-1} X'X (X'X + \kappa I)^{-1} \\
&= (X'X + \kappa I)^{-1} \left[\kappa^2 \beta\beta' + \sigma^2 (X'X) \right] (X'X + \kappa I)^{-1}.
\end{aligned}$$

Il est difficile de comparer deux matrices, aussi nous prendrons une mesure de la qualité globale *via* la trace. Lorsque nous considérons la trace de la matrice de l'EQM nous avons

$$\mathrm{tr}[\mathrm{EQM}(\hat{\beta})] \;=\; \sigma^2 \, \mathrm{tr}((X'X)^{-1}) = \sigma^2 \left(\sum_{j=1}^{p} \frac{1}{\lambda_j} \right),$$

où $\{\lambda_j\}_{j=1}^p$ sont les valeurs propres de $X'X$. Comme certaines de ces valeurs propres sont nulles ou presque nulles, la trace de l'EQM est donc infinie ou très grande. Nous pouvons montrer que la trace de cette matrice de l'EQM de l'estimateur ridge (voir exercice 8.4) est égale à

$$\text{tr}[\text{EQM}(\hat{\beta}_{\text{ridge}})] \;=\; \sum_{i=1}^{r} \frac{\sigma^2 \lambda_i + \kappa^2 [P'\beta]_i^2}{(\lambda_i + \kappa)^2},$$

où $X'X = P\,\text{diag}(\lambda_i)P'$.

Cette dernière équation donne la forme de l'EQM en fonction du paramètre de la régression ridge κ. Nous pouvons trouver une condition suffisante sur κ (voir exercice 8.4), condition indépendante des variables explicatives,

$$\kappa \;\leq\; \frac{2\sigma^2}{\beta'\beta},$$

qui permet de savoir que la trace de l'EQM de l'estimateur ridge est plus petite que celle de l'estimateur des MC. Autrement dit, quand $\kappa \leq 2\sigma^2/\beta'\beta$, la régression ridge est plus précise (dans l'estimation des paramètres) que la régression ordinaire, au sens de la trace de l'EQM. Cependant, cette condition dépend de paramètres inconnus β et σ^2 et elle n'est donc pas utilisable pour choisir une valeur de κ.

8.1.3 La régression ridge en pratique

Centrage et réduction

En général, la valeur de β dépend de l'échelle de mesure de la variable explicative associée : β sera différent si la variable est mesurée en gramme ou en kilo. Rappelons que la régression ridge contraint la norme au carré de β ($\|\beta\|^2$) à être inférieure à une valeur δ (équation (8.1) p. 170). Lors du calcul de la norme, afin de ne pas pénaliser ou favoriser un coefficient, il est souhaitable que chaque coefficient soit affecté de manière « semblable ». Une manière de réaliser cet équilibre consiste à centrer et réduire toutes les variables.

Ainsi, à la différence de la régression classique, où les variables sont en général conservées telles que mesurées, il est d'usage de centrer et réduire les variables explicatives. Une variable centrée-réduite $\widetilde{X}_j$ issue de la variable X_j s'écrit

$$\widetilde{X}_j \;=\; (X_j - \bar{x}_j \mathbb{1})/\hat{\sigma}_{X_j},$$

où $\bar{x}_j$ est la moyenne empirique de X_j (i.e. $\sum_{i=1}^n x_{ij}/n$) et $\hat{\sigma}^2_{X_j}$ une estimation de la variance (par exemple $\sum_{i=1}^n (x_{ij} - \bar{x}_j)^2/n$). *La matrice $\widetilde{X}$ contiendra donc des variables centrées réduites.*

Le coefficient associé à la variable $\mathbb{1}$, appelé coefficient constant (ou *intercept* en anglais) est un coefficient qui joue un rôle particulier. Il permet au modèle envisagé de se situer autour de la moyenne de Y, de localiser le problème. Il n'est donc pratiquement *jamais inclus* dans la contrainte de norme. Les variables X sont déjà centrées (car centrées-réduites), l'usage consiste à centrer Y qui est remplacée par $Y - \bar{y}\mathbb{1}$. Toutes les variables étant centrées, il ne sert à rien d'introduire la constante dans le modèle (voir exercice 2.8). De même on peut remplacer la variable à expliquer Y par la variable centrée-réduite correspondante $\widetilde{Y}$.

A κ fixé, nous obtenons un estimateur ridge donné par

$$\hat{\beta}_{\mathrm{ridge}}(\kappa) = (\widetilde{X}'\widetilde{X} + \kappa I)^{-1}\widetilde{X}'\widetilde{Y}.$$

Afin de retrouver les valeurs ajustées, nous calculons

$$\hat{Y}_{\mathrm{ridge}}(\kappa) \;\; = \;\; \hat{\sigma}_Y\left[\widetilde{X}\hat{\beta}_{\mathrm{ridge}}(\kappa)\right] + \bar{y}\mathbb{1}.$$

Si nous obtenons une nouvelle valeur $x'_{n+1} = (x_{n+1,1}, \cdots, x_{n+1,p})$, nous pouvons prédire y_{n+1} par :

$$\hat{y}^p_{\mathrm{ridge},n+1}(\kappa) \;\; = \;\; \hat{\sigma}_Y \sum_{j=1}^{p}\left(\frac{x_{n+1,j} - \bar{x}_j}{\hat{\sigma}_{X_j}}\left[\hat{\beta}_{\mathrm{ridge}}(\kappa)\right]_j\right) + \bar{y}.$$

Choix de $\tilde{\kappa}$

Il faut choisir la valeur « optimum » de κ, valeur notée $\tilde{\kappa}$ (ou la valeur de δ). En général cette étape est pratiquement impossible à réaliser *a priori*. La valeur $\tilde{\kappa}$ sera choisie grâce aux données, elle sera donc stochastique.

Méthode graphique. Une première méthode consiste à tracer un diagramme d'évolution des coefficients $\hat{\beta}_{\mathrm{ridge}}(\kappa)$ en fonction de κ. Un diagramme similaire existe, utilisant non plus en abscisses κ, mais le nombre effectif de paramètres

$$\mathrm{tr}(\widetilde{X}(\widetilde{X}'\widetilde{X} + \kappa I)^{-1}\widetilde{X}') \;\; = \;\; \sum_{i=1}^{p}\frac{d_j^2}{d_j^2 + \kappa},$$

où d_j^2 représente la j^{e} valeur propre de $\widetilde{X}'\widetilde{X}$. Rappelons que pour la régression classique à p variables (et donc p paramètres), nous avons $\hat{Y} = X(X'X)^{-1}X'Y$ et la trace de $P_X = X(X'X)^{-1}X'$ vaut p, le nombre de paramètres. En généralisant, le nombre effectif de paramètres peut être vu comme la trace de l'opérateur qui permet de passer de Y à $\hat{Y}$. Cet opérateur est P_X dans le cas de la régression et $H^*(\kappa) = (\widetilde{X}(\widetilde{X}'\widetilde{X} + \kappa I)^{-1}\widetilde{X}')$ dans le cas de la régression ridge. La démonstration de cette égalité est à faire en exercice 8.3.

La valeur de $\tilde{\kappa}$ est alors choisie comme la valeur la plus petite avant laquelle tous les coefficients « plongent » vers 0. Ce choix est évidemment éminemment subjectif.

Critères analytiques. Il est possible de choisir de manière plus analytique la valeur de κ en proposant

$$\tilde{\kappa} \;\; = \;\; \frac{p\hat{\sigma}^{*2}}{\hat{\beta}^{*\prime}\hat{\beta}^*},$$

où, $\hat{\beta}^*$ est l'estimateur des MC avec comme jeu de données $(\widetilde{Y}, \widetilde{X})$ et $\hat{\sigma}^{*2}$ est l'estimateur obtenu par la procédure classique d'estimation issue des MC. Hoerl *et al.* (1976) ont également proposé une méthode itérative pour raffiner le choix précédent. D'autres méthodes analytiques existent comme le C_κ (Mallows, 1973) qui est un C_p modifié

$$C_\kappa = \frac{\mathrm{SCR}(\kappa)}{\hat{\sigma}^{*2}} - n + 2 + 2\,\mathrm{tr}(H^*(\kappa)H^*(\kappa)).$$

Mallows (1973) préconise de dessiner C_κ en fonction de $v_\kappa = 1 + \mathrm{tr}(H^*(\kappa)H^*(\kappa))$ qui représente « 2 fois le nombre effectif de paramètres » plus 1, puisque l'on a enlevé la moyenne empirique à Y et que cela constitue un paramètre. Enfin, pour clore le chapitre des choix analytiques de κ, notons une dernière méthode proposée par Mc Donald & Galarneau en 1975 consistant à choisir $\tilde{\kappa}$ tel que

$$\hat{\beta}'_{\mathrm{ridge}}(\tilde{\kappa})\hat{\beta}_{\mathrm{ridge}}(\tilde{\kappa}) \quad = \quad \hat{\beta}^{*\prime}\hat{\beta}^* - \hat{\sigma}^{*2}\sum_{j=1}^{p} d_j^2,$$

où d_j^2 représente la j^e valeur propre de $\widetilde{X}'\widetilde{X}$. Si le membre de droite est négatif, la valeur de κ est fixée à 0, ramenant aux MC.

Apprentissage-validation. La procédure de validation consiste à séparer de manière aléatoire les données en deux parties distinctes (X_a, Y_a) et (X_v, Y_v). Le cas échéant, le jeu d'apprentissage est centré-réduit. Les valeurs des moyennes et des variances serviront à calculer les prévisions sur les données de validation. Une régression ridge est conduite avec le jeu d'apprentissage (X_a, Y_a) pour toutes les valeurs de κ possibles. En général, on choisit une grille de valeurs pour κ, comprises entre 0 et une valeur maximale. Ensuite, en utilisant tous ces modèles et les variables explicatives X_v, les valeurs de la variable à expliquer sont prédites $\hat{Y}^p_{\mathrm{ridge},v}(\kappa)$ pour tous les κ.
Si les paramètres sont estimés sur des données centrées-réduites, la prévision des données X_v s'obtient grâce à la formule suivante :

$$\hat{Y}^p_{\mathrm{ridge},v}(\kappa) \quad = \quad \hat{\sigma}_{Y_a}\sum_{j=1}^{p}\left(\frac{X_{vj} - \bar{x}_{aj}\mathbb{1}_{n_v}}{\hat{\sigma}_{X_{aj}}}\left[\hat{\beta}_{\mathrm{ridge}}(\kappa)\right]_j\right) + \bar{y}_a\mathbb{1}_{n_v}.$$

La qualité du modèle est ensuite obtenue en mesurant la distance entre les observations prévues et les vraies observations par un critère. Le plus connu est le PRESS

$$\mathrm{PRESS}(\kappa) \quad = \quad \|\hat{Y}^p_{\mathrm{ridge},v}(\kappa) - Y_v\|^2.$$

D'autres critères peuvent être utilisés comme

$$\mathrm{MAE}(\kappa) \quad = \quad \|\hat{Y}^p_{\mathrm{ridge},v}(\kappa) - Y_v\|_1, \tag{8.5}$$

où $\|x\|_1 = \sum_i |x_i|$ est la norme de type l^1.

Le coefficient optimal $\tilde{\kappa}$ choisi est celui qui conduit à la minimisation du critère choisi. Cette procédure semble la plus indiquée mais elle nécessite beaucoup de données puisqu'il en faut suffisamment pour estimer le modèle, mais il faut aussi beaucoup d'observations dans le jeu de validation (X_v, Y_v) pour bien évaluer la capacité de prévision dans de nombreux cas de figure. De plus, comment diviser le nombre d'observations entre le jeu d'apprentissage et le jeu de validation? Là encore, aucune règle n'existe mais l'on mentionne souvent la règle 3/4 dans l'apprentissage et 1/4 dans la validation (ou 1/2, 1/2).

Validation croisée.   Comme pour l'apprentissage-validation, il faut choisir un critère mesurant la qualité du modèle grâce à une distance entre les observations prévues et les vraies observations. Nous nous limiterons au PRESS en sachant que d'autres sont possibles comme par exemple le MAE (équation 8.5). Ensuite une grille de valeurs possibles pour κ doit être choisie. Nous choisissons la valeur $\tilde{\kappa}$ qui minimise le critère choisi. Pour la validation croisée de taille 1

$$\tilde{\kappa} = \operatorname*{argmin}_{\kappa \in \mathbb{R}^+} \sum_{i=1}^{n} \left(y_i - \hat{y}_{\text{ridge},i}^p(\kappa) \right)^2,$$

où y_i est la i^{e} observation et $\hat{y}_{\text{ridge},i}^p(\kappa)$ est la prévision (c'est-à-dire que l'observation i a été enlevée au départ de la procédure) de cette observation réalisée avec la régression ridge pour la valeur κ. Bien entendu, il est possible d'enlever non plus une observation à la fois mais plusieurs en découpant le jeu de données en b parties (voir la section 9.2.2 p. 203 concernant la régression PLS pour plus de détails). Afin d'alléger les calculs, le PRESS issu de la validation croisée de taille 1 peut être approché par

$$\text{PRESS}_{ridge} = \sum_{i=1}^{n} \left(\frac{y_i - \hat{y}_{\text{ridge},i}(\kappa)}{1 - H_{ii}^*(\kappa)} \right),$$

ou par la validation croisée généralisée

$$\text{GCV} = \sum_{i=1}^{n} \left[\frac{y_i - \hat{y}_{\text{ridge},i}(\kappa)}{1 - \operatorname{tr}(H^*(\kappa))/n} \right]^2.$$

Ces deux dernières méthodes sont des approximations qui permettent simplement un calcul plus rapide. Si le temps de calcul n'est pas problématique, le calcul explicite semble plus indiqué.

Conclusion.   Mis à part l'apprentissage-validation, lorsqu'on dispose de gros jeux de données, aucune de ces méthodes n'est supérieure aux autres et il n'est pas garanti qu'elles donnent toutes la même valeur de $\tilde{\kappa}$. Enfin, une fois la valeur $\tilde{\kappa}$ choisie, les estimations $\hat{\beta}_{\text{ridge}}(\tilde{\kappa})$ peuvent être calculées. Le choix de $\tilde{\kappa}$ dépendant des données, la théorie permettant les calculs des intervalles de confiance n'est plus valable puisque $H^*(\tilde{\kappa})$ est aléatoire. L'exercice 8.7 propose une construction possible d'intervalles de confiance.

8.1.4   Exemple des biscuits

Jeu de données

Cet exemple est cité par Brown *et al.* (2001) et les données sont disponibles sur la page personnelle de M. Vannucci (`www.stat.tamu.edu/~mvannucci/`). Nous sommes en présence de biscuits non cuits pour lesquels on souhaite connaître rapidement et à moindre coût, la composition en quatre ingrédients : les lipides, les sucres, la farine et l'eau. Des méthodes classiques de chimie analytique permettent de mesurer la composition des biscuits mais elles sont assez longues et coûteuses et ne peuvent pas être mises en ligne sur une chaîne de production. Il serait souhaitable de pouvoir les remplacer par la mesure d'un spectre d'absorbance dans le domaine proche infrarouge (ou spectre proche infrarouge). Pour savoir si cela est possible, nous allons devoir essayer d'expliquer la composition par le spectre.

Nous avons $n_a = 40$ biscuits non cuits sur lesquels sont mesurés les spectres proches infrarouges : on mesure l'absorbance à une longueur d'onde donnée, pour toutes les longueurs d'ondes entre 1100 et 2498 nanomètres et régulièrement espacées de 2 nanomètres. Nous avons donc 700 variables potentiellement explicatives. Ensuite, pour chaque biscuit, on mesure sa composition par les méthodes traditionnelles. Ici nous allons nous intéresser uniquement au pourcentage de sucres. Nous avons donc $p = 700$ variables pour $n_a = 40$ individus. Nous sommes bien dans le cas où l'estimateur des moindres carrés classiques $(X'X)^{-1}X'Y$ n'est pas défini, puisque le rang de $X'X$ vaut ici 40 et non pas $p = 700$.

Comme nous souhaitons savoir si l'on peut vraiment expliquer le taux de sucres par le spectre proche infrarouge, nous disposons d'un échantillon de validation pour comparer les méthodes. Cet échantillon de validation comporte $n_v = 32$ individus et ne sera jamais utilisé pour estimer les coefficients d'un modèle quel qu'il soit. Il sert uniquement à comparer une méthode avec une autre et à connaître, pour une méthode, sa capacité de prévision. Cette séparation en deux échantillons de tailles 40 et 32 fait partie du jeu de données et nous ne nous poserons donc pas la question de cette répartition.

Les ordres permettant d'importer les données sont les suivants :

```
> Xbrut.app <- matrix(scan("nirc.asc"),ncol=700,byrow=T)
> Ybrut.app <- matrix(scan("labc.asc"),ncol=4,byrow=T)
> Xbrut.val <- matrix(scan("nirp.asc"),ncol=700,byrow=T)
> Ybrut.val <- matrix(scan("labp.asc"),ncol=4,byrow=T)
> Yselec <- 2
> cookie.app <- cbind.data.frame(Ybrut.app[,Yselec],Xbrut.app)
> names(cookie.app) <- c("sucres",paste("X",1:ncol(Xbrut.app),
+                             sep=""))
> cookie.val <- cbind.data.frame(Ybrut.val[,Yselec],Xbrut.val)
> names(cookie.val) <- c("sucres",paste("X",1:ncol(Xbrut.val),
+                             sep=""))
```

Régression ridge

Nous allons dans un premier temps utiliser la régression ridge. Comme cela est l'usage, la régression ridge sous R centre et réduit toutes les variables explicatives. Elle centre aussi la variable à expliquer mais ne la réduit pas.

Rappelons que cette régression nécessite d'estimer κ et β par $\tilde{\kappa}$ et $\hat{\beta}_{\text{ridge}}$ sur le jeu de données d'apprentissage regroupant $n_a = 40$ individus et $p = 700$ variables explicatives.

Pour cela, nous allons utiliser la validation croisée et diviser les 40 observations en 4 parties de 10 individus, de manière aléatoire. Cette séparation sera toujours la même quelles que soient les méthodes et elle est effectuée en utilisant une fonction du package `pls`. Celle-ci nous donne une liste des numéros d'observations contenus dans chaque partie. La graine du générateur est fixée afin d'obtenir toujours la même partition pour les autres méthodes proposées dans ce chapitre.

```
> library(pls)
> set.seed(87)
> cvseg <- cvsegments(nrow(cookie.app),k=4,type="random")
```

Nous choisissons un ensemble de valeurs possibles régulièrement espacées pour κ entre 0 et $\kappa_{\max}$. Pour chaque valeur de κ nous avons donc un estimateur $\hat{\beta}_{\text{ridge}}(\kappa)$ calculé sur toutes les observations sauf celle de la i^e partie. Ensuite nous calculons le PRESS sur les observations de la i^e partie. Ces PRESS sont ensuite additionés pour obtenir le PRESS de validation croisée et nous déduisons la valeur $\tilde{\kappa}$ qui minimise le PRESS. Ces calculs sont effectués dans la fonction suivante :

```
> library(MASS)
> choix.kappa <- function(kappamax,cvseg,nbe=1000) {
+    press <- rep(0,nbe)
+    for (i in 1:length(cvseg)) {
+      valid <- cookie.app[unlist(cvseg[i]),]
+      modele <- lm.ridge(sucres~.,data = cookie.app[unlist(cvseg[-i
+                  ]),],lambda=seq(0,kappamax,length=nbe))
+      coeff <- coef.lmridge(modele)
+      prediction <- matrix(coeff[,1],nrow(coeff),nrow(valid))
+                  +coeff[,-1]%*%t(data.matrix(valid[,-1]))
+      press <- press+rowSums((matrix(valid[,1],nrow(coeff)
+              ,nrow(valid),byrow=T)-prediction)^2)
+    }
+    kappaet <- seq(0,kappamax,length=nbe)[which.min(press)]
+    return(list(kappaet=kappaet,press=press))
+ }
```

Nous pouvons donc regarder l'évolution du PRESS en fonction de κ et choisir la valeur $\tilde{\kappa}$ par validation croisée.

```
> res <- choix.kappa(1,cvseg)
> kappaet <- res$kappaet
> plot(res$press)
```

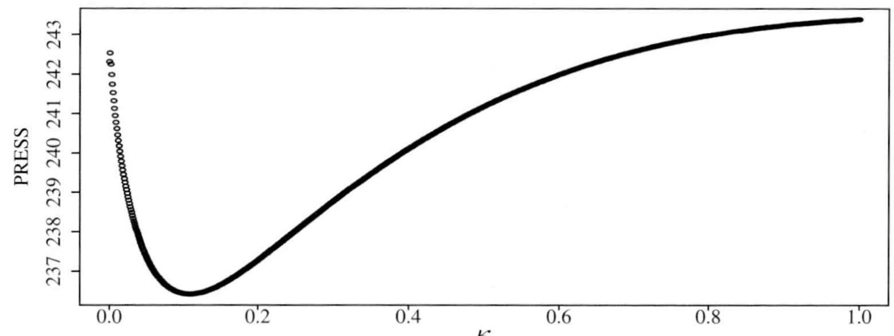

Fig. 8.2 – Evolution du PRESS en fonction de κ.

Nous prenons donc comme valeur de $\tilde{\kappa}$ la valeur 0.108. Nous calculons ensuite les prévisions et la moyenne des erreurs de prévision (ou MSEP, un estimateur de l'EQMP, voir équation (6.2), p. 134) *via* les ordres suivants :

```
> coeff <- coef.lmridge(lm.ridge(sucres~.,data = cookie.app,
+                 lambda=kappaet))
> prediction <- rep(coeff[1,1],n.val)+as.vector(coeff[,-1]%*%
+                 t(data.matrix(cookie.val[,-1])))
> mean((cookie.val[,1]-prediction)^2)
> modele.lm=lm(sucres~.,data = cookie.app)
> mean((cookie.val[,1]-predict(modele.lm,newdata=cookie.val))^2)
```

L'erreur moyenne de prévision vaut ici 4.95 alors que celle de la régression linéaire calculée avec la méthode standard vaut 4304. La régression ridge apporte donc une amélioration considérable à la régression linéaire ordinaire. La prévision par proche infrarouge du taux de sucres semble assez satisfaisante, à condition de bien choisir la méthode de régression.

A titre indicatif, visualisons les coefficients obtenus par la régression ridge $\hat{\beta}_{\mathrm{ridge}}(\tilde{\kappa})$ et ceux de la régression linéaire $\hat{\beta}_{\mathrm{ridge}}(0) = \hat{\beta}$

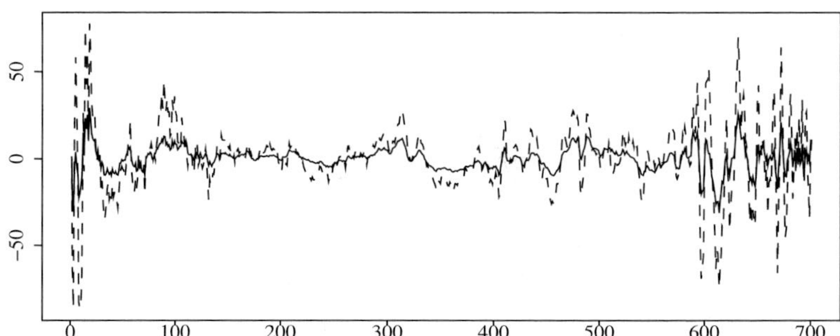

Fig. 8.3 – Valeur des coordonnées de $\hat{\beta}_{\mathrm{ridge}}(\tilde{\kappa})$ en trait plein et de $\hat{\beta}$ en trait pointillé.

La figure 8.3 montre clairement que les valeurs des coefficients sont « rétrécies » vers 0. Ce graphique est obtenu grâce aux commandes suivantes :

```
> coefflm <- coef.lmridge(lm.ridge(sucres~.,data = cookie.app,
+               lambda=0))
> matplot(t(rbind(coeff,coefflm)),type="l",col=1)
```

8.2   Lasso

8.2.1   La méthode

A l'image de la régression ridge, il est possible de contraindre non plus la norme euclidienne (au carré) $\|\beta\|^2$ mais la norme de type l^1, à savoir $\|\beta\|_1 = \sum_{i=1}^{p} |\beta_i|$. Si l'on utilise cette contrainte, la méthode, appelée lasso, revient à trouver le minimum $\tilde{\beta}$ défini par

$$\tilde{\beta}(\delta) = \underset{\beta \in \mathbb{R}^p, \|\beta\|_1 \leq \delta}{\mathrm{argmin}} \|Y - X\beta\|^2. \tag{8.6}$$

En général, $\tilde{\beta}(\delta)$ ne peut pas être trouvé explicitement et un algorithme doit être mis en œuvre. Différents types d'algorithmes existent selon que l'on souhaite trouver $\tilde{\beta}(\delta)$ pour un δ fixé ou pour un intervalle (Osborne, Presnell & Turlach, 2000). Au niveau de l'optimisation, le problème sous contrainte peut être ramené au problème de pénalisation suivant, qui est en général plus facile à manipuler :

$$\hat{\beta}_{\mathrm{lasso}}(\tau) = \underset{\beta \in \mathbb{R}^p}{\mathrm{argmin}} \left\{ \|Y - X\beta\|^2 - \tau\|\beta\|_1 \right\}. \tag{8.7}$$

Les deux problèmes sont équivalents au sens où pour tout $\tau \in \mathbb{R}^+$, il existe un $\delta > 0$ tel que les solutions des problèmes (8.6) et (8.7) coïncident.

Le changement de norme pour la contrainte entre le problème du lasso et celui de la régression ridge induit de grosses différences. Ainsi, si on choisit une valeur de $\tau \geq \|X'Y\|_\infty = \max_j |[X'Y]_j|$, où $[X'Y]_j$ désigne la j^{e} coordonnée du vecteur de $\mathbb{R}^p$ $X'Y$, alors $\tilde{\beta}(\tau) = 0$ est une solution. Il existe des valeurs finies de τ pour lesquelles le vecteur de paramètres est nul et donc telles qu'aucune variable n'est retenue. Dès que la valeur de τ passe sous ce seuil, la première variable, celle dont l'indice correspond à $\|X'Y\|_\infty$, est ajoutée au modèle. Si les variables sont centrées et réduites au préalable, cela correspond à la variable explicative la plus corrélée avec Y, c'est-à-dire la même variable ajoutée que dans une sélection ascendante partant d'un modèle avec juste la constante.

8.2.2   La régression lasso en pratique

Centrage et réduction

Afin de préserver la localisation (le coefficient constant) de toute contrainte, les données (X, Y) sont toujours centrées et le modèle est ensuite ajusté sans coefficient constant (voir exercice 2.8). Nous savons également que la régression lasso contraint $\|\beta\|_1$ à être inférieure à τ, chaque coefficient est affecté de manière « semblable ». Il est donc préférable que les variables soient toutes sur la même échelle.

En préalable à toute régression lasso, il est ainsi d'usage de centrer et réduire les variables menant au tableau $\widetilde{X}$. Il est aussi possible de centrer et réduire le vecteur Y, donnant ainsi le vecteur $\widetilde{Y}$.

Une fois choisie la valeur optimale de τ, notée $\tilde{\tau}$, ou celle de δ, notée $\tilde{\delta}$, nous pouvons retrouver les valeurs ajustés en calculant

$$\hat{Y}_{\text{lasso}}(\tilde{\tau}) = \hat{\sigma}_Y \left[\widetilde{X} \hat{\beta}_{\text{lasso}}(\tilde{\tau}) \right] + \bar{y}\mathbb{1}.$$

Si nous obtenons une nouvelle valeur $x'_{n+1} = (x_{n+1,1}, \cdots, x_{n+1,p})$, nous pouvons prédire y_{n+1} par :

$$\hat{y}^p_{\text{lasso},n+1}(\tilde{\tau}) \;=\; \hat{\sigma}_Y \sum_{j=1}^{p} \left(\frac{x_{n+1,j} - \bar{x}_j}{\hat{\sigma}_{X_j}} \left[\hat{\beta}_{\text{lasso}}(\tilde{\tau}) \right]_j \right) + \bar{y}.$$

Choix de $\tilde{\tau}$ ou de $\tilde{\delta}$

Il faut donc choisir la valeur « optimum » de τ, valeur notée $\tilde{\tau}$. Comme pour la régression ridge, cette étape est pratiquement impossible à réaliser *a priori*. La valeur $\tilde{\tau}$ sera choisie grâce aux données, elle sera donc stochastique.

Méthode graphique.   Une première méthode consiste à tracer un diagramme d'évolution des coefficients $\hat{\beta}_{\text{lasso}}(\tau)$ en fonction de τ ou $\hat{\beta}_{\text{lasso}}(\delta)$ en fonction de δ. Le choix de $\tilde{\delta}$ est obtenu visuellement.

Méthode analytique.   Les méthodes de C_p et de GCV peuvent être adaptées à la régression lasso. Les définitions sont identiques à celles vues précédemment. Chacune fait appel au nombre effectif de paramètres que nous allons définir que nous allons définir pour la régression lasso.

L'estimateur lasso est

$$\hat{\beta}_{\text{lasso}}(\tau) = \underset{\beta \in \mathbb{R}^p}{\text{argmin}} \left\{ \|Y - X\beta\|^2 - \tau \sum_{j=1}^{p} |\beta| \right\},$$

définition qui peut s'écrire

$$\hat{\beta}_{\text{lasso}}(\tau) \;=\; \underset{\beta \in \mathbb{R}^p}{\text{argmin}} \left\{ \|Y - X\beta\|^2 - \tau \sum_{j=1}^{p} \beta_j^2 / |\beta_j| \right\}$$

$$= \underset{\beta \in \mathbb{R}^p}{\text{argmin}} \left\{ \|Y - X\beta\|^2 - \sum_{j=1}^{p} \delta_j \beta_j^2 \right\} = \hat{\beta}_{\text{lasso}}(\{\delta_j\}_{j=1}^{p}), \quad \text{avec} \quad \delta_j = \frac{\tau}{|\beta_j|}.$$

Par analogie, nous pouvons résoudre le problème voisin suivant (voir exercice 8.6) :

$$\hat{\beta}_{RG}(\{\delta_j\}_{j=1}^{p}) = \underset{\beta \in \mathbb{R}^p}{\text{argmin}} \, \|Y - X\beta\|^2 - \sum_{j=1}^{p} \delta_j \beta_j^2.$$

En posant $\Delta = \mathrm{diag}(\delta_1, \ldots, \delta_p)$, nous pouvons en déduire l'estimateur généralisant la régression ridge et le nombre effectif de paramètres de cette méthode : $\mathrm{tr}(X(X'X - \Delta)^{-1}X')$. Le nombre effectif de paramètres est défini par (Tibshirani (1996)) :

$$\mathrm{tr}(H_{\mathrm{lasso}}(\tau)) = \mathrm{tr}(X'(X'X - \tau\Delta^-)^{-1}X'),$$

où cette fois ci $\Delta = \mathrm{diag}(|[\hat{\beta}_{\mathrm{lasso}}]_1|, \ldots, |[\hat{\beta}_{\mathrm{lasso}}]_p|)$, Δ^- est un inverse généralisé de Δ et enfin τ est la valeur telle que $\|(X'X - \tau\Delta^-)^{-1}X'Y\|_1 = \delta$. Nous pouvons maintenant définir la validation croisée généralisée comme

$$\mathrm{GCV} \;=\; \sum_{i=1}^{n} \left[\frac{y_i - \hat{y}_{\mathrm{lasso},i}(\tau)}{1 - \mathrm{tr}(H_{\mathrm{lasso}}(\tau))/n} \right]^2.$$

De même, nous pouvons définir l'équivalent du C_{p} dans le cadre du lasso par

$$\frac{y_i - \hat{y}_{\mathrm{lasso},i}(\tau)}{\hat{\sigma}^2} - n + 2\,\mathrm{tr}(H_{\mathrm{lasso}}(\tau)),$$

où $\hat{\sigma}^2$ est un estimateur de σ^2.

Enfin, le paramètre τ optimal, noté $\tilde{\tau}$, est celui qui minimise le critère analytique choisi.

Comme le lasso sélectionne des variables, il est tentant d'utiliser directement comme équivalent du nombre effectif de paramètres le nombre de coefficients non nuls de $\hat{\beta}_{\mathrm{lasso}}(\tau)$. Cette valeur est un estimateur sans biais du nombre effectif de paramètres (Zou *et al.*, 2007) et elle peut donc être aussi utilisée dans les formules classiques de l'AIC ou du BIC.

Apprentissage-validation ou validation croisée

Une autre façon de choisir est d'utiliser l'apprentissage-validation ou la validation croisée. Nous ne détaillerons pas les procédures et il suffira d'adapter les présentations proposées pour la régression ridge.

8.2.3   Exemple des biscuits

Nous reprenons encore l'exemple de la prévision du taux de sucres par un spectre proche infrarouge (700 variables explicatives). Le jeu de données est présenté en détail dans la section 8.1.4 (p. 177). Le calcul des estimateurs lasso pour 1000 contraintes régulièrement espacées, variant de $\delta = 0 \times \|\hat{\beta}\|_1$ à $\delta = 1 \times \|\hat{\beta}\|_1$, est effectué par la méthode `lars`. Comme cela est l'usage et à l'image de la régression ridge sous R, la fonction utilisée centre et réduit toutes les variables explicatives. Elle centre aussi la variable à expliquer mais ne la réduit pas.

Rappelons que cette régression nécessite de choisir une contrainte $\tilde{\delta}$ et ensuite d'estimer $\hat{\beta}_{\mathrm{lasso}}(\tilde{\delta})$. Pour choisir $\tilde{\delta}$, nous allons prendre la valeur qui minimise la moyenne des erreurs quadratiques de prévision (MSEP).

```
> frac.delta <- seq(from = 0, to = 1, length = 1000)
> set.seed(87)
> mse.cv <- cv.lars(data.matrix(cookie.app[,-1]),cookie.app[,1],
+             K = 4,se=F,frac=frac.delta,use.Gram=F)
> frac.delta.et <-frac.delta[which.min(mse.cv$cv)]
```

Traçons l'évolution des MSEP en fonction de la fraction de contrainte :

```
> plot(frac.delta,mse.cv$cv,xlab="delta",ylab="MSEP")
```

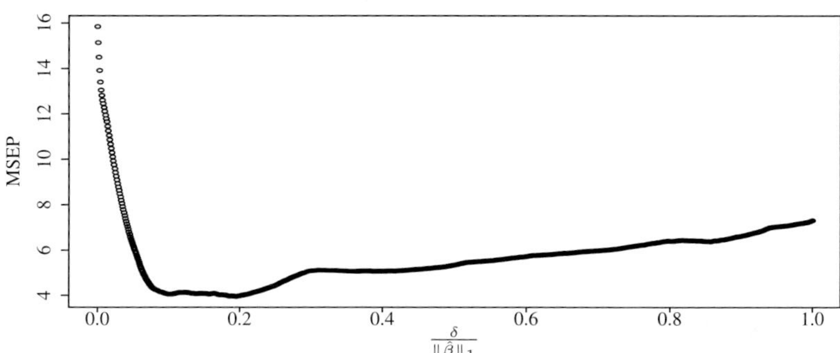

Fig. 8.4 – Evolution du MSEP en fonction de la (fraction de) contrainte sur les coefficients.

A titre indicatif, visualisons les coefficients obtenus par la régression lasso $\hat{\beta}_{\text{lasso}}(\tilde{\delta})$ en fonction de la fraction de contrainte

```
> plot(modele.lasso,breaks=F)
```

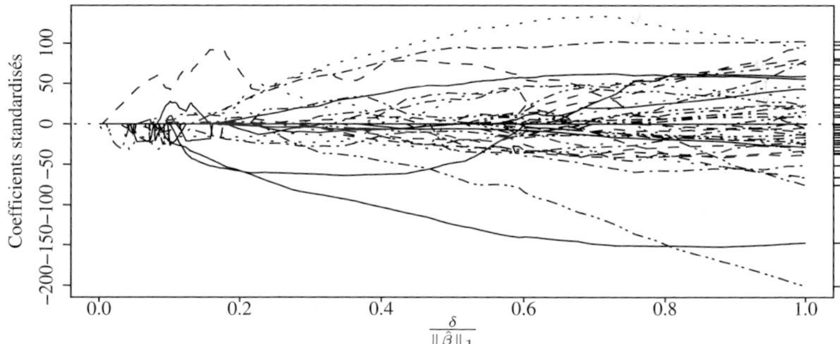

Fig. 8.5 – Evolution de la valeur des coefficients en fonction de la (fraction de) contrainte sur les coefficients.

La valeur qui minimise la MSEP vaut environ 0.206 et est notée `frac.delta.et`. Remarquons qu'une contrainte plus faible d'environ 0.11 donne des valeurs voisines du MSEP. Nous calculons ensuite les prévisions et la moyenne des erreurs de prévision (MSEP) avec cette valeur `frac.delta.et` *via* les ordres suivants :

```
> modele.lasso <- lars(data.matrix(cookie.app[,-1]),cookie.app[,1],
+     use.Gram=F)
> prediction <- predict(modele.lasso,data.matrix(cookie.val[,-1]),
+                 s=frac.delta.et,mode="fraction")
> mean((cookie.val[,1]-prediction$fit)^2)
```

L'erreur moyenne de prévision vaut maintenant 3.22, contre 4.95 avec la régression ridge et 4304 avec la régression classique. Cependant, sans connaissance des phénomènes régissant l'absorbance en proche infrarouge, il n'est pas possible d'interpréter réellement ce graphique. Nous constatons ici, comme annoncé par la théorie, que seuls quelques coefficients sont différents de 0 pour de fortes valeurs de contrainte (faible fraction). Pour la valeur sélectionnée, nous avons 16 coefficients qui sont non nuls. Si l'on utilise les 16 variables « sélectionnées » par la méthode lasso dans une régression, nous obtenons un MSEP de 82.6. Cette valeur est bien supérieure aux valeurs trouvées par les méthodes ridge et lasso.

8.3   Exercices

Exercice 8.1 (Questions de cours)
1. La régression avec contrainte de norme sur β est en général utilisée lorsque l'hypothèse ci-dessous n'est pas satisfaite :
   A. $\mathcal{H}_1$ concernant le rang de X (matrice du plan d'expérience),
   B. $\mathcal{H}_2$ concernant l'espérance et la variance des résidus,
   C. $\mathcal{H}_3$ concernant la normalité des résidus.

2. Lorsque la matrice $(X'X)$ n'est pas inversible, l'estimateur des moindres carrés
   A. existe et est unique,
   B. existe et n'est pas unique,
   C. n'existe pas, aucun estimateur ne minimise les moindres carrés.

3. La régression ridge peut être vue comme une régression avec comme critère d'estimation les moindres carrés et une contrainte de norme sur
   A. le plan d'expérience (X),
   B. les paramètres,
   C. aucun rapport.

4. La régression lasso peut être vue comme une régression avec comme critère d'estimation les moindres carrés et une contrainte de norme sur
   A. le plan d'expérience (X),
   B. les paramètres,
   C. aucun rapport.

Exercice 8.2 (Corrélation multiple et hypothèse $\mathcal{H}_1$)
Soient Y une variable continue et $X_1,\ldots,X_p$ p variables continues avec $X_1 = \mathbb{1}_n$. Le coefficient de corrélation linéaire multiple entre Y et $X_1,\ldots,X_p$ est défini *par la valeur maximale de la corrélation (empirique) linéaire $\rho(.)$ entre Y et une combinaison linéaire des variables $X_1,\ldots,X_p$*

$$\mathrm{R}(Y;X) = \mathrm{R}(Y;X_1,\ldots,X_p) = \sup_{\beta\in\mathbb{R}^p} \rho(Y;X\beta).$$

1. Etablir que le R^2 de la régression multiple de Y sur $X_1, \ldots, X_p$ est le carré de $\rho(Y; X\hat{\beta})$ (indice : montrer que la moyenne empirique de $X\hat{\beta}$ vaut $\bar{Y}$).

2. Soient
$$X_1 = 1\!\!1_3, \ X_2 = (1/\sqrt{2}, 1/\sqrt{2}, -\sqrt{2})' \text{ et}$$
$$Y = \left(\frac{2(\sqrt{2}-1) + 3\sqrt{3}}{\sqrt{2}}, \frac{2(\sqrt{2}-1) - 3\sqrt{3}}{\sqrt{2}}, 2(1+\sqrt{2}) \right)'.$$

   (a) Montrer que $Y = 2X_1 - 2X_2 + 3\eta$, où $\eta = (\sqrt{3}/\sqrt{2}, -\sqrt{3}/\sqrt{2}, 0)'$.

   (b) Montrer que $\|X_1\| = \|X_2\| = \|\eta\|$ et que $X_1 \perp X_2 \perp \eta$.

   (c) Trouver $\hat{Y} = P_X Y$. Représenter dans le repère (O, X_1, X_2, η) $\overrightarrow{OY}$ et $\overrightarrow{O\hat{Y}}$.

   (d) Que représente graphiquement $\rho(Y; X\hat{\beta})$?

   (e) Que représente graphiquement $\rho(Y; X\alpha)$, avec $\alpha = (4, -3)'$?

   (f) Déduire graphiquement que $\hat{\beta}$ réalise le maximum de $\sup_{\beta \in \mathbb{R}^2} \rho(Y; X\beta)$.

3. Soit une variable X_j. Notons $X_{(j)}$ la matrice X privée de sa j^e colonne. Etablir que si $R(X_j; X_{(j)}) = 1$, alors $\mathcal{H}_1$ n'est pas vérifiée. En déduire alors que si X_j et X_k sont corrélées linéairement ($\rho(X_j, X_k) = 1$ avec $j \neq k$), alors $\mathcal{H}_1$ n'est pas vérifiée.

Exercice 8.3 (Nombre effectif de paramètres de la régression ridge)
Toutes les variables sont centrées et réduites. Dans la régression multiple sur p variable explicatives, le nombre de coefficients inconnus $\{\beta_j\}$ est p, c'est-à-dire $\text{tr}(P_X)$. Rappelons que l'application qui à Y fait correspondre $\hat{Y}$ est P_X. La trace de cette application donne le nombre effectif de paramètres. Cette notion peut être étendue à la régression ridge.

1. Dans le cas de la régression ridge, quelle est l'application $H(\kappa)$ qui à Y fait correspondre $\hat{Y}_{\text{ridge}}(\kappa)$?

2. Soit A une matrice carrée symétrique $p \times p$ (donc diagonalisable). Montrer que si U_j est vecteur propre de A associé à la valeur propre d_j^2, alors U_j est aussi vecteur propre de $A + \lambda I_p$ associé à la valeur propre $\lambda + d_j^2$.

3. En utilisant la décomposition en valeurs singulières de X : $X = QDP'$ avec Q et P matrice orthogonale et $D = \text{diag}(d_1, \ldots, d_p)$, montrer que
$$\text{tr}(X(X'X + \lambda I_p)^{-1}X') = \text{tr}(PD(D^2 + \lambda I_p)^{-1}DP').$$

En déduire que le nombre effectif de paramètres de la régression ridge est
$$\sum_{j=1}^{p} \frac{d_j^2}{d_j^2 + \lambda}.$$

Exercice 8.4 (†EQM de la régression ridge)
Soit le modèle habituel de régression
$$Y = X\beta + \varepsilon.$$

1. Redonner la définition de l'estimateur ridge $\hat{\beta}_{\text{ridge}}$ et recalculer son biais, sa variance et sa matrice de l'EQM.

2. En utilisant la décomposition en valeurs singulières (ou valeurs propres) de $X'X = P \, \text{diag}(\lambda_j) P'$, établir en utilisant la question 2 de l'exercice 8.3 que
$$\text{tr}(\text{EQM}(\hat{\beta}_{\text{ridge}})) = \sum_{j=1}^{r} \frac{\sigma^2 \lambda_j + \kappa^2 [P'\beta]_j^2}{(\lambda_j + \kappa)^2}.$$

3. Retrouver que la matrice de l'EQM pour l'estimateur des MC est

$$
\begin{aligned}
\mathrm{EQM}(\hat{\beta}_{\mathrm{MC}}) &= \sigma^2 (X'X)^{-1} \\
&= \sigma^2 (X'X + \kappa I)^{-1}(X'X + \kappa^2(X'X)^{-1} + 2\kappa I_p)(X'X + \kappa I)^{-1}.
\end{aligned}
$$

4. Calculer la différence entre la matrice de l'EQM pour l'estimateur ridge et celle pour l'estimateur des MC et montrer l'égalité suivante :

$$
\begin{aligned}
\Delta &= \mathrm{EQM}(\hat{\beta}_{\mathrm{ridge}}) - \mathrm{EQM}(\hat{\beta}_{\mathrm{MC}}) \\
&= \kappa(X'X + \kappa I)^{-1}(\sigma^2(2I_p + \kappa^2(X'X)^{-1}) - \kappa\beta\beta')(X'X + \kappa I)^{-1}.
\end{aligned}
$$

5. En utilisant la propriété suivante *Si A est inversible, alors une condition nécessaire et suffisante pour que B soit semi-définie positive est que ABA' le soit aussi*, déduire qu'une condition nécessaire et suffisante pour que Δ soit semi-définie positive est que $(\sigma^2(2I_p + \kappa^2(X'X)^{-1}) - \kappa\beta\beta')$ le soit aussi.

6. Démontrer que $I_p - \gamma\gamma'$ est semi-définie positive si et seulement si $\gamma'\gamma \le 1$ (utiliser la décomposition en valeurs singulières (ou propres) de $\gamma\gamma'$ dont on calculera les valeurs propres et le théorème ci-dessus).

7. En utilisant la propriété suivante *Si A et B sont des matrices semi-définies positives, alors pour tout $\alpha > 0$ et $\beta > 0$ la matrice $\alpha A + \beta B$ est aussi semi-définie positive*, déduire qu'une condition suffisante pour que Δ soit semi-définie positive est que $\kappa \le 2\sigma^2/\beta'\beta$.

8. Conclure sur la différence des traces des EQM des estimateurs des MC et ridge.

Exercice 8.5 (Estimateurs à rétrécissement – *shrinkage*)
Soit le modèle de régression classique

$$
Y = X\beta + \varepsilon.
$$

Soit la décomposition en valeurs singulières de X :

$$
PXQ' = D = \begin{pmatrix} \Delta \\ 0 \end{pmatrix},
$$

où P et Q sont 2 matrices orthogonales de dimension $n \times n$ et $p \times p$ et Δ est la matrice diagonale des valeurs singulières $\{\delta_i\}$ de dimension p. Posons $Z = PY$, $\gamma = Q\beta$ et $\eta = P\varepsilon$.

1. Etablir que si $\varepsilon \sim \mathcal{N}(0, \sigma^2 I_n)$, alors

$$
Z = D\gamma + \eta,
$$

$Z_{1:p} \sim \mathcal{N}(\Delta\gamma, \sigma^2 I_p)$ et $Z_{(p+1):n} \sim \mathcal{N}(0, \sigma^2 I_{n-p})$. Ici $Z_{1:p}$ est le vecteur constitué des p premières coordonnées de Z alors que $Z_{(p+1):n}$ contient les $n - p$ dernières.

2. Etablir que la trace de la matrice de l'EQM pour un estimateur linéaire $\hat{\beta} = AY$ de β est la même que celle de $\hat{\gamma} = Q\hat{\beta}$, estimateur de γ.

3. Etablir que l'estimateur des moindres carrés de γ est

$$
\hat{\gamma}_{\mathrm{MC}} = \Delta^{-1} Z_{1:p}.
$$

et en déduire que $\hat{\gamma}_{\mathrm{MC}} \sim \mathcal{N}(\gamma, \sigma^2\Delta^{-2})$. L'estimateur $\hat{\gamma}_{\mathrm{MC}}$ est linéaire en Y et ses coordonnées sont indépendantes entre elles.

4. Montrer que l'EQM de la i^{e} coordonnée de $\hat{\gamma}_{\text{MC}}$ vaut σ^2/δ_i^2.

5. Prendre un estimateur linéaire de γ :

$$\hat{\gamma}(c) = \text{diag}(c_i)Z_{1:p}.$$

Vérifier que ses coordonnées sont normales et indépendantes entre elles. Montrer ensuite l'égalité suivante :

$$EQM(\hat{\gamma}(c)_i) \quad = \quad \mathbb{E}(\hat{\gamma}(c)_i - \gamma_i)^2 = c_i^2\sigma^2 + \gamma_i^2(c_i\delta_i - 1)^2.$$

6. En déduire que si $\gamma_i^2 < \frac{\sigma^2}{\delta_i^2}\frac{(1/\delta_i)+c_i}{(1/\delta_i)-c_i}$, alors $\text{EQM}(\hat{\gamma}(c)_i) < \hat{\gamma}_{\text{MC}}$.

Pour une condition particulière dépendant des X, il existe un estimateur linéaire de coordonnées indépendantes qui possède un meilleur EQM que celui des MC.

7. Montrer que si $c_i = \frac{\delta_i}{\delta_i^2+\kappa}$, alors $\hat{\gamma}(c) = Q(X'X + \kappa I_p)^{-1}Q'D'Z$, et en déduire que

$$\hat{\beta} = Q'\gamma \quad = \quad (X'X + \kappa I_p)^{-1}X'Y.$$

Pour une valeur particulière du vecteur c, nous retrouvons l'estimateur ridge. Ce type d'estimateur permet une généralisation de la régression ridge.

Exercice 8.6 (Généralisation de la régression ridge)
Soit le problème de minimisation suivant (ridge généralisé) :

$$\hat{\beta}_{\text{RG}}(\tau_1,\ldots,\tau_p) = \underset{\beta\in\mathbb{R}^p}{\text{argmin}}\, \|Y - X\beta\|^2 - \sum_{j=1}^{p}\tau_j(\beta_j^2).$$

Montrez qu'à l'optimum, $\hat{\beta}_{\text{RG}} = (X'X - \Delta)^{-1}X'Y$, où $\Delta = \text{diag}(\ldots,\delta_j,\ldots)$. En déduire que le nombre effectif de paramètres est $\text{tr}(X(X'X - \Delta)^{-1}X')$.

Exercice 8.7 (††IC pour la régression ridge)
Soit un modèle de régression $Y = X\beta+\varepsilon$ pour lequel nous nous intéressons à la régression ridge. Les variables sont supposées déjà centrées-réduites. Nous allons considérer que $\tilde{\kappa}$ est un coefficient fixé. Nous supposerons vérifiée l'hypothèse $\mathcal{H}_3$ de normalité des résidus. Nous nous plaçons dans le cas où la régression ridge est utile, c'est-à-dire $X\hat{\beta}_{\text{ridge}}(\tilde{\kappa}) \neq P_X Y$.

1. Dans le cadre de la régression des MC pour $Y = X\beta + \varepsilon$, rappeler la loi de $\hat{\beta}$.

2. Rappeler la définition de l'estimateur $\hat{\beta}_{\text{ridge}}(\tilde{\kappa})$.

3. Trouver la loi de $\hat{\beta}_{\text{ridge}}(\tilde{\kappa})$.

4. Soit l'estimateur de σ^2 issu de la régression ridge : $\hat{\sigma}_{\text{ridge}}^2 = \|Y - \hat{Y}_{\text{ridge}}\|^2/(n - \text{tr}(H^*(\tilde{\kappa}))$, où $\text{tr}(H^*(\tilde{\kappa}))$ est le nombre effectif de paramètres de la régression ridge. Montrer que le vecteur aléatoire $Y - \hat{Y}_{\text{ridge}}$ n'est pas orthogonal à $\hat{Y}_{MC}$.

5. Trouver le point de la démonstration du théorème 3.3 qui n'est pas assuré avec l'estimateur $\hat{\beta}_{\text{ridge}}$ et l'estimateur $\hat{\sigma}_{\text{ridge}}^2$. Nous en déduisons alors qu'il n'est plus assuré que l'intervalle de confiance de β en régression ridge soit de la forme énoncée par le théorème 3.1 (en remplaçant $\hat{\beta}$ par $\hat{\beta}_{\text{ridge}}$ et $\hat{\sigma}^2$ par $\hat{\sigma}_{\text{ridge}}^2$).

6. Concevoir un algorithme calculant les IC par bootstrap pour chaque coordonnée de $\hat{\beta}_{\text{ridge}}$, avec $\tilde{\kappa}$ considéré comme fixé.

7. Généraliser la question précédente en incluant la détermination de $\tilde{\kappa}$.

8.4   Note : lars et lasso

Cette note permet de faire un lien géométrique entre la méthode du lasso et la sélection de variable ascendante. La méthode appelée *least angle regression* (LARS) permet pratiquement de calculer les valeurs de $\hat{\beta}_{\text{lasso}}(\tau)$ pour toutes les valeurs de τ avec un coût calculatoire identique à celui de la régression. Rappelons que toutes les variables sont centrées réduites afin de se débarasser du problème de la localisation (le calcul de l'intercept ou coefficient constant) et d'accorder la même importance à chaque variable. Dans le cadre de cet algorithme et afin de nous rapprocher de la présentation de Efron *et al.* (2004) nous allons supposer que les variables sont centrées et normée à l'unité, ce qui donne par exemple pour la j^{e} variable explicative :

$$X_j'X_j = 1, \qquad \bar{x}_j = 0.$$

Dans ce cadre-là, la norme équivaut (à $1/n$ près) à la variance, le produit scalaire entre deux variables donne l'angle entre ces deux vecteurs (puisqu'ils ont même norme) et il équivaut (à $1/n$ près) à la corrélation.

Plaçons nous dans le cas où nous avons seulement deux variables explicatives représentées par la figure 8.6. Si nous utilisons un choix de variables ascendant (forward), nous partons du modèle sans aucune variable. Comme toutes les variables y compris Y sont centrées, nous avons donc que $\hat{Y}^{(0)} = 0$. Ensuite, nous cherchons à ajouter la variable qui donne le plus d'information. Ceci revient à prendre la variable la plus corrélée au résidu du modèle en cours, c'est-à-dire à $Y - \hat{Y}^{(0)}$. Dans l'exemple de la figure 8.6 nous sélectionnons comme première variable la variable X_1 : elle forme l'angle le plus faible avec $\hat{Y}$ donc avec Y. Le modèle ajusté à la première étape est donc

$$\hat{Y}^{(1)} \quad = \quad P_{X_1}Y = X_1(X_1'X_1)^{-1}X_1'Y = X_1(X_1'Y) = X_1\gamma_1 = \gamma_1 X_1,$$

où γ_1 est la corrélation entre Y et X_1 (à $1/n$ près). Nous nous sommes donc déplacés de l'étape précédente $\hat{Y}^{(0)}$ dans la direction de la variable la plus corrélée (X_1) d'une quantité γ_1.

A la seconde étape, nous ajoutons la seconde variable et nous avons

$$\hat{Y}^{(2)} \quad = \quad P_X Y.$$

Nous ajoutons à $\hat{Y}^{(1)}$ le trajet grisé sur la figure 8.6 sur la perpendiculaire à X_1.

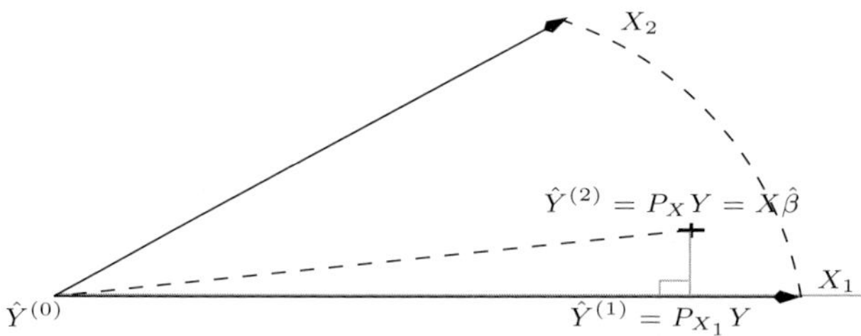

Fig. 8.6 – Sélection ascendante pour deux variables explicatives.

Si nous utilisons la même procédure : sélection de la variable la plus corrélée au résidu courant de l'étape k ($Y - \hat{Y}^{(k)}$) et déplacement dans la direction dans la direction de cette variable d'une certaine quantité γ, nous avons une autre règle :

$$\hat{Y}^{(k+1)} \quad = \quad \hat{Y}^{(k)} + \gamma X_{j(k)},$$

où $j(k)$ est le numéro de la variable la plus corrélée avec $Y - \hat{Y}^{(k)}$. Si le pas γ est petit (et tend vers 0) nous avons alors le trajet en noir sur la figure 8.7.

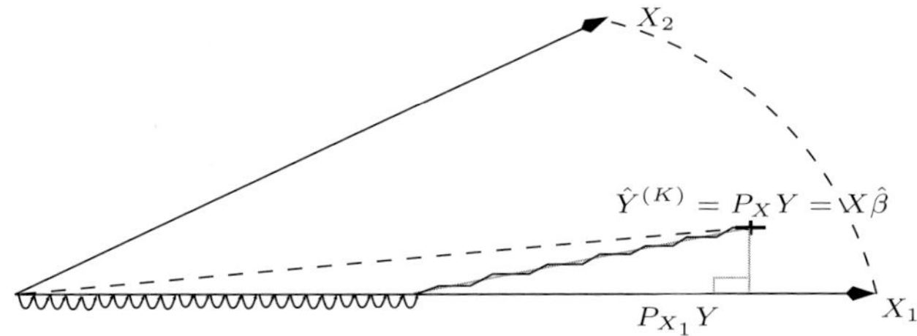

Fig. 8.7 – Procédure « stagewise ».

Numériquement cette procédure n'est pas optimale, car dans les premières étapes nous nous dirigeons selon X_1, puis dans les étapes suivantes nous nous déplaçons autour d'une droite. Cette droite est en fait parallèle à la bissectrice de l'angle entre X_1 et X_2. En effet, pour alterner la direction X_1 puis la direction X_2 comme c'est le cas, il faut être à la bissectrice. Cette bissectrice est la droite définie par : l'angle (corrélation) entre elle et X_2 vaut l'angle (corrélation) entre elle et X_1.

La procédure lars va permettre d'optimiser ces calculs en 2 étapes. La première étape est le déplacement selon X_1 jusqu'au point $\hat{Y}^{(1)}$, point qui est l'intersection de la parallèle à la bissectrice de X_1 X_2 passant par $\hat{Y}$ (voir fig. 8.8). La seconde est le déplacement sur cette bissectrice jusqu'au point final.

Remarquons enfin que si la variable X_2 était remplacée par son opposé sur le graphique 8.8, donnant ainsi naissance à un nouvel exemple, le chemin vers $\hat{Y}$ resterait le même. Il faudrait calculer l'angle entre $-X_2$ et X_1 pour obtenir la bissectrice.

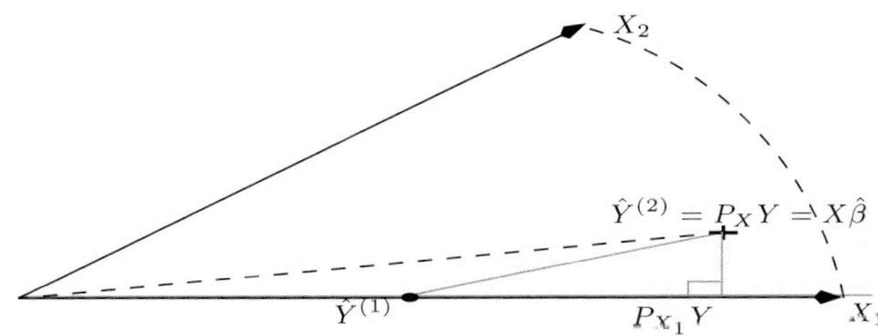

Fig. 8.8 – Procédure « lars ».

Analytiquement, nous avons donc utilisé l'algorithme suivant

1. Calcul du résidu courant : $Y - \hat{Y}^{(k)}$.

2. Détermination de l'ensemble des variables actives $\xi(k)$. Ce sont les variables les plus corrélées avec ce résidu :

$$\xi^{(k)} = \left\{ j \in \{1, \ldots, p\}, X_j(Y - \hat{Y}^{(k)}) = C^{(k)} \right\}$$

avec $C^{(k)}$ le maximum de la valeur absolue de la corrélation (à $1/n$ près) entre le résidu et les variables : $\max_j |X_j(Y - \hat{Y}^{(k)})|$. Remarquons qu'à la première étape il n'y a qu'une variable dans $\xi^{(k)}$.

3. Déplacement selon le vecteur directeur $\Delta_{\xi^{(k)}}$ qui a un angle (une corrélation) identique avec toutes les variables de $\xi^{(k)}$ (ou à leur opposé) :

$$\hat{Y}^{(k+1)} \;=\; \hat{Y}^{(k)} + \gamma_k \Delta_{\xi^{(k)}},$$

avec γ_k choisi comme la plus petite valeur telle qu'une nouvelle variable (ou son opposé) rejoigne l'ensemble $\xi^{(k)}$ des variables actives pour le nouveau résidu $Y - \hat{Y}^{(k+1)}$.

Cet algorithme ne donne pas exactement les solutions de la méthode lasso. Nous retrouvons que la première variable à être intégrée au modèle est celle qui est la plus corrélée. Cependant, une contrainte de non changement de signe doit être ajoutée à l'algorithme afin d'obtenir les solutions du problème du lasso. Nous renvoyons le lecteur intéressé à la lecture de l'article de Efron *et al.* (2004).

Exercice 8.8 (Algorithme LARS)

Soit $s_j^{(k)} = \mathrm{signe}\{X_j'(Y - \hat{Y}^{(k)})\}$ le signe des corrélations entre chaque variable $j \in \{1,\dots,p\}$ et le résidu de l'étape k. Soit $\mathbb{1}_{\xi^{(k)}}$ le vecteur constitué de 1 et de longueur le nombre de variables dans $\xi^{(k)}$. Notons $\xi^{(k)^c}$ l'ensemble complémentaire de $\xi^{(k)}$ et $X_{\xi^{(k)}}$ la matrice $(\dots, s_j X_j, \dots), j \in \xi^{(k)}$.

1. Vérifier que le vecteur $\tilde{\Delta}_{\xi^{(k)}} = X_{\xi^{(k)}}(X_{\xi^{(k)}}'X_{\xi^{(k)}})^{-1}\mathbb{1}_{\xi^{(k)}}$ possède un produit scalaire constant positif avec toutes les variables de $\xi^{(k)}$.

2. Vérifier que $\|\tilde{\Delta}_{\xi^{(k)}}\|^2 = \mathbb{1}_{\xi^{(k)}}'(X_{\xi^{(k)}}'X_{\xi^{(k)}})^{-1}\mathbb{1}_{\xi^{(k)}}$ et que le vecteur $\Delta_{\xi^{(k)}} = \tilde{\Delta}_{\xi^{(k)}}/\|\tilde{\Delta}_{\xi^{(k)}}\|$ a pour norme unité. Conclusion : le vecteur directeur (de norme unité) $\Delta_{\xi^{(k)}}$ a bien un angle constant positif avec toutes les variables de $\xi^{(k)}$.

3. Soit le nouvel ajustement

$$\hat{Y}^{(k+1)} \;=\; \hat{Y}^{(k)} + \gamma_k \Delta_{\xi^{(k)}},$$

Calculer le résidu (à l'étape $k+1$) et en déduire que

   (a) pour les variables de $\xi^{(k)}$ la valeur absolue de la corrélation entre ces variables et le résidu est

$$C^{(k)} - \gamma_k \|\Delta_{\xi^{(k)}}\|;$$

   (b) pour les variables j qui sont dans $\xi^{(k)^c}$, la corrélation entre ces variables et le résidu est

$$X_j'(Y - Y^{(k)}) - \gamma_k X_j'\Delta_{\xi^{(k)}}.$$

4. Posons que l'unique variable sélectionnée à l'étape $k+1$ est la variable X_j ($j \in \xi^{(k)^c}$). Vérifier à l'aide de la question précédente, que la plus petite valeur de $\gamma_k > 0$ (i.e le plus petit déplacement dans la direction $\Delta_{\xi^{(k)}}$) qui permet à une variable de rejoindre $\xi^{(k)}$ (et de former $\xi^{(k+1)}$) est définie par

$$\min_{l \in \xi^{(k)^c}}{}^{+}\left\{ \frac{C^{(k)} - X_l'(Y - Y^{(k)})}{\|\Delta_{\xi^{(k)}}\| - X_l'\Delta_{\xi^{(k)}}}, \; \frac{C^{(k)} + X_l'(Y - Y^{(k)})}{\|\Delta_{\xi^{(k)}}\| + X_l'\Delta_{\xi^{(k)}}} \right\},$$

où $\min^{+}(a,b)$ sélectionne la valeur parmi (a,b) qui est positive. Le minimum est bien sûr atteint avec la variable j.

Chapitre 9

Régression sur composantes : PCR et PLS

Comme au chapitre 8, nous allons nous intéresser au cas où l'hypothèse $\mathcal{H}_1$ n'est plus vérifiée (i.e. rang$(X) < p$). Plutôt que d'introduire une contrainte sur les coefficients, comme cela a été fait au chapitre 8, nous allons proposer d'introduire des composantes. Cet objectif peut être résumé simplement par l'objectif suivant : nous allons changer de variables.

Avant d'exposer la régression sur composantes principales (PCR) puis la régression Partial Least Squares (PLS) rappelons qu'il est d'usage, avec ce type de régression de travailler avec des données centrées-réduites (voir p. 173). Nous devrions donc, en toute rigueur, utiliser une nouvelle notation $(\tilde{X}, \tilde{Y})$ pour indiquer qu'il s'agit des données centrées réduites. Malgré le centrage et la réduction, afin de ne pas alourdir la notation par un $\tilde{\ }$, les données centrées-réduites seront notées (X, Y).

9.1 Régression sur composantes principales (PCR)

L'écriture classique du modèle de régression

$$Y \;=\; X_1\beta_1 + \ldots + X_p\beta_p + \varepsilon.$$

permet d'exprimer Y en fonction des variables explicatives $X_1, \ldots, X_p$. Nous souhaitons introduire des composantes, c'est-à-dire changer de variable et trouver un modèle équivalent :

$$Y \;=\; X_1^*\beta_1^* + \ldots + X_p^*\beta_p^* + \varepsilon.$$

Puisque la matrice $(X'X)$ est une matrice symétrique, nous pouvons écrire

$$X'X = P\Lambda P', \tag{9.1}$$

où P est la matrice des vecteurs propres normalisés de $(X'X)$, c'est-à-dire que P est une matrice orthogonale ($P'P = PP' = I$) et $\Lambda = \mathrm{diag}(\lambda_1, \lambda_2, \ldots, \lambda_p)$ est la matrice diagonale des valeurs propres classées par ordre décroissant, $\lambda_1 \geq \lambda_2 \geq \cdots \geq \lambda_p$.

Remarque

Si l'on effectue l'analyse en composantes principales (ACP) du tableau X (ou du triplet $(X, I_p, I_n/n)$), la matrice P est la matrice des axes principaux normés à l'unité, mais les valeurs propres de l'ACP sont les $\{\lambda_j\}$ avec j variant de 1 à p divisés par n.

En remplaçant X par XPP' nous avons

$$Y \;=\; XPP'\beta + \varepsilon$$

que nous décidons de récrire sous la forme simplifiée suivante :

$$Y \;=\; X^*\beta^* + \varepsilon, \tag{9.2}$$

où $\beta^* = P'\beta$ et $X^* = XP$. Les colonnes de X^* sont les composantes principales[1] : $X_j^* = XP_j$. Cette dernière équation (9.2) définit un modèle de régression que nous appellerons modèle « étoile » qui est tout simplement la régression sur les composantes principales X^*.

Par construction, nous avons

$$X^{*\prime}X^* = P'X'XP = P'P\Lambda P'P\Lambda P'P. = \Lambda. \tag{9.3}$$

Cela signifie que les nouvelles variables $X_j^* = XP_j$ constituant les colonnes de X^*, sont orthogonales entre elles et de norme λ_j. C'est une propriété classique des composantes principales d'une ACP.

Le but de la régression sur composantes principales consiste à ne *conserver qu'une partie des composantes principales*, à l'image de ce qui est fait en ACP. Les k composantes principales conservées seront la part conservée de l'information contenue dans les variables explicatives, alors que les $(p-k)$ éliminées seront la part d'information contenue dans les variables explicatives qui sera éliminée, car considérée comme négligeable. Ici, l'information est mesurée en terme d'inertie ou de dispersion et est égale à la valeur propre : plus la valeur propre λ_j est élevée, plus la part d'information apportée par la composante j est importante. Il semble donc assez naturel de ne conserver que les composantes dont la part d'information associée est grande, à savoir conserver les composantes associées aux k premières valeurs propres. Les estimateurs des coefficients des k premières composantes principales retenues seront les moins variables.

Ainsi, si nous souhaitons conserver seulement une composante, la première composante principale sera sélectionnée. La matrice X^* ne sera composée que de la variable X_1^* et nous obtenons l'estimateur

$$\begin{aligned}
\hat{\beta}^*(1) &= (X^{*\prime}X^*)^{(-1)}X^{*\prime}Y \\
&= (X_1^{*\prime}X_1^*)^{(-1)}X_1^{*\prime}Y
\end{aligned}$$

---

[1]Lors de l'ACP du tableau X (ou du triplet $(X, I_p, I_n/n)$), les composantes principales normées à la valeur propre obtenues sont égales aux vecteurs X_j^* que l'on obtient ici, d'où le nom de la méthode.

de variance $1/\lambda_1$.

Si nous souhaitons conserver k composantes avec $k < p$, les k premières composantes principales seront sélectionnées. La matrice X^* sera composée des k premières composantes principales $X_1^*, \cdots, X_k^*$. Le modèle étoile sera donc

$$Y \;=\; X_1^*\beta_1^* + \ldots + X_k^*\beta_k^* + \varepsilon,$$

et nous obtenons l'estimateur qui est un vecteur à k coordonnées :

$$\begin{aligned}
\hat{\beta}^*(k) &= (X^{*\prime}X^*)^{(-1)}X^{*\prime}Y \\
&= (X_{[1:k]}^{*\prime}X_{[1:k]}^*)^{(-1)}X_{[1:k]}^{*\prime}Y.
\end{aligned}$$

Les variables X_j^* étant orthogonales, nous obtenons

$$\mathrm{Cov}(\hat{\beta}_i^*(k), \hat{\beta}_j^*(k)) \;=\; \sigma^2 \left\{ \begin{array}{ll} \frac{1}{\lambda_i} & \text{si} \quad i = j \\ 0 & \text{sinon.} \end{array} \right.$$

Bien entendu nous pouvons revenir aux variables explicatives initiales puisque chaque composante principale X_j^* est une combinaison linéaire des variables explicatives : $X_j^* = XP_j$. Nous avons donc

$$\begin{aligned}
Y &= XP_1^*\beta_1^* + \ldots + XP_k^*\beta_k^* + \varepsilon \\
Y &= X(P_1^*\beta_1^* + \ldots + P_k^*\beta_k^*) + \varepsilon \\
Y &= XP_{[1:k]}\beta^* + \varepsilon = X\beta_{\mathrm{PCR}} + \varepsilon
\end{aligned}$$

Si l'hypothèse $\mathcal{H}_1$ $(\mathrm{rang}(X) = p)$ est satisfaite, il est bien évidemment possible de conserver toutes les composantes principales (nous analyserons en fin de chapitre le cas de la colinéarité parfaite) mais aussi d'effectuer une régression classique. L'estimateur des MC vaut

$$\hat{\beta} \;=\; (X'X)^{-1}X'Y,$$

et sa variance

$$\mathrm{V}(\hat{\beta}) \;=\; \sigma^2(X'X)^{-1} = \sigma^2 P\Lambda^{-1}P'.$$

Si maintenant nous calculons l'estimateur des MC dans le modèle « étoile », c'est-à-dire si nous effectuons une régression sur les composantes principales, nous obtenons

$$\begin{aligned}
\hat{\beta}^* &= (X^{*\prime}X^*)^{-1}X^{*\prime}Y \\
&= \Lambda^{-1}P'X'Y,
\end{aligned}$$

de variance

$$\mathrm{V}(\hat{\beta}^*) = \sigma^2(X^{*\prime}X^*)^{-1} = \sigma^2\Lambda^{-1}.$$

Cet estimateur minimise les moindres carrés puisque les moindres carrés du modèle étoile et du modèle initial sont identiques par construction :

$$\|Y - X\beta\|^2 \quad = \quad \|Y - XPP'\beta\|^2 = \|Y - X^*\beta^*\|^2.$$

Les estimateurs des coefficients associés à chacune des composantes principales sont non corrélés. La variance pour l'estimation du coefficient de la i^{e} variable X_i^* est $\sigma^2\lambda_i^{-1}$. Pour $i < j$ nous avons $\mathrm{V}(\hat{\beta}_i^*) < \mathrm{V}(\hat{\beta}_j^*)$, cela veut dire que l'estimation est plus précise sur les premières composantes principales de X.

Comme les composantes principales sont orthogonales entre elles, l'estimation des β_i^* peut se faire par régression linéaire simple sans constante sur la i^{e} composante principale X_i^*.

Remarque
En général $k < \mathrm{rang}(X)$ et donc les moindres carrés obtenus avec la régression linéaire et ceux obtenus avec la régression sur composantes principales sont différents et les coefficients n'ont aucune raison d'être identiques. Il s'agit de deux modélisations différentes.

9.1.1   Estimateur PCR

Le problème principal de la régression sur composantes principales réside dans le choix du nombre de composantes. Ce problème sera abordé dans la section suivante. Supposons k fixé dans cette section. Nous obtenons un estimateur $\hat{\beta}^*_{\mathrm{PCR}}(k)$ qui est un vecteur de $\mathbb{R}^k$ donné par

$$\hat{\beta}^*_{\mathrm{PCR}}(k) = (X^{*\prime}_{[1:k]}X^*_{[1:k]})^{-1}X^{*\prime}_{[1:k]}Y.$$

Il est possible de passer de $\hat{\beta}^*_{\mathrm{PCR}}(k)$ à $\hat{\beta}_{\mathrm{PCR}}(k)$ qui sera toujours un vecteur de $\mathbb{R}^p$, *via* la transformation

$$\hat{\beta}_{\mathrm{PCR}}(k) \quad = \quad P_{[1:k]}\hat{\beta}^*_{\mathrm{PCR}}(k).$$

Afin de retrouver les valeurs ajustées, nous calculons simplement

$$\hat{Y}_{\mathrm{PCR}}(k) \quad = \quad X^*\hat{\beta}^*_{\mathrm{PCR}}(k) = X\hat{\beta}_{\mathrm{PCR}}(k),$$

et si nous voulons revenir aux valeurs initiales (non centrées et réduites, voir section 8.1.3 p. 173)

$$\hat{Y}_{\mathrm{PCR}}(k) \quad = \quad \hat{\sigma}_Y\left[X^*\hat{\beta}^*_{\mathrm{PCR}}(k)\right] + \bar{y}\mathbb{1}.$$

Si nous obtenons une nouvelle valeur $x'_{n+1} = (x_{n+1,1}, \cdots, x_{n+1,p})$, il faut d'abord la centrer et la réduire avec les valeurs des moyennes et des écart-types empiriques utilisées pour centrer et réduire les variables du tableau initial puis utiliser $\hat{\beta}_{\mathrm{PCR}}(k)$. Nous pouvons prédire y_{n+1} par :

$$\hat{y}^p_{\mathrm{PCR},n+1}(k) \quad = \quad \hat{\sigma}_Y\sum_{j=1}^{p}\left(\frac{x_{n+1,j} - \bar{x}_j}{\hat{\sigma}_{X_j}}\left[\hat{\beta}_{\mathrm{PCR}}(k)\right]_j\right) + \bar{y}.$$

L'avantage de la régression en composantes principales est de ne conserver une partie de l'information et d'utiliser de nouvelles variables qui sont orthogonales. Il en résulte une simplicité de calcul et une stabilité des estimations si k est convenablement choisi. Les composantes étant orthogonales, les tests de nullité de coefficients β_j^* associés aux composantes principales $\tilde{X}_j$ (indépendantes les unes des autres) s'effectuent facilement.

Un inconvénient de la régression en composantes principales réside dans le choix de k et un autre dans l'interprétation des variables. En effet, les nouvelles variables ne sont pas toujours interprétables puisqu'elles sont des combinaisons linéaires des variables explicatives originales. Cela est toutefois un inconvénient mineur car nous pouvons revenir aux variables initiales *via* $\hat{\beta}_{\mathrm{PCR}}$. Le retour aux variables initiales fait tout de même perdre la propriété d'orthogonalité des variables. Le principal inconvénient réside dans l'élimination des $(p-k)$ composantes principales de faibles variances (ou inerties), *or ce sont peut-être ces composantes de faibles variances qui sont les plus explicatives.*

Cette méthode n'est plus très utilisée actuellement, il est peut-être préférable d'utiliser une régression *partial least square* (PLS), qui conserve les mêmes avantages mais qui choisit des composantes en tenant compte de leur covariance avec la variable Y à expliquer.

9.1.2 Choix du nombre de composantes

Le problème délicat de la régression sur composantes principales est la détermination du nombre de composantes k à conserver.

Méthode graphique. Pour déterminer k, il est possible, à l'image de ce qui est fait en ACP, de tracer le diagramme en tuyaux d'orgue des valeurs propres et de choisir le numéro k de la valeur propre après laquelle les valeurs propres sont nettement plus petites. En général, cette procédure est adaptée à l'interprétation (c'est-à-dire à l'ACP), mais sélectionne trop peu de composantes pour un modèle utilisé à des fins de prévision.

Apprentissage-validation. La procédure de validation consiste à séparer de manière aléatoire les données en deux parties distinctes (X_a, Y_a) et (X_v, Y_v). Le cas échéant le jeu d'apprentissage est centré-réduit. Les valeurs des moyennes et des variances serviront à calculer les prévisions sur les données de validation. Une régression sur composantes principales est conduite avec le jeu d'apprentissage (X_a, Y_a) pour tous les nombres de composantes principales possibles. Ensuite, en utilisant tous ces modèles et les variables explicatives X_v, les valeurs de la variable à expliquer sont prédites par $\hat{Y}_v^{\mathrm{PCR}}(k)$ pour tous les k. Si le modèle est estimé sur des données centrées-réduites, la prévision des données initiales s'obtient à partir du modèle centré-réduit par

$$\hat{Y}_{\mathrm{PCR},v}^p(k) \;=\; \hat{\sigma}_{Y_a} \sum_{j=1}^p \left(\frac{X_{vj} - \bar{x}_{aj}\mathbb{1}_{n_v}}{\hat{\sigma}_{X_{aj}}} \left[\hat{\beta}_{\mathrm{PCR},v}(k)\right]_j \right) + \bar{y}_a \mathbb{1}_{n_v}.$$

La qualité du modèle est ensuite obtenue en mesurant la distance entre les observations prévues et les vraies observations par un critère. Le plus connu est le PRESS

$$\mathrm{PRESS}(k) \;=\; \|\hat{Y}^{p}_{\mathrm{PCR},v}(k) - Y_v\|^2 .$$

D'autres critères peuvent être utilisés comme

$$MAE(k) \;=\; \|\hat{Y}^{p}_{\mathrm{PCR},v}(k) - Y_v\|_1 ,$$

où $\|x\|_1 = \sum_i |x_i|$ est la norme de type l^1.

Le nombre de composantes principales optimal k choisi est celui qui conduit à la minimisation du critère choisi. Cette procédure semble la plus indiquée mais elle nécessite beaucoup de données puisqu'il en faut suffisamment pour estimer le modèle, mais il faut aussi beaucoup d'observations dans le jeu de validation (X_v, Y_v) pour bien évaluer la capacité de prévision. De plus, comment diviser le nombre d'observations entre le jeu d'apprentissage et le jeu de validation ? Là encore, aucune règle n'existe, mais l'on mentionne souvent la règle 3/4 dans l'apprentissage et 1/4 dans la validation (ou 1/2, 1/2).

Validation croisée.   Il est aussi possible de choisir k par validation croisée. Pour toutes les valeurs de k possibles (k variant de 1 à K fixé, avec $K \leq \mathrm{rang}(X)$), on supprime une observation (ou un groupe de b observations) puis on estime le modèle sans cette (ou ces) observation(s). On peut alors prévoir cette (ou ces) observation(s) grâce à ce modèle estimé. Dans le cas d'une seule observation enlevée, la i^{e}, pour un nombre de composantes k, la prévision est notée $\hat{y}^{p}_{PCR,i}(k)$. On peut enfin à l'aide d'un critère, par exemple le PRESS, connaître la capacité de prévision d'un modèle à k composantes par

$$\mathrm{PRESS}(k) \;=\; \frac{1}{n}\sum_{i=1}^{n}\left(y_i - \hat{y}^{p}_{\mathrm{PCR},i}(k)\right)^2 .$$

Le nombre optimal k de composantes est celui qui réalise le minimum du PRESS, soit

$$k = \underset{l \in \{1,\dots,K\}}{\mathrm{argmin}} \; \mathrm{PRESS}(l).$$

9.1.3   Exemple des biscuits

Nous reprenons l'exemple de la prévision du taux de sucres par un spectre proche infrarouge (700 variables explicatives). Le jeu de données est présenté en détail au chapitre 8, section 8.1.4 (p. 177).

Afin d'utiliser la régression sur composantes principales, nous devons déterminer le nombre de composantes à retenir. Ce nombre $\hat{k}$ sera toujours déterminé par validation croisée sur 4 groupes de 10 observations. Rappelons la méthode proposée par le package **pls**. Nous contrôlons la graine du générateur afin d'obtenir toujours la même partition pour toutes les méthodes de ce chapitre.

```
> library(pls)
> set.seed(87)
> cvseg <- cvsegments(nrow(cookie.app),k=4,type="random")
```

La régression sur composantes principales est conduite simplement grâce à la fonction `pcr`. Ici nous pouvons avoir au maximum 40 composantes principales $(\min(n_a, p) = n_a = 40)$, mais nous avons choisi un nombre maximum un peu moins grand $(K = 28)$ pour des raisons de présentation graphique.

Afin d'utiliser les mêmes estimateurs de variance empiriques, calculons ceux-ci sur les variables explicatives

```
> n.app <- nrow(cookie.app)
> stdX.app <- sqrt(apply(cookie.app[,-1],2,var)*(n.app-1)/n.app)
```

La modélisation est enfin obtenue grâce aux ordres ci-dessous :

```
> modele.pcr <- pcr(sucres~.,ncomp=28,data = cookie.app,scale=
+               stdX.app,validation = "CV",segments=cvseg)
> msepcv.pcr <- MSEP(modele.pcr,estimate=c("train","CV"))
> plot(explvar(modele.pcr),type="l",main="")
```

Cette fonction centre et réduit les variables et calcule aussi la MSEP pour la validation croisée. Nous faisons figurer aussi la part de variance des X prise en compte par chaque composante. Dès la 3ᵉ composante, la part de variance des X expliquée par chaque composante est quasi nulle. Il ne subsiste que peu de variabilité initiale non prise en compte dans le modèle. Le nombre de composantes k est trouvé numériquement par

```
> ncomp.pcr <- which.min(msepcv.pcr$val["CV",,])-1
```

et vaut 6, valeur que nous retrouvons sur le gaphique suivant :

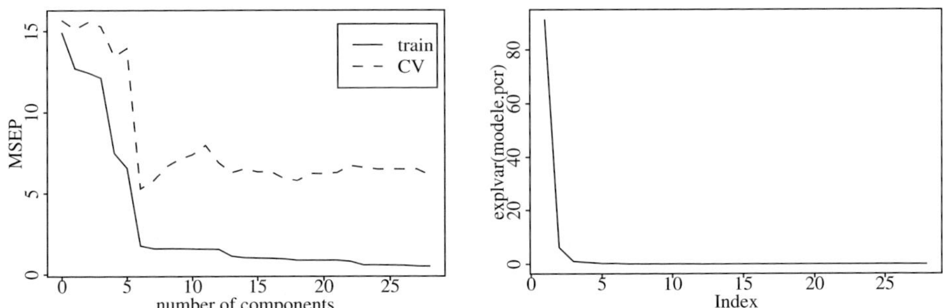

Fig. 9.1 – Evolution du MSEP en fonction du nombre de composantes de la régression sur composantes principales (graphique de droite). Evolution de la part de variance (en %) des X prise en compte par chaque composante.

Le graphique des résidus ne montre aucune structuration particulière et nous ne le reproduirons pas ici. La prévision par le modèle des observations du jeu de validation est obtenue par

```
> modele.pcr.fin <- pcr(sucres~.,ncomp=ncomp.pcr,data = cookie.app,
+                    scale=stdX.app)
> ychap <- predict(modele.pcr.fin,newdata=cookie.val)[,1,ncomp.pcr]
> res.pcr <-cookie.val[,"sucres"]-ychap
> mean(res.pcr^2)
```

Nous en déduisons que le MSEP sur le jeu de données de validation vaut 1.03. Le résultat est donc meilleur que la régression ridge ou lasso. Il ne faut certainement pas en tirer une généralité. La performance des méthodes est surtout fonction des données que l'on utilise.

D'autres graphiques, comme la valeur des coefficients pour le modèle final ou la valeur des coefficients composante par composante, peuvent être obtenus. Sans connaissance sur le domaine de l'infrarouge pour la détection de sucres, ces graphiques n'ont pas d'intérêt. A titre de curiosité nous pouvons constater que la diminution du nombre de composantes revient à « rétrécir » les coefficients vers 0.

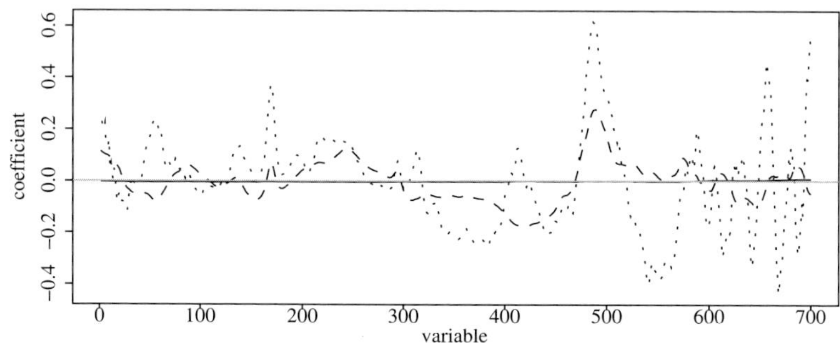

Fig. 9.2 – Atténuation des coefficients $\hat{\beta}_{\mathrm{PCR}}(k)$ en fonction de k : $k = 2$ (trait plein horizontal proche de 0), $k = 6$ trait tiret et $k = 15$ trait pointillé.

9.2   Régression aux moindres carrés partiels (PLS)

A l'image de la régression sur composantes principales, nous sommes intéressés par de nouvelles variables explicatives $t^{(1)}, t^{(2)}, \ldots t^{(k)}$, combinaisons linéaires des variables de départ $t^{(j)} = X\tilde{c}_j$, qui soient orthogonales entre elles et classées par ordre d'importance. Rappelons que les composantes principales X_j^* obéissent à ces même critères. Cependant, le choix de ces composantes $t^{(j)}$ doit être dicté, non pas par la part de variabilité qu'elles représentent parmi les variables explicatives originales (comme en régression sur composantes principales), mais par leur lien avec la variable à expliquer.

Pour cela une procédure itérative va être utilisée.

Définition 9.1
Quand Y est univarié, la régression PLS est appelée PLS1 et elle se définit itérativement.

– 1re étape : le tableau X est noté $X^{(1)}$ et Y noté $Y^{(1)}$. La première composante PLS $t^{(1)} \in \mathbb{R}^n$ est choisie telle que

$$t^{(1)} = \underset{t=X^{(1)}w, w\in\mathbb{R}^p, \|w\|^2=1}{\mathrm{argmax}} \quad < t, Y^{(1)} > .$$

Ensuite nous effectuons la régression univariée de $Y^{(1)}$ sur $t^{(1)}$

$$Y^{(1)} = r_1 t^{(1)} + \hat{\varepsilon}_1$$

où $r_1 \in \mathbb{R}$ est le coefficient de la régression estimé par MC et $\hat{\varepsilon}_1 = P_{t^{(1)}\perp} Y^{(1)}$ sont les résidus de la régression simple sans constante ;

– 2e étape : soit $Y^{(2)} = P_{t^{(1)}\perp} Y^{(1)} = \hat{\varepsilon}_1$ la partie non encore expliquée de Y. Soit $X^{(2)} = P_{t^{(1)}\perp} X^{(1)}$ la partie de $X^{(1)}$ n'ayant pas encore servi à expliquer. La seconde composante PLS est choisie telle que

$$t^{(2)} = \underset{t=X^{(2)}w, w\in\mathbb{R}^p, \|w\|^2=1}{\mathrm{argmax}} \quad < t, Y^{(2)} > .$$

Ensuite nous effectuons la régression univariée de $Y^{(2)}$ sur $t^{(2)}$

$$Y^{(2)} = r_2 t^{(2)} + \hat{\varepsilon}_2$$

où $r_2 \in \mathbb{R}$ est le coefficient de la régression estimé par MC et $\hat{\varepsilon}_2 = P_{t^{(2)}\perp} Y^{(2)}$;

...

– k^e étape : soit $Y^{(k)} = P_{t^{(k-1)}\perp} Y^{(k-1)} = \hat{\varepsilon}_{k-1}$ la partie non encore expliquée de Y. Soit $X^{(k)} = P_{t^{(k-1)}\perp} X^{(k-1)}$ la partie de $X^{(k-1)}$ n'ayant pas encore servi à expliquer. La k^e composante PLS est choisie telle que

$$t^{(k)} = \underset{t=X^{(k-1)}w, w\in\mathbb{R}^p, \|w\|^2=1}{\mathrm{argmax}} \quad < t, Y^{(k)} > .$$

Ensuite nous effectuons la régression univariée de $Y^{(k)}$ sur $t^{(k)}$

$$Y^{(k)} = r_k t^{(k)} + \hat{\varepsilon}_k$$

où $r_k \in \mathbb{R}$ est le coefficient de la régression estimé par MC et $\hat{\varepsilon}_k = P_{t^{(k)}\perp} Y^{(k)}$.

Remarque

La régression PLS cherche donc une suite de composantes PLS qui soient orthogonales entre elles et cela par construction. Puisque $t^{(j)}$ est une combinaison linéaire des colonnes de $X^{(j)}$, qui est par construction dans l'orthogonal de $\Im(t^{(1)}, \ldots, t^{(j-1)})$, alors $t^{(j)}$ sera bien orthogonale à $t^{(1)}, \ldots, t^{(j-1)}$. Ces composantes sont choisies comme maximisant la covariance (empirique) entre Y et une composante t quand X et Y sont centrées au préalable.

Théorème 9.1

Nous pouvons donc écrire le modèle PLS comme

$$\begin{aligned} Y &= P_{t^{(1)}} Y^{(1)} + \ldots + P_{t^{(k)}} Y^{(k)} + \hat{\varepsilon}_k \\ Y &= r_1 t^{(1)} + \ldots + r_k t^{(k)} + \hat{\varepsilon}_k, \end{aligned}$$

avec $\hat{\varepsilon}_k = P_{t^{(k)}\perp} Y^{(k)} = P_{\Im(t^{(1)}, \ldots, t^{(k)})\perp} Y$.

La preuve découle de la définition en notant que les composantes PLS sont orthogonales entre elles.

Ce modèle n'est pas forcément très commode puisqu'il ne fait pas intervenir les
variables explicatives X. En remplaçant $t^{(j)}$ par sa valeur, nous avons $X^{(j)}w^{(j)}$,
ce qui fait intervenir non pas les variables explicatives originales, mais celles de
l'étape j. Il faut donc ré-exprimer les composantes PLS en fonction du tableau
initial, ce qui est l'objet du théorème suivant.

Théorème 9.2

*Les composantes PLS peuvent s'exprimer en fonction des variables initiales sous
la forme de combinaisons linéaires*

$$t^{(j)} = X\tilde{w}^{(j)}, \quad 1 \le j \le k,$$

où $\tilde{w}^{(j)}$ est défini par

$$\tilde{w}^{(j)} = X\prod_{i=1}^{j}(I - w^{(i)}(t^{(i)'}t^{(i)})^{-1}t^{(i)'}X)w^{(j)}.$$

La preuve est à faire à titre d'exercice (voir exercice 9.2).

Nous pouvons récrire le modèle PLS final à k composantes en fonction des variables
explicatives.

Théorème 9.3

Le modèle PLS à k composantes s'écrit

$$Y = X\hat{\beta}_{\mathrm{PLS}}(k) + \hat{\varepsilon}_k,$$

*où $\hat{\varepsilon}_k$ est le résidu final $P_{t^{(k)\perp}}(Y^{(k)}) = P_{\Im(t^{(1)},\ldots,t^{(k)})\perp}(Y)$ et $\hat{\beta}_{\mathrm{PLS}}(k) = r_1\tilde{w}^{(1)} +
\ldots + r_k\tilde{w}^{(k)}$.*

Nous sommes bien en présence d'une régression.

Afin de retrouver les valeurs ajustées, nous calculons simplement

$$\hat{Y}_{\mathrm{PLS}}(k) = X\hat{\beta}_{\mathrm{PLS}}(k),$$

et si nous voulons revenir aux valeurs initiales (non centrées et réduites, voir chapitre précédent)

$$\hat{Y}_{\mathrm{PLS}}(k) = \hat{\sigma}_Y\left[X\hat{\beta}_{\mathrm{PLS}}(k)\right] + \bar{y}\mathbb{1}.$$

Si nous obtenons une nouvelle valeur $x'_{n+1} = (x_{n+1,1}, \cdots, x_{n+1,p})$, il faut d'abord
la centrer et la réduire avec les valeurs des moyennes et des écart-types empiriques
utilisées pour centrer et réduire les variables du tableau initial puis calculer

$$\hat{y}^p_{\mathrm{PLS},n+1}(k) = \hat{\sigma}_Y\sum_{j=1}^{p}\left(\frac{x_{n+1,j} - \bar{x}_j}{\hat{\sigma}_{X_j}}\left[\hat{\beta}_{\mathrm{PLS}}(k)\right]_j\right) + \bar{y}.$$

Au contraire de la régression (MC ou MCG), *l'estimateur de la régression PLS n'est pas une fonction linéaire de Y*. En effet, sauf pour $k = 1$, la prévision ne peut pas être mise sous la forme $\hat{Y}(k) = AY$ où A serait une matrice non dépendante de Y.

Une propriété notable de PLS est que $\forall k$, $\|\hat{\beta}_{\mathrm{PLS}}(k)\| \leq \|\hat{\beta}\|$, où $\hat{\beta}$ est l'estimateur des MC. De plus, la norme $\|\hat{\beta}_{\mathrm{PLS}}(k)\|$ augmente avec k (De Jong, 1995).

9.2.1   Algorithmes PLS et recherche des composantes

A chaque étape nous cherchons à maximiser une fonction sous contrainte. Après introduction du lagrangien, nous avons à chaque étape j la fonction suivante à maximiser :

$$\mathcal{L}(\beta, \tau) \;\; = \;\; Y^{(j)'} X^{(j)} w - \frac{1}{2}\tau(\|w\|^2 - 1).$$

Le facteur $-1/2$ ne change pas fondamentalement le résultat, mais il permet une simplification des calculs. Une condition nécessaire d'optimum est alors donnée par l'annulation de ses dérivées partielles au point optimum $(w^{(j)}, \tau_j)$ donnant

$$X'Y_j - \tau_j w^{(j)} \;\; = \;\; 0$$
$$w^{(j)'} w^{(j)} \;\; = \;\; 1$$

La première équation montre que $w^{(j)}$ est colinéaire au vecteur $X'Y_j$ et la seconde montre qu'il est normé. Si l'on veut un maximum, il suffit de prendre le vecteur $X^{(j)'}Y^{(j)}/\|X^{(j)'}Y^{(j)}\|$. Le vecteur de signe opposé donnant le minimum.

Les différents algorithmes de PLS diffèrent de manière numérique si l'on possède plusieurs variables à expliquer (par exemple pour PLS2, Y est alors une matrice $n \times q$). Elles correspondent à différentes méthodes de recherche du premier vecteur singulier de $Y'X$: puissance itérée (algorithme nipals), décomposition en valeurs singulières classique (SVD) ou encore diagonalisation de $Y'XX'Y$.

Remarque
L'algorithme nipals propose de calculer la régression PLS même si l'on possède des valeurs manquantes. Pour cela, dès qu'une valeur manquante est rencontrée, elle est ignorée. Ainsi le calcul devient :

$$[Y'X]_j \;\; = \;\; \sum_{i=1\ldots n, y_i \text{ ou } X_{ij} \text{ non manquants}} y_i X_{ij}$$

ce qui revient, après le centrage et la réduction, à remplacer les valeurs manquantes *dans les données centrées-réduites* par la valeur 0.

9.2.2   Recherche de la taille k

Plusieurs méthodes sont possibles et nous pouvons les regrouper en 4 points. Le premier est une méthode graphique que l'on retrouve aussi dans la régression ridge ou le lasso. Le second concerne les méthodes utilisant des critères simples tels l'AIC ou la variance expliquée. L'avant-dernier et le dernier concernent les procédures d'apprentissage-validation ou de validation croisée.

En général, on recherche une taille de modèle k, ou ici un nombre de composantes k, qui soit compris entre 1 et une taille maximum K. Cette taille maximum peut être choisie comme $K = \mathrm{rang}(X)$ ou comme la taille au-delà de laquelle il est certain que les composantes ne serviront à rien.

Méthode graphique

Une première méthode consiste à tracer un diagramme d'évolution des coefficients $\beta^*(j)$ en fonction du nombre j de composantes. Cette méthode visuelle possède l'inconvénient majeur de n'avoir aucun support analytique d'aide à la décision.

Critères analytiques

Le premier critère analytique simple est un critère construit à l'image de l'AIC ou d'une correction de celui-ci afin de réduire la taille des modèles :

$$
\begin{aligned}
AIC &= n\log(\hat{\sigma}^2(j)) + 2(j+1) \\
AIC_c &= \log(\hat{\sigma}^2(j)) + \frac{2n(j+1)}{n-j-2},
\end{aligned}
$$

où $\hat{\sigma}^2(j)$ est une estimation de la variance résiduelle. On choisit k comme la valeur qui minimise un des deux critères précédents.

Ces critères ne sont pas vraiment basés sur la vraisemblance et ne sont donc pas à proprement parler des AIC. Ils semblent moins crédibles mais sont assez faciles à calculer.

Un autre critère souvent utilisé est le pourcentage de variance expliquée. Ce pourcentage de variance est simplement le rapport de la variance expliquée à l'étape j, à savoir le rapport de la variance de la variable à expliquer Y sur la variance de l'ajustement $\hat{Y}_{\mathrm{PLS}}(j) = P_{\Im(t^{(1)}...t^{(j)})}Y$. Ce rapport, du fait de l'augmentation du nombre de composantes j, ne peut qu'augmenter à chaque étape. Pour trouver le nombre de composantes, il est alors classique de chercher le nombre k à partir duquel l'augmentation semble être beaucoup moins forte. Ceci est souvent mis en parallèle avec la part d'inertie du tableau des variables explicatives utilisées dans le modèle. Rappelons que l'inertie d'un ensemble de variables regroupées dans une matrice X est tout simplement définie par

$$
I(X) = \mathrm{tr}(X'X).
$$

Ainsi $I(P_{t^{(j)}}X^{(j-1)}) = I(P_{t^{(j)}}X)$ est la part d'inertie du tableau des variables explicatives utilisées à l'étape j. La part d'inertie utilisée jusqu'à l'étape j est tout simplement le rapport $\sum_{m=1}^{j} I(X^{(m)})/I(X)$. Ce rapport augmente avec j et il peut aider à trancher entre les tailles déjà sélectionnées grâce au pourcentage de variance expliquée. Remarquons que le pourcentage de variance expliquée est nommé R^2 dans le cadre de la régression classique. Cette méthode demande très peu de calculs mais est très subjective. De plus, elle n'évalue pas réellement le pouvoir prédictif du modèle.

Apprentissage-validation.

La procédure d'apprentissage-validation consiste à séparer de manière aléatoire les données en deux parties distinctes (X_a, Y_a) et (X_v, Y_v). Une régression PLS est conduite avec le jeu d'apprentissage (X_a, Y_a) pour toutes les tailles de modèles possibles. Ensuite, en utilisant tous ces modèles et les variables explicatives X_v, les valeurs de la variable à expliquer sont prédites $\tilde{Y}_v(j)$ pour toutes les tailles j. La qualité du modèle est ensuite obtenue en mesurant la distance entre les observations prévues et les vraies observations par un critère. Le plus connu est le PRESS

$$\text{PRESS}(j) \quad = \quad \|\hat{Y}^p_{\text{PLS},v}(j) - Y_v\|^2.$$

D'autres critères peuvent être utilisés comme

$$MAE \quad = \quad \|\hat{Y}^p_{\text{PLS},v}(j) - Y_v\|_1,$$

où $\|x\|_1 = \sum_i |x_i|$ est la norme de type l^1.

La taille optimale k choisie est celle qui conduit à la minimisation du critère choisi. Cette procédure semble la plus indiquée mais elle nécessite beaucoup de données puisqu'il en faut suffisamment pour estimer le modèle, mais il faut aussi beaucoup d'observations dans le jeu de validation (X_v, Y_v) pour bien évaluer la capacité de prévision. De plus, comment diviser le nombre d'observations entre le jeu d'apprentissage et le jeu de validation ? Là encore, aucune règle n'existe, mais l'on mentionne souvent la règle 3/4 dans l'apprentissage et 1/4 dans la validation ou, plus simplement, 1/2, 1/2.

Validation croisée.

Lorsque l'on n'a pas assez de données pour l'apprentissage-validation, la validation croisée est utilisée. C'est en général la procédure la plus utilisée en régression PLS. Le principe est toujours le même, à savoir qu'on divise le jeu de données initial en b parties distinctes approximativement de même taille. Pour une partie donnée, par exemple la i^{e}, on utilise la procédure d'apprentissage-validation, la i^{e} partie étant le jeu de validation et les autres observations formant le jeu d'apprentissage. On évalue la qualité du modèle par un critère, le PRESS par exemple, donnant ainsi $\text{PRESS}(j)_i$, et ensuite on itère le procédé sur toutes les parties i variant de 1 à b. Le critère final à minimiser est alors

$$\text{PRESS}_{CV}(j) \quad = \quad \sum_{i=1}^{b} \text{PRESS}(j)_i,$$

et la taille k retenue est celle qui conduit au minimum sur $\{\mathrm{PRESS}_{CV}(j)\}_{j=1}^{K}$. Bien entendu, le choix du nombre b de parties n'est pas anodin. Plus le nombre b est faible, plus la capacité de prévision sera évaluée dans de nombreux cas puisque le nombre d'observations dans la validation sera élevé, mais moins l'estimation sera précise. Au contraire, un b élevé conduit à peu d'observations dans la validation et donc à une plus grande variance dans les PRESS.

9.2.3   Analyse de la qualité du modèle

Outre les graphiques classiques, il existe des graphiques que l'on retrouve souvent dans les logiciels proposant la régression PLS. Le premier type de graphique permet de connaître la qualité d'ajustement à chaque composante en traçant en abscisses les coordonnées de $t^{(j)}$ et en ordonnées les coordonnées de y_j. Comme l'on cherche $t^{(j)}$ orthogonale aux précédentes composantes PLS mais qui maximise le produit scalaire avec y_j, on devrait donc, si tout était parfait, avoir une droite. L'écart du diagramme à la droite de régression simple donne une idée de la qualité d'ajustement à l'étape j. De plus, numéroter les n points permet de repérer d'éventuels point aberrants qui seraient mal ajustés à plusieurs étapes.

La qualité globale sera bien sûr envisagée avec le dessin classique « ajustement $\hat{Y}_{\mathrm{PLS}}(k)$ *versus* résidus » donnant des indications sur la qualité du modèle et sur les points aberrants.

Un autre diagramme consiste à tracer sur un graphique les coordonnées de $t^{(j)}$ en abscisses et les coordonnées de t_{j+1} en ordonnées. Si aucune structure notable n'apparaît, alors le graphique est normal. Si, en revanche, des tendances apparaissent, cela signifie que $t_{j+1} \approx f(t^{(j)})$. Il sera bon alors de comprendre comment est construite $t^{(j)}$ et de déterminer les variables contribuant à sa construction. Ensuite il sera bon d'ajouter de nouvelles variables, à savoir des variables importantes auxquelles on aura appliqué la fonction f. Si des groupes nettement séparés apparaissent, cela indique l'existence de sous-populations différentes, qu'il serait peut-être judicieux d'analyser de manière séparée. Enfin, les points éloignés des autres (ou aberrants) seront à noter et peuvent servir en complément de l'analyse globale.

L'interprétation des composantes en termes de variables initiales (centrées-réduites) peut être conduite en traçant en abscisses les coordonnées du vecteur de poids $\tilde{w}^{(j)}$ et en ordonnées les coordonnées du vecteur de poids $\tilde{w}^{(j+1)}$. Les variables l pour lesquelles les $|\tilde{w}_l^{(j)}|$ sont élevées sont des variables importantes. Ces variables apparaissent donc à la périphérie d'un tel graphique, alors que dans le noyau central figurent les variables non importantes dans la construction de $t^{(j)}$ et t_{j+1}.

Un dernier graphique spécifique de la régression PLS est constitué par les DModX (selon la terminologie utilisée par le logiciel SIMCA) :

$$DModX_i \;\; = \;\; \sqrt{\dfrac{v \sum_{j=1}^{p} \left[P_{\Im(t^{(1)}...t^{(k)})^{\perp}} X \right]_{ij}^2}{p-k}},$$

où $v = 1$ si l'observation provient d'un jeu de validation et $v = n/(n-k-1)$

sinon. Cette grandeur mesure la contribution (ou plutôt la non-contribution) d'un individu au modèle. Pour cela nous savons que la partie des variables explicatives non utilisée dans le modèle est $P_{\Im(t^{(1)}...t^{(k)})\perp}X$. L'élément (i,j) de ce tableau représente pour l'observation i et la variable j la part de X non utilisée dans le modèle PLS de taille k et donc, plus cet élément est faible, plus la contribution au modèle de la i^e observation pour la j^e variable est fort. Pour résumer cette contribution sur toutes les variables, le DModX est défini par la somme des carrés de ces contributions élémentaires, dont on prend la racine carrée afin de rester sur la même échelle que les variables initiales.

Graphiquement les DModX sont représentés comme les distances de Cook mais s'interprètent dans l'autre sens. Remarquons que le logiciel SIMCA introduit aussi les DModY qui ne sont rien d'autre que la valeur absolue du résidu. Nous renvoyons le lecteur intéressé par une application complète de PLS aux cas uni- et multivariés à l'ouvrage de Tenenhaus (1998).

9.2.4 Exemple des biscuits

Nous reprenons l'exemple de la prévision du taux de sucres par un spectre proche infrarouge (700 variables explicatives). Le jeu de données est présenté en détail au chapitre 8, section 8.1.4 (p. 177).

Nous n'exposerons pas ici toutes les représentations graphiques permettant d'examiner la qualité d'ajustement d'un modèle PLS. Pour cette méthode de régression, et à l'image de la régression sur composantes principales, nous devons déterminer le nombre k de composantes PLS. Il sera déterminé par validation croisée sur 4 groupes de 10 observations. En utilisant le package **pls** nous avons la modélisation PLS jusqu'au nombre maximal de $K = 28$ composantes (voir 9.1.3 p. 196 pour plus de détails) grâce aux ordres ci-dessous :

```
> modele.pls <- plsr(sucres~.,ncomp=28,data = cookie.app,scale=
+                stdX.app,validation = "CV",segments=cvseg)
```

Le vecteur `stdX.app` contient les écarts-types empiriques (voir 9.1.3 p. 196 pour plus de détails). Le choix du nombre de composantes est réalisé graphiquement par

```
> msepcv.pls <- MSEP(modele.pls,estimate=c("train","CV"))
> plot(msepcv.pls,col=1,type="l")
> plot(explvar(modele.pls),type="l",main="")
```

Ce minimum est obtenu simplement par

```
> ncomp.pls <- which.min(msepcv.pls$val["CV",,])-1
```

alors que la représentation graphique nous indique que 5 composantes pourraient donner un résultat presque aussi bon que le minimum numérique qui est de 10 composantes.

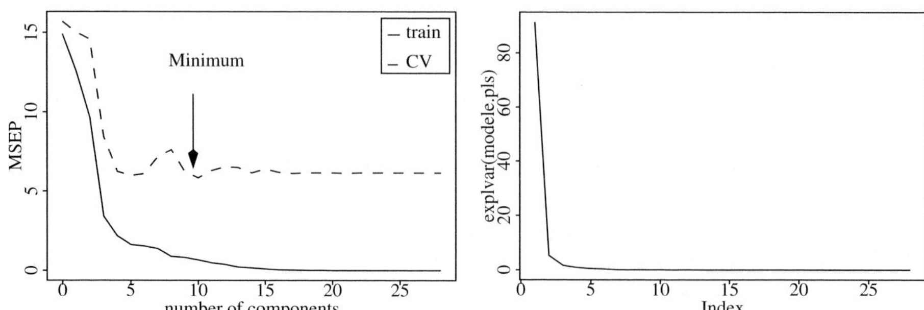

Fig. 9.3 – Evolution du MSEP en fonction du nombre de composantes de la régression sur composantes principales (graphique de droite). Evolution de la part de variance (en %) des X prise en compte par chaque composante.

Nous pouvons ensuite évaluer la capacité de prévision par le MSEP sur notre jeu de validation

```
> modele.pls.fin <- plsr(sucres~.,ncomp=ncomp.pls,data=cookie.app,
+                        scale=stdX.app)
> ychap <- predict(modele.pls.fin,newdata=cookie.val)[,1,ncomp.pls]
> res.pls <- cookie.val[,"sucres"]-ychap
> mean(res.pls^2)
```

Cela donne un MSEP d'environ 4, ce qui s'inscrit entre la régression lasso (3.22) et la régression ridge (4.95). Si le modèle parcimonieux à 5 composantes avait été choisi, alors le MSEP serait de 0.78, chiffre plus faible (et donc meilleur) que celui de la régression sur composantes principales. Cette remarque montre bien la difficulté de choisir le nombre de composantes. Il est loin d'être garanti qu'un modèle parcimonieux fonctionne mieux en règle générale et cela dépend des données.
Pour terminer cet exemple, nous pouvons illustrer le fait que la norme $\|\hat{\beta}_{\mathrm{PLS}}(k)\|$ augmente avec k.

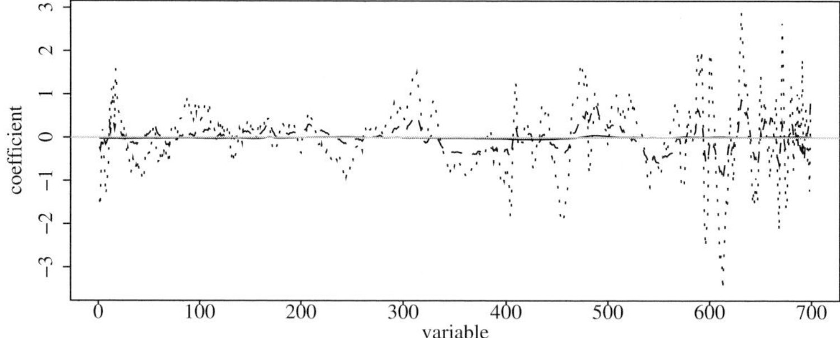

Fig. 9.4 – Rétrécissement des coefficients $\hat{\beta}_{\mathrm{PCR}}(k)$ en fonction de $k : k = 2$ (trait plein horizontal proche de 0), $k = 6$ trait tiret et $k = 15$ trait pointillé.

9.3 Exercices

Exercice 9.1 (Questions de cours)
1. La régression biaisée est en général utilisée lorsque l'hypothèse ci-dessous n'est pas satisfaite :
   A. $\mathcal{H}_1$ concernant le rang de X (matrice du plan d'expérience),
   B. $\mathcal{H}_2$ concernant l'espérance et la variance des résidus,
   C. $\mathcal{H}_3$ concernant la normalité des résidus.

2. Lorsque la matrice $(X'X)$ n'est pas inversible, l'estimateur des moindres carrés
   A. existe et est unique,
   B. existe et n'est pas unique,
   C. n'existe pas, aucun estimateur ne minimise les moindres carrés.

3. Lors d'une régression PCR, la première composante principale est la composante dont le produit scalaire avec Y est :
   A. maximum,
   B. minimum,
   C. aucun rapport.

4. Si $\mathrm{rang}(X) = p$, effectuer une régression PCR avec toutes les composantes donne les mêmes résultats qu'effectuer une régression MC classique :
   A. toujours,
   B. jamais,
   C. aucun rapport.

5. Nous pouvons calculer une régression PCR avec k composantes en effectuant k régressions univariées :
   A. faux,
   B. vrai,
   C. cela dépend des données.

6. Lors d'une régression PLS, la première composante PLS est la composante dont le produit scalaire avec Y est :
   A. maximum,
   B. minimum,
   C. aucun rapport.

7. Effectuer une régression PLS avec k composantes ou effectuer une régression PCR avec k composantes également donne les mêmes résultats :
   A. toujours,
   B. jamais,
   C. aucun rapport.

Exercice 9.2 (†Théorème 9.2)
Démontrer par récurrence le théorème 9.2 (indice : montrer aussi que $X^{(j)} = X \prod_{i=1}^{j-1}(I - w^{(i)}(t^{(i)'}t^{(i)})^{-1}t^{(i)'}X))$.

Exercice 9.3 (†Géométrie des estimateurs)
Soit les observations suivantes :

$$
\begin{array}{cccc}
X_1 & 1 & 0 & 0 \\
X_2 & 1/\sqrt{3} & 2/\sqrt{3} & 0 \\
Y & 1.5 & 0.5 & 1
\end{array}
$$

Tableau 9.1 – Observations d'une régression.

Soit le modèle de régression multiple (sans constante) suivant :

$$Y = \beta_1 X_1 + \beta_2 X_2 + \varepsilon.$$

Les régressions ridge, lasso, PCR et PLS seront effectuées sur les variables sans centrage ni réduction.

1. Vérifier que $\Im(X) = (X)$ est le plan de $\mathbb{R}^3$ engendré par $\{\vec{i}, \vec{j}\}$.

2. Calculer $\hat{Y} = P_X Y$.

3. Représenter dans le plan $(\vec{i}, \vec{j})$ les points X_1, X_2 et $\hat{Y}$.

4. Que vaut p ici ? Représenter dans $\mathbb{R}^p$ l'ensemble B_1 des $\beta \in \mathbb{R}^p$ vérifiant la contrainte $\sum_{j=1}^p \beta_j^2 = \|\beta\|_2^2 = 1$. Faire de même avec B_2 l'ensemble des $\beta \in \mathbb{R}^p$ vérifiant la contrainte $\sum_{j=1}^p |\beta_j| = \|\beta\|_1 = 1$.

5. La matrice X peut être identifiée à une application linéaire de $\mathbb{R}^2$ dans $\mathbb{R}^3$. Donner intuitivement la forme des ensembles B_1 et B_2 lorsqu'on leur applique X (ellipse, cercle, parallélogramme...). Ces ensembles notés respectivement C_1 et C_2 sont définis par $C_1 = \{z \in \mathbb{R}^3, \exists \beta \in B_1 : z = X\beta\}$ et $C_2 = \{z \in \mathbb{R}^3, \exists \beta \in B_2 : z = X\beta\}$.

6. Vérifier grâce à un ordinateur que les formes de C_1 et C_2 données à la question précédente sont justes. Dessiner C_1 et C_2 sur le plan $(\vec{i}, \vec{j})$ de la question 3.

7. Représenter géométriquement $X\hat{\beta}_{\text{ridge}}$ et $X\hat{\beta}_{\text{lasso}}$ sur le plan précédent en utilisant C_1 et C_2 comme contraintes pour la régression ridge et lasso respectivement.

8. Que représente l'ensemble C_1 en terme de « composante » ? Trouver graphiquement la première composante PLS grâce à sa définition. Que représente l'ajustement de Y par la régression PLS à une composante, ajustement noté $\hat{Y}_{\text{PLS}}(1)$, en terme de projection de Y, c'est la projection de Y sur ....? Représenter la réponse sur le graphique.

9. Calculer $X'X$, trouver le premier axe principal et en déduire la première composante principale.

10. Figurer la droite portée par la première composante principale X_1^* (géométriquement il s'agit du grand axe de C_1). Que représente $X_1^* \beta_1^*$ en terme de projection de Y, c'est la projection de Y sur ....? Représenter la réponse sur le graphique.

9.4   Note : colinéarité parfaite : $|X'X| = 0$

Reprenons l'équation (9.1)

$$X'X = P\Lambda P'.$$

Le rang de X vaut maintenant k avec $k < p$, nous avons donc les $(p-k)$ dernières valeurs propres de $(X'X)$ qui valent zéro, $\lambda_{k+1} = \cdots = \lambda_p = 0$. Cela veut dire que pour tout $i > k$, nous avons

$$X_i^{*\prime} X_i^* = \lambda_i = 0. \tag{9.4}$$

Décomposons la matrice Λ en matrices blocs

$$\Lambda = \begin{pmatrix} \Lambda_1 & 0 \\ 0 & 0 \end{pmatrix}, \quad \Lambda_1 = \operatorname{diag}(\lambda_1, \ldots, \lambda_k),$$

et décomposons la matrice orthogonale P de taille $p \times p$ qui regroupe les vecteurs propres normés de $X'X$ en deux matrices P_1 et P_2 de taille respective $p \times k$ et $p \times (p-k)$. Soit $P = [P_1, P_2]$, nous avons alors

$$X^* = [X_1^*, X_2^*] = [XP_1, XP_2].$$

Cherchons maintenant la valeur de XP_2. Comme le rang de X vaut k, nous savons que la dimension de $\Im(X)$ vaut k et de même pour la dimension de $\Im(X'X)$. Ce sous-espace vectoriel possède une base à k vecteurs que l'on peut choisir orthonormés. Nous savons, par construction, que P_1 regroupe k vecteurs de base orthonormés de $\Im(X'X)$ tandis que P_2 regroupe $p-k$ vecteurs orthonormés (et orthogonaux aux k de P_1) qui complètent la base de $\Im(X'X)$ afin d'obtenir une base de $\mathbb{R}^p$. Nous avons donc que, quel que soit $u \in \Im(X'X)$, alors

$$u'P_2 \quad = \quad 0.$$

Prenons $u \neq 0$ et comme $u \in \Im(X'X)$, il existe $\gamma \in \mathbb{R}^p$ tel que $u = X'X\gamma \neq 0$. Nous avons donc

$$\gamma'X'XP_2 \quad = \quad 0,$$

pour tout $\gamma \in \mathbb{R}^p$ et donc $X'XP_2 = 0$, c'est-à-dire que $XP_2 = 0$. Nous avons alors

$$X^* = [X_1^*, X_2^*] = [XP_1, XP_2] = [XP_1, 0].$$

Au niveau des coefficients du modèle étoile, nous avons la partition suivante :

$$\beta^* = \left(\begin{array}{c} \beta_1^* \\ \beta_2^* \end{array} \right) = \left(\begin{array}{c} P_1'\beta \\ P_2'\beta \end{array} \right).$$

Grâce à la reparamétrisation précédente, nous avons, avec $X_2^* = XP_2 = 0$,

$$
\begin{aligned}
Y &= X^*\beta^* + \varepsilon \\
&= X_1^*\beta_1^* + X_2^*\beta_2^* + \varepsilon \\
&= X_1^*\beta_1^* + \varepsilon.
\end{aligned}
$$

Cette paramétrisation nous assure donc que les moindres carrés dans le modèle initial et dans le modèle étoile sont égaux et nous allons donc utiliser le modèle étoile. Par les MC, nous obtenons $\hat{\beta}_1^* = (X_1^{*'}X_1^*)^{-1}X_1^{*'}Y$ et nous posons $\hat{\beta}_2^* = 0$, ce qui ne change rien car $X_2^* = 0$. Nous obtenons l'estimateur de la régression sur les k premières composantes principales (*principal component regression* : PCR)

$$\hat{\beta}_1^* = \Lambda_1^{-1}P_1'X'Y,$$

de variance

$$V(\hat{\beta}_1^*) \quad = \quad \sigma^2(X_1^{*'}X_1^*)^{-1} = \sigma^2\Lambda_1^{-1}. \tag{9.5}$$

La stabilité des estimateurs peut être envisagée par leur variance, plus celle-ci est grande, plus l'estimateur sera instable. Cette variance dépend ici du bruit qui fait partie du problème et de λ_j. Une très faible valeur propre induit une grande variance et donc un estimateur instable et des conclusions peu fiables.

Nous avons donc que $\hat{\beta}_1^*$ minimise le critère des MC pour le modèle étoile. Comme les MC du modèle étoile et ceux du modèle initial sont égaux, à partir de $\hat{\beta}_1^*$, le vecteur des coefficients associés aux composantes principales, nous pouvons obtenir simplement $\hat{\beta}_{\mathrm{PCR}}$, le vecteur des coefficients associés aux variables initiales, par

$$\hat{\beta}_{\mathrm{PCR}} \quad = \quad P_1 \hat{\beta}_1^*.$$

Ce vecteur de coefficient minimise les MC du modèle initial. Le résultat est donc identique au paragraphe précédent à ceci près que l'on s'arrête aux k premières composantes principales associées aux valeurs propres non nulles de $(X'X)$.

Cela suggère le fait que l'on peut trouver une valeur, pour l'estimateur de la régression $\hat{\beta}$, qui est égale à $\hat{\beta}_1^*$. Mais nous pourrions trouver une infinité d'autres $\hat{\beta}$ qui seraient aussi solution de la minimisation des MC. Ils seraient tels que $\hat{\beta}_2^* \neq 0$. Cela donnerait une estimation $\hat{\beta} = P_1 \hat{\beta}_1^* + P_2 \hat{\beta}_2^*$. En plaçant cette valeur dans les moindres carrés cela donne exactement les mêmes moindres carrés que ceux obtenus par $\hat{\beta}_{\mathrm{PCR}}$. Nous retrouvons là le fait que $\hat{\beta}$ n'est plus unique car $\mathcal{H}_1$ n'est plus vérifiée. En revanche, nous avons que $\hat{\beta}_{\mathrm{PCR}}$ est unique.

Puisque les résultats sont conservés quand l'on s'arrête à k, ce paragraphe suggère aussi que nous pouvons choisir une valeur de k de sorte que les valeurs propres associées $\{\lambda_j\}_{j=1}^k$ soient suffisamment différentes de 0, éliminant ainsi les problèmes de quasi non-inversibilité et de variance très grande. Evidemment, si l'on élimine les composantes principales associées à des valeurs propres non strictement nulles voire suffisamment grandes, la solution des MC dans le modèle initial et celle dans le modèle étoile seront différentes. Cependant, dans l'approche régression sur composantes principales, nous ne garderons que les estimateurs stables (i.e. de faible variance). Cette différence de moindres carrés est le prix à payer afin d'obtenir une solution unique et stable.

Chapitre 10

Régression spline et régression à noyau

L'objectif de ce chapitre est de présenter de façon simplifiée une introduction aux méthodes de régression non paramétrique (splines, noyau). Le lecteur souhaitant approfondir ses connaissances pourra consulter le livre de Eubank (1999) par exemple.

10.1 Introduction

Nous avons évoqué en section 2.2 (p. 32) de possibles extensions du modèle de régression simple *via* la régression polynomiale, qui peut être considérée comme une régression multiple. Nous allons évoquer les avantages et les inconvénients potentiels de la régression polynomiale en reprenant l'exemple univarié de l'ozone vu au chapitre 1.

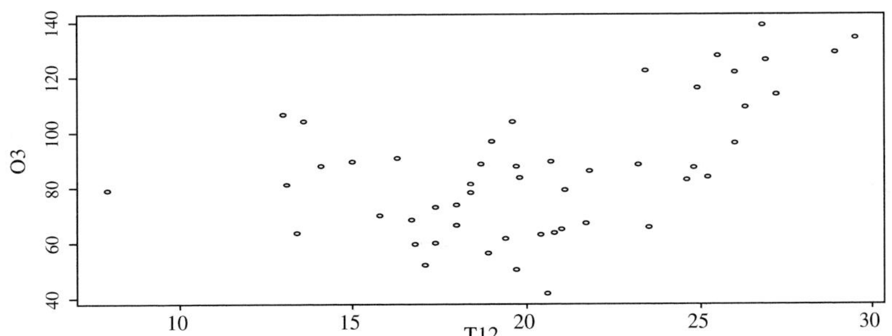

Fig. **10.1** – 50 données journalières de température et O3.

Chaque point du graphique représente, pour un jour donné, une mesure de la température à 12 h et le pic d'ozone de la journée. Nous avons déjà étudié en détails la régression linéaire simple. Le modèle supposé était

$$y_i \;=\; f(x_i) + \varepsilon_i, \quad i = 1, \cdots, n,$$

où la fonction f était de la forme $ax + b$. Cependant, il y a peu de raison pour que la fonction inconnue soit de cette forme et nous allons essayer d'améliorer le modèle en supposant par exemple que la fonction inconnue est de type polynomial. Le problème de minimisation univarié s'écrit toujours :

$$\arg\min_{f \in \mathcal{G}} \sum_{i=1}^{n} \left(y_i - f(x_i) \right)^2,$$

mais $\mathcal{G}$ est maintenant l'espace des polynômes de degré d. Nous pouvons donc estimer les paramètres en minimisant la quantité

$$\sum_{i=1}^{n} \left(y_i - \beta_0 - \beta_1 x_i - \cdots - \beta_d x_i^d \right)^2.$$

La matrice du plan d'expérience est $X = (1, x, x^2, \cdots, x^d)$ et tous les résultats vus au chapitre 2 restent valables. L'avantage des polynômes est la facilité de mise en œuvre ainsi que leur souplesse. Si la fonction inconnue f à estimer est continue sur un compact, elle peut être approchée uniformément par des polynômes sur ce compact (théorème de Stone-Weierstrass).

La première question à se poser concerne le degré d du polynôme. En effet, si d est petit, la fonction sous-jacente sera peu flexible (imaginons le cas d'une droite ou d'une parabole) alors que si d est élevé (imaginons un polynôme de degré 9 par exemple) la fonction aura tendance à osciller fortement.

La fonction R `polyreg` à faire en exercice (voir exercice 10.2) effectue une régression polynomiale de degré d. Sur le graphique suivant sont représentées les courbes obtenues par les moindres carrés pour les modèles polynomiaux d'ordre 1, 2, 3 et 9

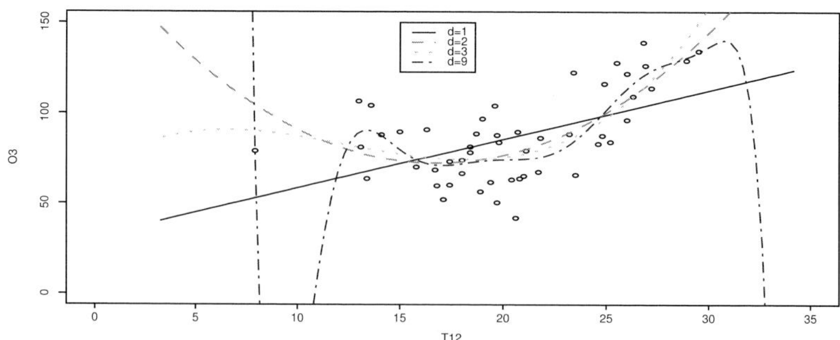

Fig. 10.2 – Différentes régressions polynomiales pour les données d'ozone.

via les commandes suivantes :

```
> plot(O3~T12,xlim=c(0,35),ylim=c(0,150),data=ozone)
> iter <- 1
> for(ii in c(1,2,3,9)){
+ tmp <- polyreg(ozone,d=ii)
+ lines(tmp$grillex,tmp$grilley,col=iter,lty=iter)
+ iter <- iter+1
+ }
> legend(15,150,c("d=1","d=2","d=3","d=9"),col=1:4,lty=1:4)
```

De façon générale, un polynôme de degré d peut changer de monotonie au maximum $d-1$ fois. Ainsi, si le degré d est trop élevé, la courbe estimée risque d'osciller exagérément. Cependant, lors de la régression polynomiale, même si la fonction estimée admet peu de variations, il faut faire très attention aux valeurs que peut prendre la fonction entre les points observés. Sur la figure 10.2, cela est flagrant pour la régression polynomiale de degré 9 dans l'intervalle $[7, 10]$. Ce propos est encore plus vrai en dehors de l'intervalle des données où effectuer des prévisions est à proscrire.

Un autre problème de la régression polynomiale est son caractère global. En effet, une modification d'un point de l'échantillon peut modifier complètement la courbe estimée surtout si ce point est au bord du domaine. Prenons l'exemple du point qui correspond au minimum de la température soit $7.9^{o}C$. Supposons que la température soit dorénavant de $10^{o}C$ et comparons les différents estimateurs :

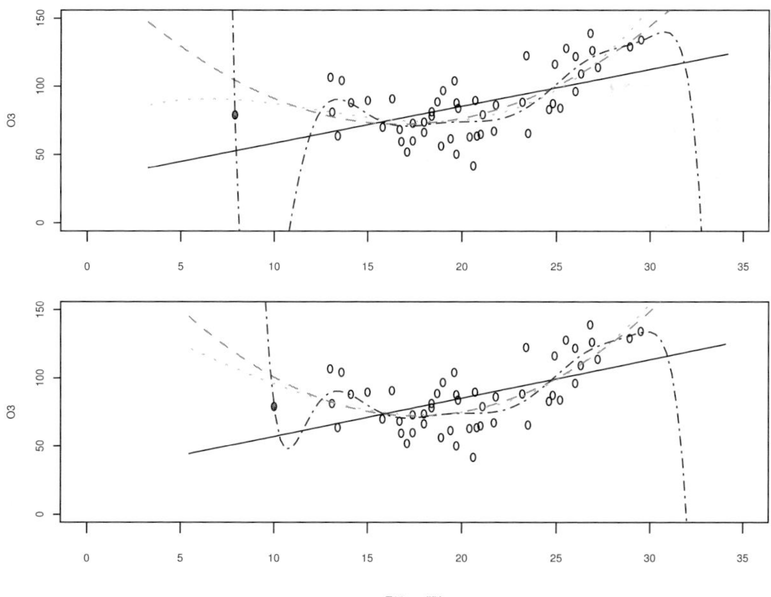

Fig. 10.3 – Sensibilité des estimateurs lors de la modification d'un point.

On peut observer en figure 10.3 que les régressions linéaire, quadratique, cubique ne sont quasiment pas affectées, alors que celle avec un modèle polynomial de degré

9 se trouve fortement modifiée. Ainsi, lorsque le degré du polynôme est élevé, les estimations des coefficients ne sont pas robustes. Enlever une ou plusieurs données à l'échantillon peut modifier fortement les valeurs des estimations.

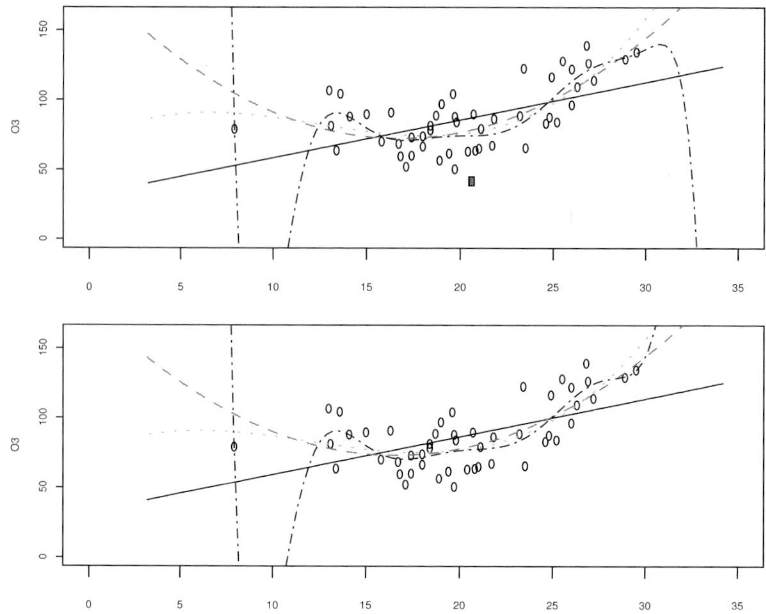

Fig. 10.4 – Evolution des estimateurs lors de la suppression d'un point.

Il faut retenir que la régression polynomiale est très facile à mettre en œuvre mais très dépendante du choix du degré d. Sauf à soupçonner effectivement un modèle sous-jacent polynomial à degré élevé (ce qui est assez rare), nous préconisons d'utiliser la régression polynomiale avec un degré faible (inférieur ou égal à 3 par exemple). Si la solution obtenue ne convient pas car l'estimateur est trop rigide et ne semble pas adapté aux données, une autre solution est la régression par morceaux.

Plusieurs stratégies sont en fait possibles, et en particulier les deux suivantes :

1. Découper l'étendue de la variable explicative en quelques morceaux (contigus). A l'intérieur de chaque intervalle, effectuer une régression polynomiale avec un degré faible : cela mènera à la régression spline décrite à la section 10.2,

2. Considérer un grand nombre de points x de l'étendue de la variable explicative. Pour chacun d'eux, déterminer une prédiction en effectuant une régression (constante, linéaire ou polynomiale) utilisant les x_i préalablement affectés d'un poids fonction de leur proximité à x. Schématiquement, cela revient à faire des régressions sur des intervalles « glissants ». Cette technique correspond à la régression non paramétrique à noyaux décrite à la section 10.3.

10.2   Régression spline

10.2.1   Introduction

Dans le cas de la modélisation de la concentration de l'ozone par la température, l'étendue de la température est découpée en deux intervalles. Les commandes suivantes permettent d'effectuer deux régressions linéaires, une pour les données qui correspondent à une température inférieure à 23°C, une pour les autres

```
> ind <- which(ozone[,2]<23)
> regd <- lm(O3~T12,data=ozone[ind,])
> regf <- lm(O3~T12,data=ozone[-ind,])
> gxd <- seq(3,23,length=50)
> gyd <- regd$coef[1]+gxd*regd$coef[2]
> gxf <- seq(23,35,length=50)
> gyf <- regf$coef[1]+gxf*regf$coef[2]
> plot(O3~T12,data=ozone)
> lines(gxd,gyd,col=2,lty=2,lwd=2)
> lines(gxf,gyf,col=2,lty=3,lwd=2)
> abline(v=23)
```

Nous obtenons alors le graphique suivant :

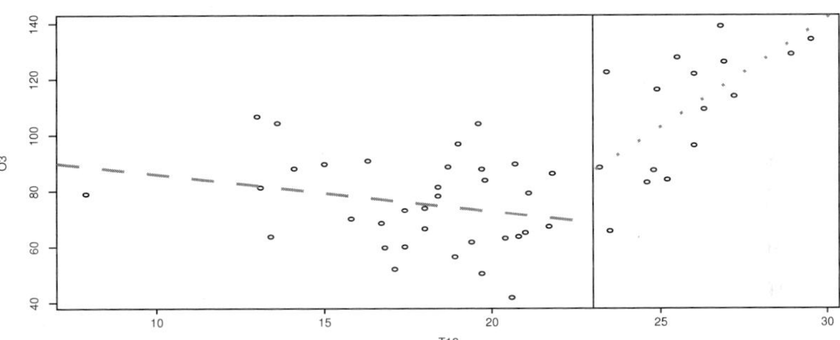

Fig. 10.5 – Régression par morceaux

La régression par morceaux est peu sensible à une modification d'un point de l'échantillon, et cela pour deux raisons.

1. S'il y a une modification, elle ne sera effective que sur l'intervalle auquel le point appartient.

2. En général, lorsque l'on effectue une régression par morceaux, on utilise des polynômes de degré faible qui sont plus robustes que des polynômes de degré élevé.

Alors que l'on peut penser que la fonction inconnue à estimer est continue, effectuer des régressions par morceaux donne en général des estimateurs discontinus aux jonctions des intervalles. La section suivante va proposer des contraintes afin d'obtenir des estimateurs continus voire dérivables.

10.2.2   Spline de régression

Reprenons le modèle défini dans la section précédente :

$$y_i \;=\; f(x_i) + \varepsilon_i.$$

La fonction f est toujours supposée inconnue mais nous formulons maintenant l'hypothèse non paramétrique qu'elle admet $d+1$ dérivées continues sur l'intervalle $[a,b]$ ($f \in \mathcal{C}_{[a,b]}^{d+1}$). Nous pouvons alors effectuer en tout point x de $[a,b]$ un développement limité avec reste intégral :

$$
\begin{aligned}
f(x) \;&=\; f(a) + \sum_{k=1}^{d} \frac{(x-a)^k}{k!} f^{(k)}(a) + \frac{1}{d!} \int_a^x (x-t)^d f^{(d+1)}(t)dt \\
&=\; \sum_{k=0}^{d} \alpha_k (x-a)^k + \frac{1}{d!} \int_a^x (x-t)^d f^{(d+1)}(t)dt \\
&=\; p(x) + r(x).
\end{aligned}
$$

Si le reste intégral est petit, l'approximation de la fonction f par un polynôme sera correcte. On aura alors

$$f(x) \;\approx\; p(x) = \sum_{k=0}^{d} \alpha_k (x-a)^k = \sum_{k=0}^{d} \beta_k x^k.$$

Cependant, dans le cas contraire, il faudrait pouvoir estimer le reste. Considérons la fonction $u_+ = \max(u,0)$ et récrivons le reste intégral

$$
\begin{aligned}
r(x) \;&=\; \frac{1}{d!} \int_a^x (x-t)^d f^{(d+1)}(t)dt \\
&=\; \frac{1}{d!} \int_a^b (x-t)_+^d f^{(d+1)}(t)dt,
\end{aligned}
$$

où $(x-t)_+^d = [(x-t)_+]^d$ par définition. Il est impossible de calculer cette intégrale puisque f et ses dérivées sont inconnues. L'idée dès lors consiste à estimer cette intégrale par une somme de type Riemann. Pour ce faire, on découpe l'intervalle $[a,b]$ en définissant K points intérieurs à l'intervalle

$$a < \xi_1 < \xi_2 < \cdots < \xi_{K-1} < \xi_K < b.$$

Une estimation de l'intégrale est donnée par

$$\sum_{j=1}^{K} \beta_{d+j} (x-\xi_j)_+^d.$$

Nous avons alors l'approximation de f par

$$f(x) \;\approx\; s(x) = \sum_{k=0}^{d} \beta_k x^k + \sum_{j=1}^{K} \beta_{d+j} (x-\xi_j)_+^d.$$

La fonction s est appelée spline de degré d admettant K nœuds intérieurs. C'est par construction une fonction de $\mathcal{C}^{d+1}_{[a,b]}$. Définissons $\mathcal{S}^{d+1}_\xi$ l'espace vectoriel engendré par les fonctions $1, x, \cdots, x^d, (x - \xi_1)^d_+, \cdots, (x - \xi_K)^d_+$. Ces fonctions forment la base dite « base des puissances tronquées » (voir fig. 10.6 pour un exemple). $\mathcal{S}^{d+1}_\xi$ qui est de dimension $K + d + 1$, contient l'ensemble des fonctions splines de degré d, admettant K nœuds intérieurs positionnés aux points $\xi_1, \cdots, \xi_K$.

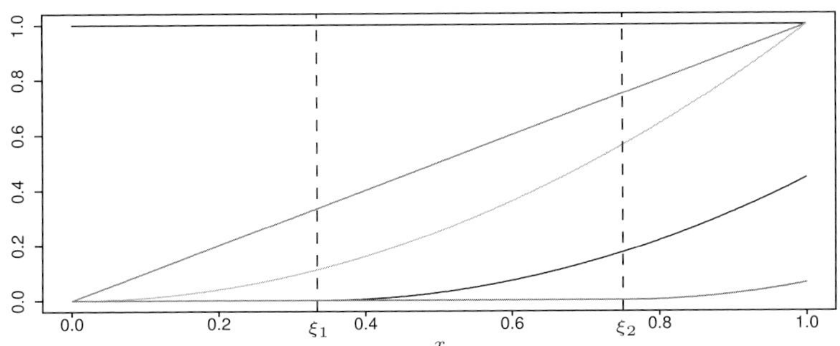

Fig. 10.6 – Base des puissances tronquées de S^3_ξ sur $[0, 1]$ avec $\xi = (1/3, 3/4)$.

Utiliser les splines de régression revient à substituer au modèle initial

$$y_i \;=\; f(x_i) + \varepsilon_i,$$

où $f \in \mathcal{C}^{d+1}_{[a,b]}$, le modèle simplifié

$$y_i \;=\; s(x_i) + \varepsilon_i,$$

où $s \in \mathcal{S}^{d+1}_\xi$. On peut aussi considérer qu'il s'agit de réécrire le modèle initial sous la forme

$$y_i \;=\; (f(x_i) - s(x_i)) + s(x_i) + \varepsilon_i$$

et supposer que l'erreur dite d'approximation $f - s$ est faible de sorte qu'en estimant s :

$$s(x) \;=\; \sum_{k=0}^{d} \beta_k x^k + \sum_{j=1}^{K} \beta_{d+j}(x - \xi_j)^d_+ \tag{10.1}$$

on approche f de façon satisfaisante.

Dès lors, lorsque le nombre de nœuds et leurs positions respectives sont fixés, on estime les paramètres β de l'équation (10.1) (appelée représentation de s dans la base des puissances tronquées) comme en régression linéaire multiple, à savoir en projetant orthogonalement Y sur $\mathcal{S}^{d+1}_\xi$. En notant X_{pt} la matrice de taille $n \times (d+K+1)$ composée des $d+K+1$ vecteurs de base ($X_{pt} = [1|x|\cdots|(x-\xi_K)^d_+]$), on obtient

$$\hat{\beta} \;=\; (X'_{pt}X_{pt})^{-1}X'_{pt}Y.$$

L'intérêt de la base des puissances tronquées est surtout pédagogique. Elle est peu utilisée dans la pratique car elle pose des problèmes de stabilité numérique (phénomène de Runge). Une autre base de $\mathcal{S}_\xi^{d+1}$ est en général programmée dans les logiciels de statistique : la base des différences divisées ou B-splines. Nous noterons les nouvelles fonctions de base $b_1(x), \cdots, b_{K+d+1}(x)$. L'avantage majeur de ces fonctions de base est leur caractère local, caractère que l'on peut voir sur le graphique suivant :

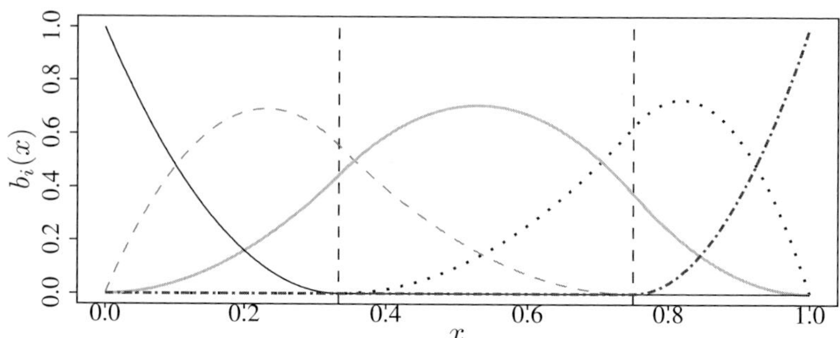

Fig. 10.7 – Graphique sur $[0,1]$ de la base des B-Splines de S_ξ^3 avec $\xi = (1/3, 3/4)$.

Il est clair que les fonctions de base $b_j(t)$ sont non nulles sur l'intervalle $[\xi_j, \xi_{j+d+1}]$ et nulles en dehors, cela entraîne donc que $b_j(t)$ et $b_{j+d+1}(t)$ sont orthogonales. On peut montrer que $X'_B X_B$ est bloc-diagonale avec $X_B = [b_1(x)|\cdots|b_{K+d+1}(x)]$, (voir exercice 10.4). Cependant, pour pouvoir toujours écrire que les $b_j(t)$ sont non nulles sur l'intervalle $[\xi_j, \xi_{j+d+1}]$, il est d'usage d'étendre les nœuds intérieurs en un vecteur de nœuds étendus. Le vecteur des nœuds étendus est simplement constitué par le positionnement de $d+1$ nœuds fictifs aux bords de l'intervalle. Nous avons donc $d+1$ nœuds en a, puis les K nœuds intérieurs, puis $d+1$ nœuds en b. Graphiquement, nous pouvons représenter le vecteur des nœuds étendus de la façon suivante

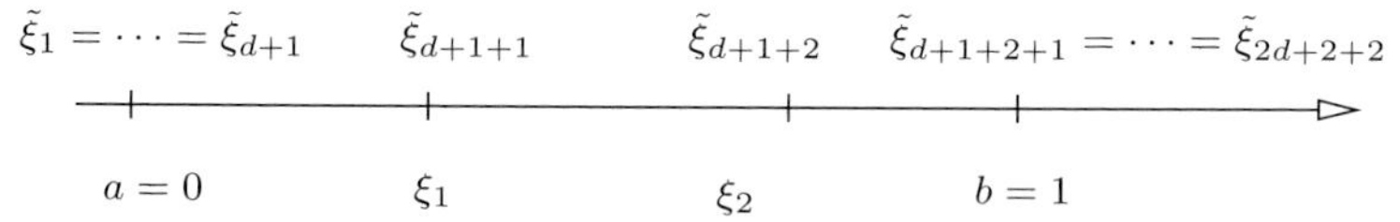

$$\tilde{\xi}_1 = \cdots = \tilde{\xi}_{d+1} \qquad \tilde{\xi}_{d+1+1} \qquad\qquad \tilde{\xi}_{d+1+2} \qquad \tilde{\xi}_{d+1+2+1} = \cdots = \tilde{\xi}_{2d+2+2}$$

$$a = 0 \qquad\qquad \xi_1 \qquad\qquad \xi_2 \qquad\qquad b = 1$$

Fig. 10.8 – Nœuds intérieurs $\xi = (\frac{1}{3}, \frac{3}{4})$ et nœuds étendus pour l'intervalle $[0,1]$.

Avec l'aide de ces nœuds étendus, on peut écrire

$$b_j(t) \;\neq\; 0 \quad \forall t \in [\tilde{\xi}_j, \tilde{\xi}_{j+d+1}].$$

Dans cette nouvelle base, la formule (10.1) devient :

$$s(x) \;=\; \sum_{k=1}^{d+1+K} \alpha_k b_k(x). \tag{10.2}$$

Dans l'exemple graphique (fig. 10.7), une base recouvre donc $d + 1 = 3$ « intervalles » successifs, où les intervalles sont la partition de $[0, 1]$ définie par les nœuds étendus. Cela illustre bien le caractère local de la base des B-splines.

La base des B-splines engendre bien évidemment le polynôme de degré 0 (ou constante « intercept ») mais il ne fait pas partie de la base (voir par exemple la figure 10.7). En statistique, il est d'usage d'incorporer le coefficient constant dans un modèle de régression. Dans ce cas, pour que l'hypothèse $\mathcal{H}_1$ soit valable, on ne peut pas ajouter à la matrice B le vecteur colonne $\mathbb{1}$. Il faudra donc soit supprimer une colonne de B, par exemple la première et la remplacer par le vecteur de $\mathbb{1}$ (`intercept=FALSE`, argument par défaut de la fonction `bs` de R), soit garder toutes les fonctions de base (argument `intercept=TRUE`).

Pour effectuer une régression spline, il faut donc choisir une suite de nœuds intérieurs, un degré et les bords de l'intervalle (par défaut le logiciel prend le minimum et le maximum de l'échantillon). Pour l'exemple de l'ozone, choisissons deux nœuds intérieurs (15 et 23 par exemple), des polynômes de degré 2 et prenons 5 et 32 comme bords de l'intervalle. Il faut d'abord transformer la variable explicative dans sa base des B-splines grâce aux commandes suivantes :

```
> library(splines)
> BX <- bs(ozone[,2],knots=c(15,23),degre=2,Boundary.knots=c(5,32))
```

La matrice `BX` a $K + d$ colonnes, la première étant supprimée (`intercept=FALSE` par défaut). Il suffit ensuite d'effectuer la régression de la variable à expliquer comme suit :

```
> regs <- lm(ozone[,"O3"]~BX)
> regs$coef
(Intercept)          BX1          BX2          BX3          BX4
  51.101947    61.543761     5.562286    70.459103   106.711539
```

Pour avoir une représentation graphique de la fonction estimée,

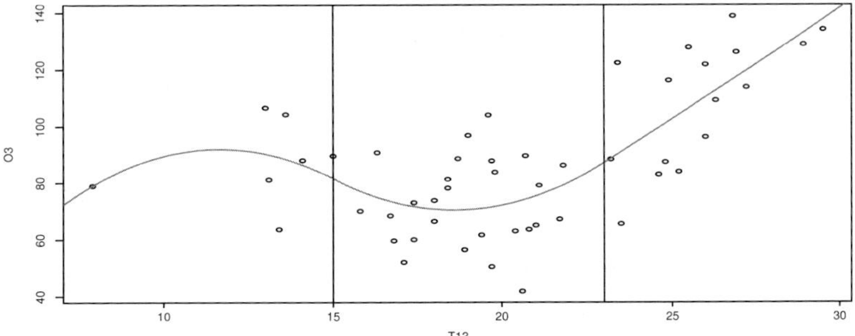

Fig. 10.9 – 50 données journalières de température et d'ozone avec l'estimation d'une régression spline avec 2 nœuds intérieurs et de degré 2 soit 5 paramètres.

On choisit une grille de points où la fonction va être évaluée. Il faut évaluer toutes les fonctions de la base des B-splines utilisée pour la régression en chaque point de cette grille. Il faut ensuite appliquer la formule (10.2) et dessiner la fonction estimée. Le coefficient constant ne faisant pas partie de la base, il est traité à part.

```
> grillex <- seq(5,32,length=100)
> bgrillex <- bs(grillex,knots=c(15,23),degre=2,Boundary.knots=c(5,32))
> prev <- bgrillex%*%as.matrix(regs$coeff[-1])+regs$coeff[1]
> plot(O3~T12,data=ozone)
> lines(grillex,prev,col=2)
> abline(v=c(15,23))
```

La figure 10.9 nous confirme que nous avons effectué une régression polynomiale par morceaux avec des contraintes de raccordement aux nœuds.

10.3   Régression à noyau

10.3.1   Introduction

Afin de faciliter la suite de cette section, nous classons les données de température et de concentration en ozone par ordre croissant de la température. Cela permet alors de dire que le premier couple de mesure correspond au premier point $(7.9,79)$ et ainsi de suite jusqu'au 50e. Ce classement s'obtient facilement sous R

```
> ind <- order(ozone[,"T12"])
> T12o <- ozone[ind,"T12"]
> O3o <- ozone[ind,"O3"]
```

Rappelons tout d'abord que lorsque nous effectuons une régression constante pondérée, nous considérons le problème de minimisation

$$\hat{\beta}_1 \;=\; \underset{\beta_1 \in \mathbb{R}}{\mathrm{argmin}} \sum_{i=1}^{n} p_i (y_i - \beta_1)^2$$

dont nous savons que la solution est donnée par

$$\hat{\beta}_1 \;=\; \frac{\sum p_i y_i}{\sum p_i}.$$

Si pour tout i $p_i = p$, nous retrouvons bien pour $\hat{\beta}_1$ la valeur de la moyenne des Y_i.

Imaginons que nous souhaitons approcher la fonction f du modèle

$$y_i = f(x_i) + \varepsilon_i \quad i = 1, \cdots, n,$$

par une fonction en escaliers. Comme nous avons 50 points, nous pouvons par exemple tout d'abord effectuer une régression constante avec les 10 premiers points, puis une autre régression constante avec les 10 points suivants... Les commandes pour effectuer ces cinq régressions sont :

```
> reg1 <- lm(O3o~1,weight=c(rep(1,10),rep(0,40)))
> reg2 <- lm(O3o~1,weight=c(rep(0,10),rep(1,10),rep(0,30)))
> reg3 <- lm(O3o~1,weight=c(rep(0,20),rep(1,10),rep(0,20)))
> reg4 <- lm(O3o~1,weight=c(rep(0,30),rep(1,10),rep(0,10)))
> reg5 <- lm(O3o~1,weight=c(rep(0,40),rep(1,10)))
```

et nous obtenons alors un estimateur en escalier de la fonction f.

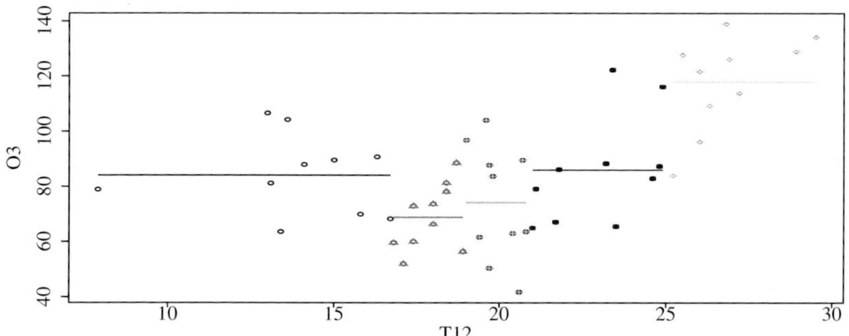

Fig. 10.10 – Estimation par morceaux.

En appliquant cette méthode, il est bien clair que, dans le calcul de la valeur prédite en un point x quelconque, $\hat{y}(x) = \hat{\beta}_1(x)$, le poids affecté à chaque observation y_i dépend de la valeur de x considérée. Par exemple, si $x \in [x_1, x_{10}]$, $p_1 = \cdots = p_{10} = 1$ et $p_i = 0$ pour $i > 10$. En revanche, si $x \in [x_{11}, x_{20}]$, $p_{11} = \cdots = p_{20} = 1$ et $p_i = 0$ pour $i < 11$ ou $i > 20$. Cette idée pose un problème évident : pour prédire Y au niveau du dixième point par exemple, nous utilisons les points $x_1, \cdots, x_{10}$ dont certains comme x_1 en sont très éloignés alors qu'il aurait semblé plus judicieux de considérer les points x_{11} ou x_{12} beaucoup plus proches de lui. Il parait donc naturel de proposer une méthode qui choisisse de façon « intelligente » le poids des observations entrant dans le calcul de $y(x)$. C'est le principe de l'estimateur à noyaux que nous présentons maintenant.

10.3.2   Estimateur à noyau

En chaque point x appartenant à l'étendue de la variable explicative, nous voulons effectuer une régression pondérée dont les poids dépendent de x et que nous notons donc $p_i(x)$. Ainsi, en chaque x, nous cherchons

$$\hat{\beta}_1(x) \quad = \quad \operatorname*{argmin}_{\beta_1} \sum_{i=1}^{n} p_i(x)(y_i - \beta_1)^2.$$

Nous souhaitons que les observations proches de x vont être affectées d'un poids plus important que les observations qui en sont éloignées. Ainsi, les poids sont calculés *via* la fonction K appelée **noyau** :

$$p_i(x) = K\left(\frac{x - x_i}{h}\right),$$

Le noyau K est en général une fonction de densité symétrique et h est un paramètre fixé qui permet à l'utilisateur de contrôler le caractère **local** des poids. Ce paramètre est appelé la **fenêtre**.

Prenons le cas d'un noyau uniforme $K(x) = 1\!\!1_{[-1/2,1/2]}(x)$. Représentons les données que nous utilisons au point $x = 16$ avec une fenêtre $h = 4$. Nous allons prendre tous les points situés dans l'intervalle $[14, 18]$. En effectuant une régression pondérée avec des poids valant 1 pour les points dont la valeur de la température est comprise dans l'intervalle, nous obtenons $\hat{\beta}_1(16) = 71.96$.

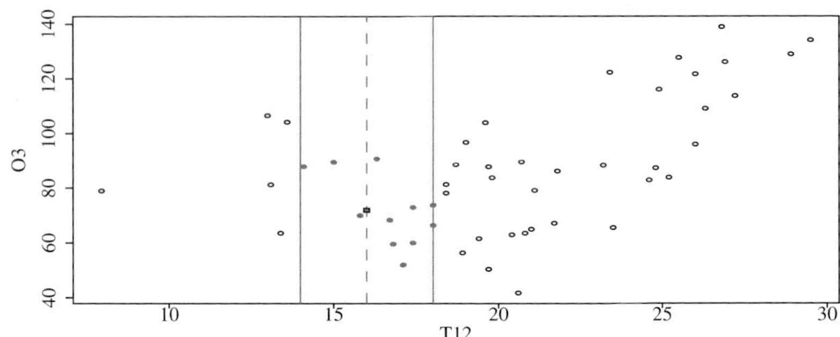

Fig. 10.11 – Points utilisés pour calculer la fonction de régression au point 16.

Le choix de ce noyau n'est pas très adapté. En effet, des points $T12_i$ situés dans la bande mais éloignés de x auront des poids identiques à ceux des points proches de x. On préfère ainsi utiliser comme noyau la densité Gaussienne

$$K(u) \;\;=\;\; \frac{1}{\sqrt{2\pi}}\exp\left(-\frac{u^2}{2}\right).$$

Une fois le noyau choisi et la fenêtre fixée, nous effectuons des régressions locales en différents x, nous obtenons des $\hat{\beta}_1(x)$ que nous relions ensuite pour obtenir un tracé de l'estimateur de la fonction f. Nous obtenons alors l'estimateur de Nadaraya-Watson

$$\hat{f}(x) \;\;=\;\; \hat{\beta}_1(x) = \frac{\sum_i y_i K\left(\frac{x-x_i}{h}\right)}{\sum_i K\left(\frac{x-x_i}{h}\right)} \tag{10.3}$$

qui minimise la quantité

$$\underset{\beta_1 \in \mathbb{R}}{\mathrm{argmin}} \sum_{i=1}^{n}(y_i - \beta_1)^2 K\left(\frac{x - x_i}{h}\right) \tag{10.4}$$

Pour l'exemple de l'ozone, voici le tracé des estimateurs de f avec le noyau Gaussien et quatre fenêtres différentes, obtenu avec les commandes suivantes :

```
> library(ibr)
> plot(O3~T12,data=ozone,xlab="T12",ylab="O3")
```

```
> iter <- 1
> for(i in c(1,3,5,10)){
+ tmp <- npregression(ozone[,2],ozone[,1],bandwidth=i)
+ lines(ozone[,"T12"],predict(tmp),col=iter,lty=iter)
+ iter <- iter+1
+ }
> legend(10,140,c("h=1","h=3","h=5","h=10"),col=1:4,lty=1:4)
```

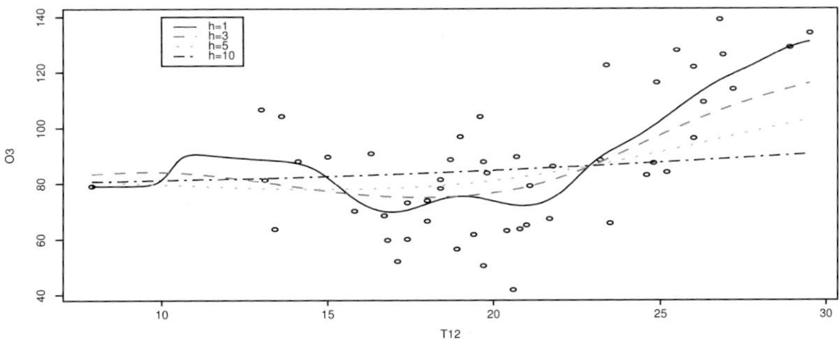

Fig. 10.12 – Estimation non paramétrique de la fonction de régression.

Le choix de la fenêtre influence grandement l'allure de la courbe obtenue. Afin
de choisir ce paramètre, plusieurs méthodes existent et les plus utilisées sont
l'apprentissage-validation, la validation croisée ou sa forme simplifiée la validation croisée généralisée. Avant de présenter ces méthodes, remarquons que nous
pouvons écrire l'estimateur à noyau sous la forme suivante :

$$\hat{Y} = S(X,h)Y,$$

où la matrice $S(X,h)$ de taille $n \times n$, appelée matrice de lissage, a pour terme
général

$$S_{ij}(X,h) = \frac{K((x_i - x_j)/h)}{\sum_l K((x_i - x_l)/h)}. \tag{10.5}$$

Apprentissage-validation. La procédure de validation consiste à séparer de
manière aléatoire les données en deux parties distinctes (X_a, Y_a) et (X_v, Y_v). Une
régression à noyau est effectuée avec le jeu d'apprentissage (X_a, Y_a) pour toutes
les valeurs de h possibles. En général, on choisit une grille de valeurs pour h,
comprises entre 0 et une valeur maximale (le moitié de l'étendue des X). Ensuite,
en utilisant toutes ces fenêtres, les valeurs de la variable explicative X_v, les valeurs
de la variable à expliquer sont prédites $\hat{Y}^p_{\text{noyau},v}(h)$ en utilisant l'équation (10.3).
La qualité du modèle est ensuite obtenue en calculant le PRESS :

$$\text{PRESS}(h) = \|\hat{Y}^p_{\text{noyau},v}(h) - Y_v\|^2.$$

Le coefficient optimal h choisi est celui qui conduit à la minimisation du critère
choisi. Cette procédure semble la plus indiquée mais elle nécessite beaucoup de

données puisqu'il en faut suffisamment pour estimer le modèle, mais il faut aussi beaucoup d'observations dans le jeu de validation (X_v, Y_v) pour bien évaluer la capacité de prévision dans de nombreux cas de figure. De plus, comment diviser le nombre d'observations entre le jeu d'apprentissage et le jeu de validation ? Là encore, aucune règle n'existe mais l'on mentionne souvent la règle 3/4 dans l'apprentissage et 1/4 dans la validation.

Validation croisée.   Comme pour l'apprentissage-validation, il faut choisir une grille de valeurs possibles pour la fenêtre h. Pour la validation croisée de taille 1, on choisit la fenêtre qui minimise :

$$\underset{h \in grille}{\operatorname{argmin}} \sum_{i=1}^{n} \left(y_i - \hat{y}^{p}_{\text{noyau},i}(h) \right)^2,$$

où y_i est la i^{e} observation et $\hat{y}^{p}_{\text{noyau},i}(h)$ est la prévision (c'est-à-dire que l'observation i a été enlevée au départ de la procédure) de cette observation réalisée avec la régression à noyau pour la valeur h. Bien entendu, il est possible d'enlever non plus une observation à la fois mais plusieurs en découpant le jeu de données en b parties (voir la section 9.2.2 p. 203 concernant la régression PLS pour plus de détails). Afin d'alléger les calculs, le PRESS issu de la validation croisée de taille 1 peut être approché par

$$\text{PRESS}_{noyau} = \sum_{i=1}^{n} \left(\frac{y_i - \hat{y}_{\text{noyau},i}(h)}{1 - S_{ii}(X,h)} \right),$$

ou par la validation croisée généralisée

$$\text{GCV} = \sum_{i=1}^{n} \left[\frac{y_i - \hat{y}_{\text{noyau},i}(h)}{1 - \operatorname{tr}(S(X,h))/n} \right]^2.$$

La matrice de lissage S est donnée équation (10.5). Ces deux dernières méthodes sont des approximations qui permettent simplement un calcul plus rapide. Si le temps de calcul n'est pas problématique, le calcul explicite semble plus indiqué. Nous obtenons pour l'exemple de l'ozone

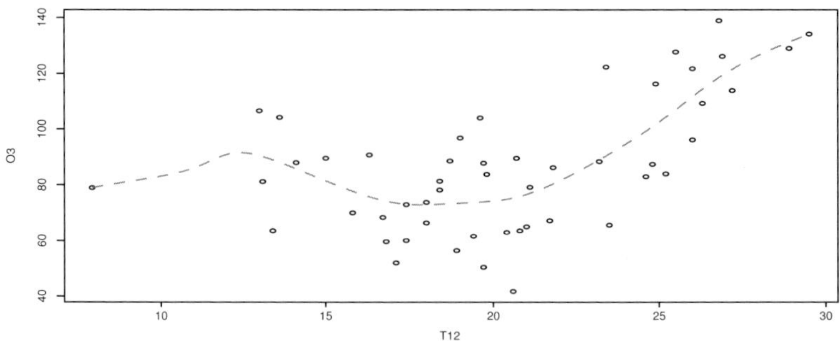

Fig. 10.13 – Estimation non paramétrique de la fonction de régression.

grâce aux codes :

```
> regnp <- npregression(ozone[,2],ozone[,1])
> plot(O3~T12,data=ozone,xlab="T12",ylab="O3")
> lines(ozone[,"T12"],predict(regnp),col=2,lty=2)
```

Une fois cette fenêtre choisie, peut-on comparer cette estimation à celle obtenue avec la régression spline, à la régression multiple ? Avec ces dernières, il est facile de contrôler le nombre de paramètres utilisés (5 dans l'exemple de la régression spline pour la concentration de l'ozone). Or, avec la régression à noyau, il est impossible de contrôler le nombre de paramètres puiqu'il n'en existe pas. Une fenêtre petite donnera un estimateur très variable alors qu'une très grande fenêtre donnera un estimateur quasiment constant. Avec la régression linéaire, les valeurs lissées sont obtenues par

$$\hat{Y} \;=\; P_X Y$$

et pour une régression à noyau par

$$\hat{Y} \;=\; S(X, h)Y.$$

Le nombre de paramètres dans le modèle de régression linéaire correspond à la dimension de l'espace sur lequel on projette, et donc à la trace du projecteur $\mathrm{tr}(P_X)$. Par analogie, le nombre de paramètres ou le nombre de degrés de liberté équivalent est défini comme étant la trace de S_λ. Nous avons ici

```
> regnp$df
5.30
```

le nombre de degrés équivalent est 5.30.

Il est souvent préférable d'effectuer une régression linéaire locale à la place d'une régression constante. Le problème de minimisation (10.4) devient

$$\underset{(\beta_1,\beta_2)\in\mathbb{R}^2}{\mathrm{argmin}} \; \sum_{i=1}^{n}(y_i - \beta_1 - \beta_2(x - x_i))^2 K\left(\frac{x - x_i}{h}\right).$$

Cet estimateur est étudié en détail à l'exercice 10.6 et peut également être estimé avec la fonction **npregression** en précisant l'argument `degree`.

10.4   Exercices

Exercice 10.1 (Questions de cours)
1. La difficulté pour effectuer une régression polynomiale réside dans
   A. le choix du degré,
   B. le choix des données,
   C. l'interprétation du modèle.

1. La régression spline est une régression polynomiale par morceaux
   A. avec contraintes aux nœuds,
   B. sans contrainte aux nœuds,
   C. ce n'est pas une régression.

1. En régression non paramétrique, si la fenêtre utilisée est petite, l'estimateur obtenu, en général,
   A. varie beaucoup,
   B. ne varie pas,
   C. il n'y a pas de rapport entre la variation de l'estimateur et la taille de la fenêtre.

Exercice 10.2

1. Calculez l'écart type empirique de la variable T12 du tableau `ozone` (fonction `sd`).

2. Créez un vecteur nommé `grillex` de 100 points régulièrement répartis entre le minimum de T12 moins un écart type et le maximum de T12 plus un écart type (fonction `seq`).

3. Transformez ce vecteur en data-frame (fonction `data.frame`) et affectez comme nom de colonne (`names`) le nom T12.

4. Effectuez une régression polynomiale de degré 3 grâce aux fonctions `lm` et `poly`. Les polynômes seront choisis non-orthogonaux (argument `raw=TRUE`). L'aide de `cars` pourra aussi être consultée.

5. Prévoyez sur la grille grâce au data-frame de la question 3 et au modèle de la question précédente (`predict`).

6. Proposez une fonction (nommée `polyreg`) qui possède comme arguments un data-frame de données, le degré d qui par défaut sera 3 et qui renvoie une liste de deux arguments : le vecteur `grillex` et le vecteur de prévision. Les noms de variables ne seront pas des arguments.

Exercice 10.3

En utilisant les données *ozone.txt* et la fonction `polyreg`, retrouvez les commandes permettant d'obtenir les graphiques 10.3 et 10.4.

Exercice 10.4

Considérons la matrice X_B du plan d'expérience obtenue à partir d'une variable réelle X transformée dans $\mathcal{S}_\xi^{d+1}$. Cette matrice de taille $n \times (d + K + 1)$ est composée des $d + K + 1$ vecteurs de base. Démontrer que $X_B'X_B$ est bloc-diagonale. Que peut-on dire sur la corrélation des $\hat{\beta}_k$ estimateur des MC dans cette base ?

Exercice 10.5 (Estimateur de Nadaraya-Watson)

Nous souhaitons effectuer une régression constante locale, cela revient à minimiser

$$\min_{\beta_1} \sum_{i=1}^{n} (y_i - \beta_1)^2 p_i(x),$$

où

$$p_i(x) = K\left(\frac{x - x_i}{h}\right).$$

Montrer que l'estimateur de $\beta_1(x)$ est

$$\hat{\beta}_1(x) = \frac{\sum_{i=1}^{n} y_i p_i(x)}{\sum_{i=1}^{n} p_i(x)}.$$

Exercice 10.6 (†Polynômes locaux)

Il est souvent préférable d'effectuer une régression linéaire locale à la place d'une régression constante. Cela revient alors à minimiser

$$\min_{\beta} \sum_{i=1}^{n} (y_i - \beta_1 - \beta_2(x_i - x))^2 p_i(x),$$

où

$$p_i(x) = K\left(\frac{x - x_i}{h}\right).$$

Montrer que l'estimateur de $\beta_1(x)$ est

$$\hat{\beta}_1(x) = \frac{\sum_{i=1}^{n} y_i q_i(x)}{\sum_{i=1}^{n} q_i(x)},$$

où

$$
\begin{aligned}
q_i(x) &= p_i(x)(S_2 - (x_i - x)S_1) \\
S_1 &= \sum_{i=1}^{n} K\left(\frac{x - x_i}{h}\right)(x_i - x) \\
S_2 &= \sum_{i=1}^{n} K\left(\frac{x - x_i}{h}\right)(x_i - x)^2.
\end{aligned}
$$

Utiliser les résultats du chapitre 7 et écrire $(X'\Omega^{-1}X)$ en fonction de S_1 et S_2.

10.5   Note : spline de lissage

Spline est un mot anglais qui désigne une latte en bois flexible qui était utilisée par les dessinateurs pour tracer des courbes passant par des points fixés.

Pour passer par ces points, la latte de bois se déformait et le tracé réalisé minimisait donc l'énergie de déformation de la latte (fig. 10.14). Par analogie, ce terme désigne des familles de fonctions d'interpolation ou de lissage présentant des propriétés optimales de régularité.

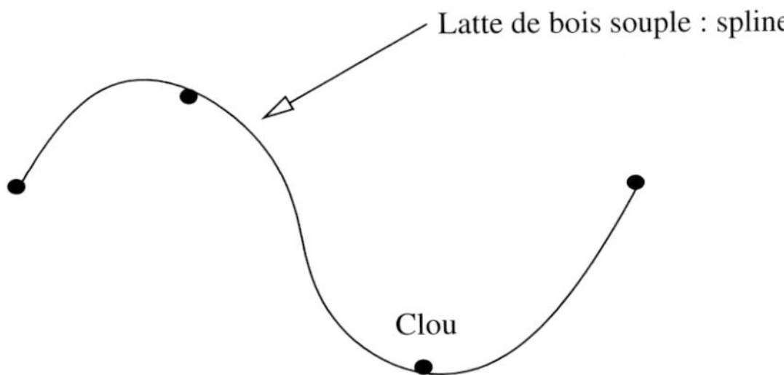

Fig. 10.14 – Spline en bois.

L'écriture mathématique de la spline (passage par des points fixes et minimisation de l'énergie) se retrouve dans le problème de minimisation (sur la classe des fonctions deux fois dérivables)

$$\sum_{i=1}^{n}(Y_i - f(x_i))^2 + \lambda \int \left(f^{(2)}(t)\right)^2 dt.$$

La première partie mesure la proximité avec les données tandis que la seconde pénalise la forme (plus la fonction f sera oscillante et plus l'intégrale sera élevée). Nous pouvons montrer que cette équation admet une solution unique.

Le choix du paramètre λ se fait généralement par validation croisée. La fonction `smooth.spline` intégrée dans R est utilisable de la manière suivante :

```
> regsspline <- smooth.spline(ozone[,2],ozone[,1])
> prev <- predict(regsspline,grillex)
> plot(O3~T12,data=ozone)
> lines(prev$x,prev$y,col=2)
```

qui donne

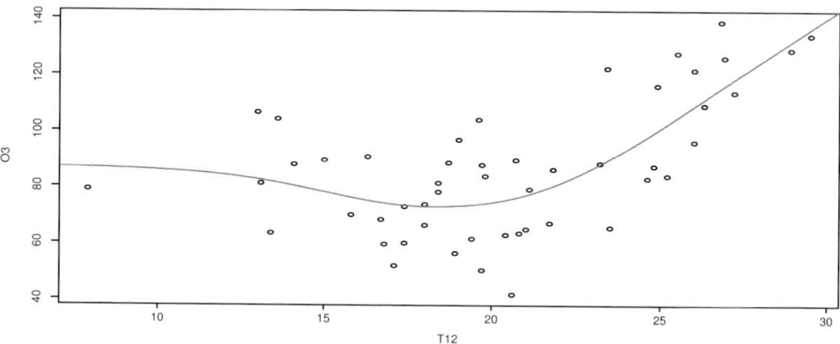

Fig. 10.15 – 50 données journalières de température et d'ozone avec l'estimation de la fonction de régression par des splines de lissage.

A nouveau se pose la comparaison de l'estimation obtenu avec la régression multiple, avec la régression spline ou encore avec la régression à noyau. Nous pouvons écrire pour les splines de lissage que

$$\hat{Y} = S_\lambda Y,$$

où la matrice S_λ de taille $n \times n$ est appelée matrice de lissage. Le nombre de paramètres du modèle linéaire correspond à la dimension de l'espace sur lequel on projette et donc à $\text{tr}(P_X)$. Par analogie, le nombre de paramètres ou le nombre de degrés de liberté équivalent est défini comme étant la trace de S_λ. Nous avons ici

```
> regsspline
Call:
smooth.spline(x = ozone[, 2], y = ozone[, 1])


Smoothing Parameter  spar= 0.9410342  lambda= 0.006833357 (15 iterations)
Equivalent Degrees of Freedom (Df): 4.156771
Penalized Criterion: 11036.88
GCV: 289.8012
```

d'où le nombre de degrés équivalent vaut 4,16.

Annexe A

Rappels

A.1 Rappels d'algèbre

Nous ne considérons ici que des matrices carrées réelles. Nous notons A une matrice et A' sa transposée. Pour i et j variant de 1 à n, nous noterons a_{ij} le terme courant de la matrice carrée A de taille $n \times n$ a_{ij}.

Quelques définitions

Une matrice A est *inversible* s'il existe une matrice B telle que $AB = BA = I$. On note $B = A^{-1}$.

La matrice carrée A est dite *symétrique* si $A' = A$,

singulière si $det(A) = 0$,

inversible si $det(A) \neq 0$,

idempotente si $AA = A$,

orthogonale si $A'A = AA' = I$.

définie positive si $x'Ax > 0$ pour tout $x \neq 0$.

semi définie positive si $x'Ax \geq 0$ pour tout $x \neq 0$.

Le polynôme caractéristique est $det(A - \lambda I)$. Les valeurs propres sont les solutions de $det(A - \lambda I) = 0$. Un vecteur propre associé à la valeur propre λ est une solution non nulle de $Ax = \lambda x$.

Quelques propriétés

- $\mathrm{tr}(A) = \sum_{i=1}^{n} a_{ii}$.
- $\mathrm{tr}(A + B) = \mathrm{tr}(A) + \mathrm{tr}(B)$, $\mathrm{tr}(AB) = \mathrm{tr}(BA)$ et $\mathrm{tr}(\alpha A) = \alpha \, \mathrm{tr}(A)$.
- $\mathrm{tr}(AA') = \mathrm{tr}(A'A) = \sum_{i=1}^{n} \sum_{j=1}^{n} a_{ij}^2$.
- $\det(AB) = \det(A) \det(B)$.
- Si les matrices A et B sont inversibles, alors $AA^{-1} = A^{-1}A = I$, $(A^{-1})' =$

$(A')^{-1}$, $(AB)^{-1} = B^{-1}A^{-1}$ et $\det(A^{-1}) = 1/\det(A)$.

- La trace et le déterminant ne dépendent pas des bases choisies.

Matrices semi-définies positives (SDP)

- Les valeurs propres d'une matrice SDP sont toutes positives ou nulles (et réciproquement pour tout matrice symétrique).
- Si A est SDP et inversible, A est forcément définie positive (DP).
- Toute matrice A de la forme $A = B'B$ est SDP. En effet $\forall x \in \mathbb{R}^n$, $x'Ax = x'B'Bx = (Bx)'Bx = \|Bx\|^2 \geq 0$.
- Toute matrice de projecteur orthogonal est SDP. En effet, les valeurs propres sont d'un projecteur valent 0 ou 1.
- Si B est SDP, alors $A'BA$ est SDP.
- Si A est DP, B SDP alors $A^{-1} - (A + B)^{-1}$ est SDP.

Matrices symétriques

- les valeurs propres de A sont réelles.
- les vecteurs propres de A associés à des valeurs propres différentes sont orthogonaux.
- si une valeur propre λ est de multiplicité k, il existe k vecteurs propres orthogonaux qui lui sont associés.
- la concaténation de l'ensemble des vecteurs propres orthonormés forme une matrice orthogonale P. Comme $P' = P^{-1}$, la diagonalisation de A s'écrit simplement $P'AP = \mathrm{diag}(\lambda_1, \cdots, \lambda_n)$.
- $\mathrm{tr}(A) = \sum_{i=1}^{n} \lambda_i$ et $\det(A) = \prod_{i=1}^{n} \lambda_i$.
- $\mathrm{rang}(A) = $ nombre de valeurs propres non nulles.
- les valeurs propres de A^2 sont les carrés des valeurs propres de A et ces 2 matrices ont les mêmes vecteurs propres.
- les valeurs propres de A^{-1} (si cette matrice existe) sont les inverses des valeurs propres de A et ces 2 matrices ont les mêmes vecteurs propres.

Propriétés sur les inverses

- Soit M une matrice symétrique inversible de taille $p \times p$ et u et v deux vecteurs de taille p. Nous supposerons que $u'M^{-1}v \neq -1$, alors nous avons l'inverse suivante

$$(M + uv')^{-1} = M^{-1} - \frac{M^{-1}uv'M^{-1}}{1 + u'M^{-1}v}. \tag{A.1}$$

- Soit M une matrice inversible telle que

$$M = \left(\begin{array}{c|c} T & U \\ \hline V & W \end{array} \right)$$

avec T inversible, alors $Q = W - VT^{-1}U$ est inversible et l'inverse de M est

$$M^{-1} = \left(\begin{array}{c|c} T^{-1} + T^{-1}UQ^{-1}VT^{-1} & -T^{-1}UQ^{-1} \\ \hline -Q^{-1}VT^{-1} & Q^{-1} \end{array} \right).$$

Propriétés sur les projections

Une matrice carrée idempotente et symétrique est une matrice de projection orthogonale sur un sous-espace de $\mathbb{R}^n$, noté $\mathcal{M}$. P_M est un projecteur orthogonal, si le produit scalaire $\langle P_M y, y - P_M y \rangle = 0$ pour tout y de $\mathbb{R}^n$.
- les valeurs propres d'une matrice idempotente valent 0 ou 1.
- le rang d'une matrice idempotente est égal à sa trace.
- $\mathrm{tr}(P_M)$ est égal à la dimension de $\mathcal{M}$.
- la matrice $I - P_M$ est la matrice de projection orthogonale sur $\mathcal{M}^\perp$.

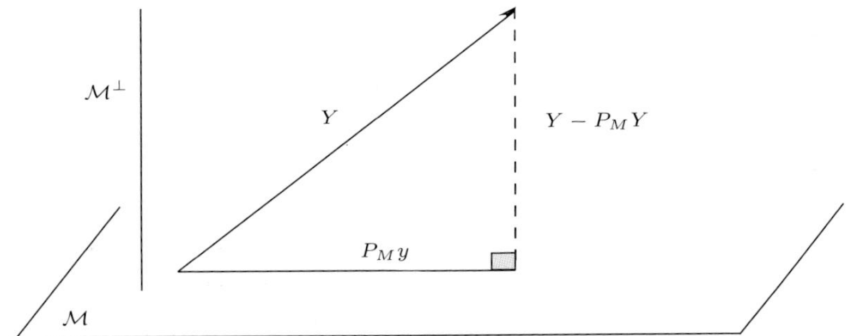

Soit $X = [X_1, \cdots, X_p]$ la matrice (n, p), de rang p, des p variables explicatives du modèle linéaire. Soit le sous-espace vectoriel $\Im(X)$ engendré par ces p vecteurs linéairement indépendants et P la matrice de projection orthogonale sur $\Im(X)$. Le vecteur $y - Py$ doit être orthogonal à tout vecteur de $\Im(X)$ or tous les vecteurs de $\Im(X)$ sont de la forme Xu en particulier il existe un vecteur b tel que $Py = Xb$. Il faut donc que $\langle Xu, y - Py \rangle = 0$ pour tout vecteur u. En développant, nous obtenons $X'y = X'Py = X'Xb$. $X'X$ est inversible donc $b = (X'X)^{-1}X'y$ et donc $P = X(X'X)^{-1}X'$.

Dérivation matricielle

Soit f une fonction différentiable de $\mathbb{R}^p$ dans $\mathbb{R}$. Le gradient de f est par définition

$$\nabla(f) \;=\; grad(f) = \left[\frac{\partial f}{\partial u_1}, \cdots, \frac{\partial f}{\partial u_p} \right]$$

et le hessien de f est la matrice carrée de dimension $p \times p$, souvent notée $\nabla^2 f$ ou $H(f)$, de terme général $H(f)_{ij} = \frac{\partial^2 f}{\partial u_i \partial u_j}$.

Si $f(u) = a'u$ où a est un vecteur de taille p, alors $\nabla(f) = a'$ et $H(f) = 0$.
Si $f(u) = u'Au$, alors $\nabla(f) = u'(A + A')$ et $H(f) = A + A'$.

A.2   Rappels de Probabilités

Généralités

Y vecteur aléatoire de $\mathbb{R}^n$ est par définition un vecteur de $\mathbb{R}^n$ dont les composantes $Y_1, \cdots, Y_n$ sont des variables aléatoires réelles. L'espérance du vecteur aléatoire Y, $\mathbb{E}(Y) = (\mathbb{E}(Y_1), \cdots, \mathbb{E}(Y_n))'$ est un vecteur de $\mathbb{R}^n$ et la matrice de variance-covariance de Y de taille $n \times n$ a pour terme général $\mathrm{Cov}(Y_i, Y_j)$.

$$
\begin{aligned}
\mathrm{V}(Y) = \Sigma_Y &= \mathbb{E}\left[(Y - \mathbb{E}(Y))(Y - \mathbb{E}(Y))'\right] \\
&= \mathbb{E}(YY') - \mathbb{E}(Y)(\mathbb{E}(Y))'.
\end{aligned}
$$

Considérons une matrice fixée (déterministe) A de taille $n \times n$ et b un vecteur fixé de $\mathbb{R}^n$. Soit Y un vecteur aléatoire de $\mathbb{R}^n$, nous avons les égalités suivantes

$$
\begin{aligned}
\mathbb{E}(AY + b) &= A\mathbb{E}(Y) + b \\
\mathrm{V}(AY + b) &= \mathrm{V}(AY) = A\,\mathrm{V}(Y)A'.
\end{aligned}
$$

Si Y est un vecteur aléatoire de $\mathbb{R}^n$ de matrice de variance-covariance Σ_Y alors pour la norme euclidienne

$$
\mathbb{E}(\|Y - \mathbb{E}(Y)\|^2) = \mathrm{tr}(\Sigma_Y).
$$

Nous avons les égalités utiles suivantes

$$
\mathrm{tr}(\mathbb{E}(YY')) = \mathbb{E}(\mathrm{tr}(YY')) = \mathbb{E}(\mathrm{tr}(Y'Y)) = \mathrm{tr}(\Sigma_Y) + \mathbb{E}(Y)'\mathbb{E}(Y).
$$

Vecteurs aléatoires gaussiens

Un vecteur aléatoire Y est dit gaussien si toute combinaison linéaire de ses composantes est une v.a. gaussienne. Ce vecteur admet alors une espérance μ et une matrice de variance-covariance Σ_Y. On note $Y \sim \mathcal{N}(\mu, \Sigma_Y)$.

Un vecteur gaussien Y de $\mathbb{R}^n$ d'espérance μ et de matrice de variance-covariance Σ_Y inversible admet pour densité la fonction

$$
f(Y) = \left(\frac{1}{2\pi}\right)^{n/2} \frac{1}{\sqrt{|\det(\Sigma)|}} \exp\left[-\frac{1}{2}(Y - \mu)'\Sigma^{-1}(Y - \mu)\right].
$$

Les composantes d'un vecteur gaussien $Y = (Y_1, \cdots, Y_n)'$ sont indépendantes si et seulement si Σ_Y est diagonale.

Soit $Y \sim \mathcal{N}(\mu, \Sigma_Y)$, alors $(Y - \mu)'\Sigma^{-1}(Y - \mu) \sim \chi_n^2$.

Théorème A.1 (Cochran)
Soit $Y \sim \mathcal{N}(\mu, \sigma^2 I)$, $\mathcal{M}$ un sous-espace de $\mathbb{R}^n$ de dimension p et P_M la matrice de projection orthogonale de $\mathbb{R}^n$ sur $\mathcal{M}$. Nous avons les propriétés suivantes :
(i) $P_M Y \sim \mathcal{N}(P_M \mu, \sigma^2 P_M)$;
(ii) les vecteurs $P_M y$ et $y - P_M y$ sont indépendants ;
(iii) $\|P_M Y - P_M \mu\|^2 / \sigma^2 \sim \chi_p^2$.

Bibliographie

Antoniadis A., Berruyer J. & Carmona R. (1992). *Régression non linéaire et applications*. Economica.

Birkes D. & Dodge Y. (1993). *Alternative methods of regression*. Wiley.

Brown P., Fearn T. & Vannucci M. (2001). Bayesian wavelet regression on curves with application to a spectroscopic calibration problem. *J. Am. Stat. Assoc.*, **96**(398–408).

Cleveland W.S. (1979). Robust locally weighted regression and smoothing scatterplots. *J. Am. Stat. Assoc.*, **74**, 829–836.

Cook R.D. (1977). Detection of influential observation in linear regression. *Technometrics*, **19**, 15–18.

De Jong S. (1995). Pls shrinks. *J. Chemo.*, **9**, 323–326.

Dodge Y. & Rousson V. (2004). *Analyse de régression appliquée*. Dunod.

Droesbeke J.J., Fine J. & Saporta G. (1997). *Plans d'expériences : applications à l'entreprise*. Technip.

Efron B., Hastie T., Johnstone I. & Tibshirani R. (2004). Least angle regression. *Ann. Stat.*, **32**, 407–499.

Efron B. & Morris C.N. (1973). Stein's estimation rule and its competitors – an empirical bayes approach. *J. Am. Stat. Assoc.*, **68**, 117–130.

Efron B. & Tibshirani R. (1993). *An introduction to the bootstrap*. Chapman & Hall.

Eubank R. (1999). *Nonparametric regression and spline smoothing*. Dekker, 2 ed.

Golub G. & Van Loan C. (1996). *Matrix computations*. J. Hopkins Univ. Press.

Hastie T., Tibshirani R. & Friedman J. (2001). *The elements of statistical learning - data mining, inference and prediction*. Springer.

Hoaglin D. & Welsch R. (1978). The hat matrix in regression and anova. *Am. Stat.*, **32**, 17–22.

Hoerl A.E. & Kennard R.W. (1970). Ridge regression : biased estimation for nonorthogonal problems. *Technometrics*, **12**, 55–67.

Hoerl A.E., Kennard R.W. & Baldwin K.F. (1976). Ridge regression : iterative estimation of the biased parameters. *Com. Stat.*, **5**, 77–88.

Huber P. (1981). *Robust Statistics.* J. Wiley & Sons.

Lehmann E.L. & Casella G. (1998). *Theory of point estimation.* Springer.

Lejeune M. (2004). *Statistique. La théorie et ses applications.* Springer.

Mallows C.L. (1973). Some comments on C_p. *Technometrics*, **15**, 661–675.

Mallows C.L. (1986). Augmented partial residuals. *Technometrics*, **28**, 313–319.

Miller A. (2002). *Subset selection in regression.* Chapmann & Hall/CRC, 2 ed.

Montgomery D.C., Peck E.A. & Vining G.G. (2001). *Introduction to linear regression analysis.* John Wiley, 3 ed.

Osborne M.R., Presnell B. & Turlach B. (2000). A new approach to variable selection in least square problems. *IMA J. Num. Anal.*, **20**, 389–404.

Rousseeuw P.J. & Leroy A.M. (1987). *Robust regression and outlier detection.* John Wiley.

Scheffé H. (1959). *The analysis of variance.* Wiley.

Schwarz G. (1978). Estimating the dimension of a model. *Ann. Stat.*, **6**, 461–464.

Tenenhaus M. (1998). *La régression PLS : théorie et pratique.* Technip.

Tibshirani R. (1996). Regression shrinkage and selection via the lasso. *J. Roy. Stat. Soc. B*, **58**, 267–288.

Upton G.J.G. & Fingleton B. (1985). *Spatial analysis by example*, vol. 1. John Wiley, 2 ed.

Velleman P.F. & Welsh R.E. (1981). Efficient computing of regression diagnostics. *The American Statistician*, **35**, 234–242.

Zou H., Hastie T. & Tibshirani R. (2007). On the degrees of freedom of the lasso. *Ann. Stat.*, **35**, 2173–2192.

Index

Notations

β Vecteur de $\mathbb{R}^p$ de coordonnées $(\beta_1, \ldots, \beta_p)$, page 30

$\hat{\beta}_{(i)}$ Estimateur de β dans le modèle linéaire privé de l'observation i, page 69

$\beta_{\bar{j}}$ Vecteur β privé de sa j^{e} coordonnée, page 81

$\text{Cov}(X, Y)$ Covariance entre X et Y, i.e. $\mathbb{E}\left\{(X - \mathbb{E}(X))(Y - \mathbb{E}(Y))'\right\}$, page 12

$c_{n-p}(1 - \alpha)$ Fractile de niveau $(1 - \alpha)$ d'une loi de χ^2 à $(n - p)$ ddl, page 19

ddl   Degré de liberté, page 18

$\mathbb{E}(X)$ Espérance de X, page 12

$\mathcal{F}_{p,n-p}$ Loi de Fisher à p ddl au numérateur et $(n - p)$ degrés de liberté au dénominateur, page 18

$f_{(p,n-p)}(1 - \alpha)$ Fractile de niveau $(1 - \alpha)$ d'une loi de Fisher à $(p, n - p)$ ddl, page 19

$\mathcal{H}_2$ $\mathbb{E}(\varepsilon_i) = 0$ pour $i = 1, \cdots, n$ et $\text{Cov}(\varepsilon_i, \varepsilon_j) = \delta_{ij}\sigma^2$, page 36

I_n ou I Matrice identité d'ordre n ou d'ordre dicté par le contexte, page 36

i.i.d.   Indépendants et identiquement distribués, page 47

$\Im(X)$ Image de X (matrice $n \times p$) sous-espace de $\mathbb{R}^n$ engendré par les p colonnes de $X : \Im(X) = \{z \in \mathbb{R}^n : \exists \alpha \in \mathbb{R}^p, z = X\alpha\}$, page 33

$\mathcal{N}(0, \sigma^2)$ Loi normale d'espérance nulle et de variance σ^2, page 17

P_X Matrice de projection orthogonale sur $\Im(X)$, page 33

$\text{Pr}(Y \leq y)$ Probabilité que Y soit inférieur ou égal à y, page 155

R^2 Coefficient de détermination, page 16

SCE   Somme des carrés expliquée par le modèle, page 16

SCR   Somme des carrés résiduelle, page 16

SCT   Somme des carrés totale, page 16

$\hat{\sigma}_{(i)}$ Estimateur de σ dans le modèle linéaire privé de l'observation i, page 68

$\mathcal{T}_{n-p}$ Loi de Student à $(n-p)$ degrés de liberté, page 18

$t_{n-p}(1-\alpha/2)$ Fractile de niveau $(1-\alpha/2)$ d'une loi $\mathcal{T}_{n-p}$, page 18

VC   Validation croisée, page 68

X $X = (X_1|X_2|\ldots|X_p)$ matrice du plan d'expérience, page 30

$X_{[1:k]}$ Matrice X restreinte à ses k premières colonnes, page 193

x_i' i^{e} ligne de X, page 30

$|\xi|$ Cardinal de ξ un sous-ensemble d'indice de $\{1,2,\ldots,p\}$, page 126

X_j j^{e} colonne de X, page 30

$X_{\bar{j}}$ Matrice X privée de sa j^{e} colonne, page 80

$\hat{y}_i$ Ajustement de l'individu i, page 13

$\hat{y}_i^p$ Prévision de l'individu i, page 14

$\hat{y}_\xi^p$ Prévision de l'individu $x^\star$ dans le modèle ayant ξ variables explicatives, page 133

$\hat{Y}_\xi^p$ Prévision des $n^\star$ individus de la matrice $X^\star$ dans le modèle à ξ variables, page 133

$\hat{y}(x_\xi)$ Ajustement de l'individu i dans le modèle ayant ξ variables explicatives, page 131

$\hat{Y}(X_\xi)$ Ajustement des n individus de la matrice X dans le modèle à ξ variables, page 131

Achevé d'imprimer sur les presses de la SEPEC

Dépôt légal : septembre 2010

IMPRIM'VERT®